21世纪高等学校规划教材丨计算机科学与技术

Windows网络编程
基础教程（第2版）

杨传栋 张焕远 范昊 徐洪丽 编著

U0360813

清华大学出版社

北京

内 容 简 介

本书主要介绍使用 Visual C++、基于 Windows Socket 开发网络应用程序的方法。全书共分为 9 章：第 1 章介绍计算机网络的基本工作原理、网络程序的工作模式、编程方法等内容；第 2 章介绍使用 Visual C++ 2017 开发 Windows 应用程序的方法；第 3~8 章由易到难逐步介绍流式套接字、数据报套接字以及原始套接字的编程方法和相关的 Windows 编程知识，并对网络通信中的多线程编程、I/O 模型以及 IP 分组的捕获分析等内容进行深入讲解；第 9 章介绍 MFC 提供的两个 WinSock 类——CAsyncSocket 类和 CSocket 类的使用方法。

本书主要供普通高校计算机类专业的大学本科或专科生使用，也可供对网络编程感兴趣的各类人员自学参考。

图书在版编目(CIP)数据

Windows 网络编程基础教程/杨传栋等编著. —2 版—北京：清华大学出版社，2020.6(2023.7重印)
(21 世纪高等学校规划教材·计算机科学与技术)
ISBN 978-7-302-54934-5

Ⅰ. ①W… Ⅱ. ①杨… Ⅲ. ①Windows 操作系统－网络软件－程序设计－高等学校－教材
Ⅳ. ①TP316.86

中国版本图书馆 CIP 数据核字(2020)第 030543 号

责任编辑：付弘宇　薛　阳
封面设计：傅瑞学
责任校对：胡伟民
责任印制：刘海龙

出版发行：清华大学出版社
　　　　网　　　址：http://www.tup.com.cn，http://www.wqbook.com
　　　　地　　　址：北京清华大学学研大厦 A 座　　　邮　　编：100084
　　　　社 总 机：010-83470000　　　　　　　　邮　　购：010-62786544
　　　　投稿与读者服务：010-62776969，c-service@tup.tsinghua.edu.cn
　　　　质量反馈：010-62772015，zhiliang@tup.tsinghua.edu.cn
　　　　课件下载：http://www.tup.com.cn，010-83470236
印 装 者：三河市少明印务有限公司
经　　销：全国新华书店
开　　本：185mm×260mm　　印　张：19.5　　　　　字　　数：488 千字
版　　次：2015 年 9 月第 1 版　2020 年 6 月第 2 版　　印　　次：2023 年 7 月第 4 次印刷
印　　数：3101~4600
定　　价：59.00 元

产品编号：083256-02

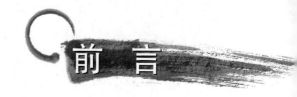

前　言

本书第 1 版自 2015 年 9 月出版至今已四年有余。在这四年多时间里，基于 WinSock 的 Windows 网络编程技术，无论是 WinSock 本身还是所用的开发环境 Visual C++都有了很多新的发展。使用过第 1 版教材的许多教师和同学也提出了很多好的修改建议，为了进一步提高本书的质量以更好地适应技术发展和教学需求，我们对第 1 版进行了改版升级。

在保留第 1 版的基本结构和主要内容的基础上，本书主要做了如下修改。

（1）编程环境由原来的 VS 2010 升级成 VS 2017。

（2）增加了 getaddrinfo()、inetntop()等一些新函数的讲解，同时也保留了与它们功能相同的旧版函数的介绍。

（3）根据一些任课教师和同学的建议，将一些初学者不常用且不容易理解和掌握的内容以及与网络编程这一主题关系不太大的内容做了删减，并重新设计了一些例题。

（4）为了方便教师教学和学生学习，对每章的课后习题全部进行了重新设计，增加了第 8 章原始套接字的实验，并对其他的实验也进行了一些修改。

（5）对一些表述不清甚至错误的内容进行了修改，力求简练精准。

本书参考学时为 60 学时，其中 30 学时为实验。

本书由杨传栋主持修订，范昊和徐洪丽负责编写了新增内容并重新设计了绝大多数的课后习题，杨传栋和张焕远对各章主要内容进行了修订。

感谢山东农业大学计算机系的领导和老师对本书编写工作的支持，同时也感谢清华大学出版社对本书出版的支持。

限于作者的水平和经验，书中疏漏与不足之处在所难免，恳请读者批评指正。

本书的配套课件、源码等教学资料可以从清华大学出版社网站 www.tup.com.cn 下载，读者在本书及资料的下载、使用中如遇到问题，请联系 404905510@qq.com。

作　者

2020 年 2 月

第1版前言

随着计算机网络技术的飞速发展,以 TCP/IP 网络技术为核心的因特网已成为支撑现代社会运行的基础设施之一,深入理解网络工作原理、了解网络协议工作细节、具有扎实的高层次网络应用开发能力已逐渐成为对 IT 从业者的基本要求。

然而,由于计算机网络技术复杂而抽象,在高校计算机类专业的人才培养中,单靠"计算机网络"一门课程的理论教学、相应的协议分析及组网实验,很难使学生真正理解掌握网络技术并具备开发以 TCP/IP 为基础的网络应用程序的能力。为此,很多高校的计算机类专业都开设了"TCP/IP 套接字网络编程"课程,实践证明,将本课程与网络原理教学有机结合起来,不仅可以加深学生对网络原理及实现方法的理解,还可以使学生掌握网络编程的基本方法,逐步提高网络软件开发能力,培养学生的创新精神和自学能力。

本书就是作者在长期从事"计算机网络"和"网络编程"两门课程教学的经验基础之上,以作者自己编写的"网络编程"课程讲义为基础,不断完善改进而成。本书以 Visual Studio 2010 为平台,通过大量实例,全面系统地介绍了基于 WinSock 进行网络编程的基本原理、基本方法和必需的知识。学习本书内容之前,要求读者已学过 C++语言程序设计,熟悉面向对象程序设计的概念和方法。

本书在内容组织方面,除 WinSock 网络编程本身的原理和方法以及必要的计算机网络知识外,还有较大的篇幅用于讲解 Windows 编程的基本知识。这是因为目前多数应用型本科的教学都采用了"3+1 模式"(前 3 年完成理论知识教学,最后 1 年集中实习实践),导致很多专业课的安排被提前,本课程一般被安排在第五学期甚至是第四学期学习,此时,大多数学生几乎还不具备 Windows 程序开发的任何知识和经验,程序编写能力不足。根据作者的经验,在讲解 WinSock 编程的同时,详尽地讲解相关的 Windows 编程的知识和方法,对降低学生学习难度、提高学习兴趣是很有帮助的。

全书共分为 9 章,第 1 章主要介绍计算机网络的基本概念和基本工作原理,以及网络程序的工作模式和编程方法等;第 2 章介绍使用 Visual C++ 2010 开发 Windows 应用程序的方法以及有关概念和基本原理,为后续各章的实例开发打好基础;第 3～8 章由易到难逐步介绍流式套接字、数据报套接字以及原始套接字的编程方法和相关的 Windows 编程知识,并对网络通信中的多线程编程、I/O 模型以及 IP 分组的捕获分析等内容进行深入讲解,第 9 章介绍 MFC 提供的两个 WinSock 类——CAsyncSocket 类和 CSocket 类的使用方法。

本书系统性强,内容丰富,结构清晰,论述严谨,既突出基本原理和技术思想的讲解,也强调工程实践,适合作为网络工程、计算机科学与技术等计算机类专业的本科生教材,也可供对网络编程感兴趣的读者参考学习。

　　本书除两位署名作者外,李文杰和高葵也参加了本书部分编写工作,其中,李文杰编写了本书的第 2 章,高葵编写了本书的第 5 章。另外,感谢山东农业大学计算机系的各位老师对本书的支持。

　　限于作者的水平和经验,书中疏漏与不足之处在所难免,恳请读者批评指正。

作　者

2015 年 2 月

目　录

第1章 计算机网络基础知识

本章主要介绍编写网络程序所必需的一些计算机网络的基本概念和基本知识,是编写网络应用程序的基础。

1.1 计算机网络的基本概念

1.1.1 计算机网络与网络协议

计算机网络是一个由多台计算机组成的系统,网络中的每台计算机都是能独立工作的,而且互不从属、互不干涉,它们通过通信线路和通信设备相互连接起来,并配置适当的网络软件,可以实现相互之间的数据通信和资源共享。

计算机网络上传输的数据是以**分组**(**Packet**)为单位的,分组实际上就是一个由二进制字节构成的序列。在这个二进制字节序列中,最重要的部分是用户数据,用户数据是指应用程序需要通过网络进行传输的数据。除用户数据外,分组中还包括一些控制信息,这些控制信息是为了能正确传输分组而提供给网络使用的。控制信息一般被按固定的结构组织在一起,并添加在用户数据的前面随数据一起传输,通常被称为分组首部。分组首部的组织结构再加上其后的用户数据就是所谓的**分组结构**(也称**分组格式**)。

如何规定一个网络的分组结构是**网络协议**的一个重要部分。所谓网络协议,就是指通信双方在通信时所必须遵循的用于控制数据传输的规则、标准和约定,是通信双方所使用的"语言",它规定了有关功能部件在通信过程中的操作,定义了数据发送和数据接收的过程。

一般来说,一个网络协议包括三方面内容。一是"语法",主要是指数据以及控制信息的结构或格式,即前面所说的分组结构,但在网络中最低层的与物理线路和信号有关的协议中,语法是指数据编码、信号电平等;第二是"语义",它是指对构成协议的协议元素含义的具体解释;第三是"同步",也称为"时序",它规定了通信过程中各种事件的先后顺序。网络协议的概念比较抽象,需要结合后续内容逐渐理解。

1.1.2 计算机网络分类

计算机网络的分类方式有多种,最常见的一种是按照网络覆盖的地域范围的大小分类,按照这种分类方式,计算机网络可分为广域网(Wide Area Network,WAN)、城域网

(Metropolitan Area Network,MAN)、局域网(Local Area Network,LAN)等类型。

(1) 广域网也称为远程网,它所覆盖的地理范围为几百千米到几千千米,可覆盖一个国家、地区,甚至横跨几个洲。

(2) 城域网的覆盖范围为十几千米到上百千米,其目标是要满足所覆盖范围内的大量企业、机关、公司等的多个局域网的互联,用以实现大量用户之间的数据、语音、图像与视频等多种信息的传输。

(3) 局域网用于将较小范围内(如一个实验室、一幢大楼、一个校园)的各种计算机与外部设备互连成网,覆盖范围通常为几十米到几千米。

另外一种常见的网络分类方式就是按照连接计算机的通信介质分类,可分为无线网络和有线网络。不管是有线介质还是无线介质,通信线路就是为计算机之间提供一个信息传递的通道,即**信道**。

在计算机网络中,根据计算机与信道的连接方式,可把信道分成两种:一种只能在一条信道的两端连接计算机或通信设备,称为点到点信道;另一种则可以在一条信道上连接多台计算机或设备,称为广播信道。

在由点到点信道组成的计算机网络中,除了联网的计算机和信道以外,还有一种被称为交换机的设备,用于在多条信道之间转发数据。一台交换机通常有很多个网络接口,每个接口可连接一条点到点信道的一端。这种由点到点信道和交换机组成的通信网络被称为**交换网络**。如图 1.1(a)所示。在交换网络中,一台计算机给另一台计算机发送的信息,往往要经过网络中的多台交换机转发才能到达。广域网一般都是点到点信道组成的交换网络。

由广播信道组成的网络被称为**广播网络**,早期的总线型以太网就是这种网络,如图 1.1(b)所示。在这种网络中,多台计算机被连接到同一条信道上,但由于信道上同时只能传送一台计算机发送的信号,因此当有两台或两台以上的计算机都要发送信息时就会出现冲突。为了避免冲突,需要使用复杂的控制机制来决定网络中的哪台计算机可以向信道中发送数据,这种控制机制被称为信道的**多点访问协议**(Multiple Access Protocol,MAP)。

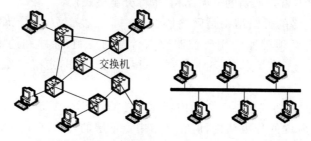

(a) 点到点信道组成的交换网络　(b) 使用广播信道的总线型以太网

图 1.1　不同信道组成的网络

广播信道通常在覆盖范围较小的局域网中使用,如以太网以及 Wi-Fi 无线网络等。

不管是在点到点信道组成的交换网络还是在由广播信道组成的网络中,一台计算机都可以选择同时向网络中的所有计算机发送信息,也可以选择向网络中的某一台计算机发送数据,前者称为**广播**,后者称为**单播**。

为了区分网络上的不同计算机,通常需要事先为每台计算机分配一个由若干二进制位组成的编号,该编号就是通常所说的**物理地址**或 **MAC**(Medium Access Control)**地址**,有时也称**硬件地址**。物理地址由网络设备厂商在制造设备时分配并固化在设备中,一般情况下不需要用户设置。

在信道上直接传输的是以电信号方式表示的二进制数据,为了便于对这些二进制数据进行管理控制,信道两端的数据收发部件在进行数据收发时都是以**帧**为单位进行的。帧实际上就是在物理信道上传输的**数据分组**的另一种叫法。一个帧通常包括目的地址、源地址、数据、校验码等几个部分。对于同一种网络,帧的各部分的相对位置都是固定不变的,各部分的长度,除了数据部分外,通常也是固定不变的,这就是所谓的帧结构。

计算机在发送数据时,首先要按照帧的格式要求,将数据封装成帧后再将帧发送到信道上。所谓封装成帧就是在数据前添加上由目的地址和源地址等字段构成的帧的首部,在数据后面添加上由计算得到的校验码等构成的帧的尾部。

在由广播信道组成的网络中,网络上的每一台计算机都能收到其他计算机发送的帧,但只接收目的地址与自己的 MAC 地址相同,或者目的地址是广播地址的帧。

在交换网络中,交换机内部都有一个用于记录从哪一个端口出去能到达哪一台计算机的转发表。交换机在每收到一个帧时,都要检查该帧的目的地址,如果不是一个广播地址,交换机就通过查找转发表发现该帧应该从哪个接口转发出去。如果是广播地址,则将该帧向除收到该帧的那个接口外的所有接口都转发一个该帧的副本。

1.1.3　典型的计算机网络——以太网

以太网是美国施乐(Xerox)公司于 1975 年研制成功的世界上第一种局域网技术。IEEE 的 802 委员会于 1983 年制定了第一个 IEEE 的以太网标准,其编号为 802.3。除了以太网技术外,20 世纪 80 年代还相继出现了其他一些局域网技术,比较典型的包括令牌总线(Token Bus)网和令牌环(Token Ring)网等,只不过这些局域网技术在激烈的市场竞争中早已被淘汰,只有以太网技术目前仍被广泛应用。

最早出现的以太网是总线型以太网。在总线型以太网中,多台计算机通过一条总线连接起来,任何两台计算机的通信都要通过连接它们的这条总线进行。当总线上的两个或两个以上的节点同时发送数据时,用以表示数据的信号就会在链路上互相叠加,使接收端无法正确识别,产生数据**碰撞**。一旦发生碰撞,发送者必须要重新发送发生碰撞的数据,如果碰撞频繁发生,将会大大降低网络的性能。

广播信道上的数据碰撞是无法完全避免的,但可以采用精确设计的**多点访问控制协议**减少数据碰撞发生的概率。以太网中的多点访问控制机制是带碰撞检测的载波侦听多路访问(CSMA/CD)协议,其基本原理读者可参看相关计算机网络原理的书籍,在此不做介绍。

以太网的 **MAC 地址**是一个 48 位(6 字节)的无符号二进制数,书写的时候通常用十六进制表示。具体地说,MAC 地址是分配给计算机上的网络接口卡(简称网卡)的,固化在网卡的 ROM 中,48 位全为 1 的 MAC 地址是广播地址,不会被分配给任何网卡。如果计算机上安装有多个以太网卡,则这台计算机就会有多个 MAC 地址。一般情况下,同一台计算机上的不同网卡会连入不同的网络。

由于以太网使用的是广播信道,网络中的任意一台计算机发出的帧其他所有的计算机均能接收到,但是,每台计算机通常都只接收发送给自己的帧和广播帧。计算机通过以太网帧中附加的目的地址来判断该帧是否是发给自己的,如果帧的目的地址跟自己的 MAC 地址相同,则该帧是发给自己的,就收下;否则,如果是广播地址,说明该帧是广播帧,也要收下,其他情况则丢弃。

以太网中传送的数据分组被称为以太网帧,如图 1.2 所示。帧的最前面的 6 个字节是**目的地址**字段,主要作用是指明要接收该帧的计算机的 MAC 地址。如果是一个广播帧,即该帧是广播给网络中的所有计算机的,目的地址应指明为**广播地址**。**广播地址**是一个特殊的地址,它不能被分配给任何一个主机,通常规定各二进制位全为 1 的地址为广播地址。紧跟其后的 6 个字节是**源地址字段**,用于指明发送该帧的计算机的 MAC 地址。通过源地址,收到该帧的计算机就会知道是哪台计算机发送了该帧。

6B	6B	2B	46~1500 B	4B
目的地址	源地址	类型	数据字段	校验码

图 1.2　以太网帧结构

类型字段主要用于指明接收端对数据部分的处理方式,也就是说,接收端收到数据后,如果经过检验没发现错误,帧中的数据应该交给哪个程序处理。当类型字段的值为 0x0800 时(0x 为十六进制数的前缀,表示其后面的数是十六进制数,即这里的 0800 为十六进制数),表示数据字段的内容为一个 IP 分组,应该交给操作系统的 IP 模块处理。若类型字段的值为 0x8137,则表示数据是由 Novell 的 IPX 发过来的,应该交给 IPX 模块处理。

数据字段,也称为用户数据,这部分二进制数据就是网络真正要传送的内容,至于这些二进制数据的含义和用处,跟计算机网络是无关的,其长度为 46~1500B。**校验码**是提供给接收方用来检查数据在传输过程中是否出错的,也称为**帧校验序列**(FCS),它由发送方根据帧的其他部分的内容使用某种算法计算得到,接收方收到帧后用相同的算法对相同部分的数据再计算一遍,得到的结果如果跟校验码相同,则说明传输中数据没出错。以太网的帧校验序列是采用循环冗余(CRC)校验计算得到的。

图 1.3 是从网上捕获的一个完整的以太网帧的内容(十六进制表示)。第一列为每行数据第一字节的序号(从 0 开始,也是十六进制表示的)。对照图 1.2 的帧结构可以看出,最前面的 6 个字节是目的 MAC 地址 6c-f0-49-7a-0a-49,紧随其后的 6 个字节是源 MAC 地址 00-23-cd-45-03-0a,然后是 2 字节的类型字段,其值为 0800,说明数据部分为一个 IP 分组,再往后就是以太网帧的数据部分了,其第一个字节的值为 45,一直到序号为 00fd 值为 02 的那个字节,也就是倒数第 5 个字节为止。最后 4 个字节 00 00 00 20 是校验序列。

以太网最初使用的总线是粗同轴电缆,后来演进到使用较为便宜的细同轴电缆,最后发展为使用更为便宜的双绞线和集线器组网。

字节序号	十六进制表示		对应的 ASCII 码
0000	6c f0 49 7a 0a 49 00 23	cd 45 03 0a 08 00 45 00	l. Iz. I . ＃ . E....E.
0010	00 f4 00 00 00 00 9b 11	0c 41 ca 66 86 44 c0 a8	.... A. f. D..
0020	01 65 00 35 f2 f0 00 e0	19 d2 38 67 81 80 00 01	. e. 5..... 8g....
0030	00 03 00 03 00 04 07 63	6f 6d 6d 65 6e 74 04 6e	.......c omment. n
0040	65 77 73 04 73 6f 68 75	03 63 6f 6d 00 00 01 00	ews. sohu . com....
0050	01 c0 0c 00 05 00 01 00	00 01 6c 00 07 02 67 73	.... l...gs
0060	01 61 c0 19 c0 33 00 05	00 01 00 00 00 b5 00 06	. a...3.. ......
0070	03 66 6a 6e c0 36 c0 46	00 01 00 01 00 00 00 4e	. fjn. 6. F ......N
0080	00 04 77 bc 24 0c c0 36	00 02 00 01 00 00 00 af	.. w. $. . 6 ...
0090	00 04 01 7a c0 36 c0 36	00 02 00 01 00 00 00 af	...z. 6. 6 ...
00a0	00 04 01 78 c0 36 c0 36	00 02 00 01 00 00 00 af	...x. 6. 6 ...
00b0	00 04 01 77 c0 36 c0 88	00 01 00 01 00 00 03 9a	...w. 6.. ...
00c0	00 04 dd b3 b4 16 c0 78	00 01 00 01 00 00 0e bf	.......x ...
00d0	00 04 0e 12 f0 2b c0 68	00 01 00 01 00 00 07 37	.....+. h ...7
00e0	00 04 3d 87 b3 a8 c0 68	00 1c 00 01 00 00 01 03	.. =....h ...
00f0	00 10 20 01 02 50 02 08	40 00 20 00 00 02 00 00	...P.. @. ....
0100	00 20		

图 1.3 　一个完整的以太网帧的内容

　　使用双绞线和集线器组成的以太网是一种星状拓扑结构的网络,如图 1.4 所示,各计算机通过双绞线连接到作为星状结构中心的集线器。集线器使用大规模集成电路来模拟同轴电缆的工作,因此这种星状以太网在逻辑上仍然是一个共享信道的"总线网络",只不过"总线"被"缩短"并装进了盒子。这种使用集线器的星状以太网络比使用同轴电缆的以太网络可靠性要高得多,并且价格便宜,因此总线型以太网早已被双绞线组成的星状以太网所取代。

　　目前使用集线器的双绞线以太网仍在使用,但集线器目前已逐渐被性能更好的以太网交换机所取代。交换机在样子上虽然与集线器相似,但其工作原理却大不相同。交换机是一种信息交换转接设备,不再像集线器那样模拟总线的工作。

　　以太网交换机是一种有多个以太网接口的**存储转发**设备。存储转发是指交换机在接收数据时,先将收到的数据存储在本地,待一个帧完全接收完成后,再根据其目的地址把它从相应的网络接口转发出去。交换机的每个网络接口都连接到一根不同的广播链路,由于位于不同端口的链路上的计算机不再共享同一信道,因此大大减小了碰撞机会,从而提高了数据传输率。以太网交换机的工作原理大体如下。

　　首先,在交换机内部维持着一张转发表,用于记录可以到达某计算机的网络接口。该表结构如图 1.5 所示。图中的三个表项分别表示 MAC 地址为 A 的主机连接在端口 1 上,MAC 地址为 B 的主机连接在端口 2 上,MAC 地址为 C 的主机也连接在端口 1 上。

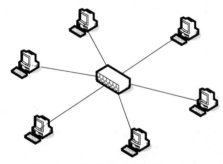

MAC 地址	网络接口
A	1
B	2
C	1

图 1.4 　双绞线组成的星状以太网　　　　图 1.5 　以太网交换机转发表结构

当交换机从某个接口收到一个帧后,分析包中的目的 MAC 地址,并通过查找转发表确定该数据包应转发到哪个接口;如果在表中查不到目的地址对应的端口,则向所有端口转发(除收到帧的端口外)该帧。

转发表是通过逆向学习算法创建并维护的,交换机每收到一个帧都会把帧首部中的源地址取出,并检查转发表中是否已登记了该地址,如果未登记,则将该地址以及帧进入交换机的端口(对应网络接口)作为一个表项添加到转发表中;如果表中已经存在该地址,则用该帧进入交换机的端口更新原先的网络接口。逆向学习算法是基于这样一个事实:从计算机 A 发出的帧如果从交换机的端口 x 进入到交换机,那么从这个端口出发沿相反的方向一定可把一个帧传送到计算机 A。

交换机可以将多台计算机直接连接成一个以太网,也可以连接多个由集线器或交换机组成的以太网以形成更大的一个以太网。如图 1.6 所示就是一个由交换机和集线器共同组成的较大的以太网的例子。在图 1.6 中,A、B 两台计算机通过一个集线器(Hub)连到交换机的 1 号端口上,C 则直接连到 2 号端口上,3 号端口则连接到了另一台交换机。

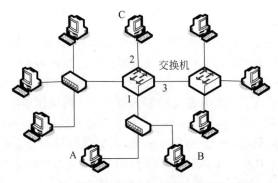

图 1.6   使用交换机和集线器组成的以太网

除以太网外,还存在许多种基于不同技术的局域网,例如已经不再使用的令牌环网和令牌总线网,还有现在越来越流行的无线局域网等。

1.1.4   广域网与分组交换技术

广域网是用来实现计算机间的长距离数据通信的,网络上的计算机可能分布在相距几百千米甚至是几千千米的不同城市里。铺设长距离的通信线路成本是昂贵的,因此,最初人们在实现两台距离遥远的计算机间的通信时通常是借用已经存在的通信网络——电话网来传输计算机的数据。

由于声音信号是一种模拟信号,因此那时的电话网是只能传送模拟信号的,但计算机信号是数字信号,数字信号是不能直接在电话网中传递的。为了解决这一问题,发送端就需要有一个设备,先将计算机要发送的数字信号转换成模拟信号后再发送到电话线上,而接收端也需要另一个设备,将电话线上传来的模拟信号恢复成原来的数字信号再交给目的计算机。将数字信号转换成模拟信号的设备称为调制器,将模拟信号恢复为数字信号的设备称为解调器。由于计算机间的通信通常都是既发也收,因此调制器和解调器被集成到一个设备中,叫作调制解调器(Modem)。

使用电话网传递计算机数据有两个明显的缺点：第一，任何想通信的两台计算机在通信之前都需要先有一条电话线连接，这条连接一旦建立，其他的计算机就不能再用，即使是在没有数据传输的时候，造成资源浪费；第二，使用电话线传输数字数据的速率（也就是带宽）太低。为了克服这些缺点，人们逐渐发展起了一系列的广域网技术，先后出现的典型技术包括 X.25、帧中继、ATM（异步传递方式）等。这些技术的性能指标以及设备造价相差很大，但它们最基本的原理却是相同的，都是基于分组交换技术的。

交换的概念来源于电话网络。当两部电话通话时只要用一对电话线将它们连起来就可以了，但是当多部电话之间需要相互通话时，每两部电话之间都连一对线显然是不可行的，因为需要的电话线太多了。解决的办法是在城镇中央修一个电话中心，谁家装电话就从谁家拉一条电话线到电话中心。电话中心派一个接线员，当你要跟某某通电话时，先联络电话中心的接线员，告诉他你要跟某某通电话，接线员迅速将你家的电话线和某某家的电话线接到一块，你就可以和某某通话了。通完话，接线员再将两家的电话断开。如果还需要同另一家通话，接线员就会把你家的电话线再转接到另一家。这就是"交换"的本来含义，对应的英文单词是"switch"，可以理解为"转接"——把一条电话线转接到另一条电话线。从通信资源的分配角度来看，"交换"就是按照某种方式动态地分配传输线路的资源。

两个城市之间的电话要通话时，只要在两个城市的电话中心之间连一条电话线，通过两次交换就可以了。如果要连接多个城市，则可以建立一个更高级别的交换中心，每个城市的交换中心都连一条或多条电话线到这个更高级别中心，由该中心负责城际电话的交换。这样就形成了今天的电话网络。

1889 年，一种可以替代接线员的机器被发明出来，这种机器可以根据用户所拨的电话号码自动将要通信的两部电话连接起来，这种机器就是"自动电话交换机"。这种使用自动电话交换机通过拨号给通信双方直接建立一条物理通信线路的交换方式就是所谓的**电路交换**。电路交换的工作过程分为以下三个阶段。

第一阶段是建立连接，通话发起方拨号，交换机根据所拨号码选择要连接的线路，建立起一条物理线路连接。

第二阶段就是利用建立的线路通话。

第三阶段称为释放连接，通话完成后通过挂断电话，通知交换机释放所占用的线路。

计算机广域网也可以像电话网那样组建一个由通信线路和交换机构成的通信网络。但是，计算机通信的数据具有这样一个特点，常常是突然在短时间内有大量的数据需要传送，然后又长时间没有数据传输，这种特点被称为**数据传输的突发性**。例如，当你上网打开某个网页时，服务器会在很短的时间内将该网页的所有内容都发给你上网所用的计算机，但在你浏览网页内容这一段相对较长的时间内，计算机与服务器之间就没有数据传输了。

计算机数据的突发性使得计算机网络采用电路交换技术并不合适。例如，当你上网看新闻时，如果通信连接使用的是电路交换，则需要先在你计算机和服务器间建立一条物理连接，这条连接一旦建立，其所用到的线路资源就会完全被你所独占，别人无法使用；在上网期间，你可能要查看很多网页，但是通常都是在看完一个网页后才会打开另外一个网页，传输每个网页所需时间大都是以毫秒计算的，而你浏览网页的时间则大多以分钟来计算，因此，整条线路在你浏览网页的大部分时间里都是空闲的，只有你再打开网页的瞬间线路才是忙的，因此通信线路的利用率很低，造成了很大的资源浪费。解决这一问题的方法是采用分组交换技术。

类似于每部电话机都有一个互不相同的电话号码,分组交换网络中的每台计算机也必须有一个互不相同的地址,用于区分网络中不同的计算机,类似于以太网的 MAC 地址,这个地址也被称为计算机的**硬件地址**。

分组交换技术与电路交换技术有很大不同,在通信时通常并不需要建立连接和释放连接,也不能向电路交换那样可以连续地传送任意长的数据。

在分组交换网中,当计算机在发送数据时,通常需要先把过长的原始数据划分成若干个较小的数据块,再在每个数据块前加上由目的地址以及其他控制信息构成的分组首部组成一个个数据分组,然后依次将它们发送给与计算机直接相连的交换机。

交换机在每收到一个分组后都先将它存储下来,然后按分组首部的地址信息查找事先建好的转发表,根据表中指明的接口转发给下一台交换机,下一台交换机也进行同样的处理,一直到转发给目的计算机为止。交换机的这种转发方式被称为**存储转发**。

目的计算机在收到所有分组后,再把各分组的首部去掉,将各分组中的数据块装配成原来的数据。

交换机收到分组后需要进行分析目的地址、查找转发表、转发等处理,这些处理需要花费时间,如果分组到达的速度快于其处理速度,后到的分组就需要在交换机内部进行排队等待,为此,交换机内部需要有较大的缓存空间用于缓存多个排队的分组。另外,分组在交换机内部排队等候会造成数据传输产生较大的时延,更严重的是,如果需要排队的分组过多而导致交换机内的缓存空间用尽的话,还会造成分组的丢失。

分组交换中,需要将原始数据划分成较小的数据块进行传输主要基于以下原因。

一是较小的分组有利于数据传输过程中的差错检测和差错恢复,差错检测和差错恢复也涉及一些复杂的技术,这里暂不讲解。

二是较小的分组有利于减少交换机存储空间的占用,因为过长的分组,需要交换机较多的缓存空间来容纳较大的分组。

三是较小的数据分组能够有效地分配通信线路的使用权,如果一台计算机发送的分组过长,转发过程中就会长时间地占用资源,影响其他计算机的数据的转发。

前面提到的 X.25、帧中继等广域网技术都是基于分组交换的,以太网交换机其实也是基于分组交换技术的。不同的分组交换技术之间的差别主要在于交换机转发表的构造以及维护算法不同、分组的转发策略不同、分组划分的大小不同、所使用的信号传输介质不同等,当然也有随之带来的性能、造价方面的不同。

1.1.5　网络互联

网络互联是指将两个或两个以上的计算机网络,通过一定的方法,用一种或多种通信处理设备相互连接起来,构成更大的网络系统,以使位于不同网络中的计算机也能相互通信和实现资源共享。网络互联的形式有局域网与局域网、局域网与广域网、广域网与广域网的互联等。

网络互联是计算机网络出现后随之而来的一种很自然的想法,但是,这个想法的实现却并不容易,原因是不同的网络由于采用的技术不同而差异太大,例如,硬件地址的编址方案、帧的结构、传输介质、管理与控制方式等。

对采用同种技术的两个网络,要将它们互联起来通常要简单一些,但在有些情况下也会产生问题。例如,如图 1.6 所示的由交换机构成的以太网,两个这种以太网互联,一般情况下,只要分别在两个网络中各选一台交换机,再从这两台交换机上各自选择一个端口,将这两个端口用网线直接相连就可以了,这时两个以太网就连成了一个规模较大的以太网,从而实现了原来在两个网络中的计算机互联互通的目的。从以太网交换机的工作原理可以知道,网中的任何一台计算机发送一个广播信息,网中所有的计算机都能收到,这时一般称这些计算机在同一个**广播域中**。显然,两个以太网直接相连就是将两个较小的广播域合并成一个大的广播域,但是,当一个广播域过大时,由于网络产生的广播包过多,网络性能会大幅下降,甚至不能工作。

计算机网络从一开始出现就呈现着一种多种技术并存的局面,不同的公司开发并推广了很多不同技术原理的网络,虽然其中有很多已逐渐被淘汰,但也有很多新的网络技术在不断出现。而且不同的网络技术往往适用于不同的应用环境,到目前为止,还没出现能适合所有应用场合的单一计算机网络技术。

较早出现的一种可以连接不同类型的网络的设备是**网桥**(**Bridge**),网桥主要是用来连接两个局域网的,但网桥不是一种通用的网络到网络的连接设备,两种不同种类的局域网相连,要用到专门为这两种种类的局域网相连而设计的网桥,例如一个以太网要与一个令牌环网相连,则需要用到专门设计的以太网到令牌环网的网桥,用于连接两个以太网的网桥只能连接两个以太网,而不能用于连接其他类型的网络。目前已很少使用网桥来连接两个网络,但是网桥也并非完全被淘汰了,前面所介绍的以太网交换机其实就是多端口的以太网到以太网的网桥,之所以不再叫网桥了,主要是因为网桥的端口较少,通常只有两个,而交换机则端口众多,常见的有 8 口、24 口、48 口等。

现在实现网络互联所使用的是一种被称为**路由器**(**Router**)的设备,路由器也是一种分组交换设备,它实际上是一种具有多个网络接口的专用计算机,用来在多个网络之间转发数据分组。

目前,路由器是实现网络互联的核心设备,但是,仅靠路由器仍然是不能实现网络互联互通的,还必须在所有网络中的计算机上安装并运行一套被称为 TCP/IP 的网络通信软件才行。这套软件的核心是 **IP 协议**(**Internet Protocol**),即**互联网协议**。IP 协议是不同网络中的计算机能够相互通信的关键,不仅是所有网络中的计算机,路由器上也都安装并运行着 IP 协议。

IP 要求互联网中的所有计算机都必须有一个全网唯一的地址,该地址被称为 **IP 地址**,并规定要传输的数据都必须封装在统一格式的 **IP 分组**中。图 1.7 是一个使用路由器进行

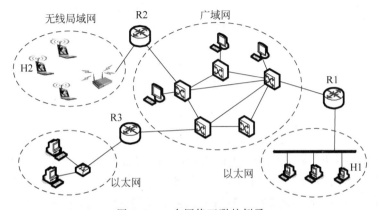

图 1.7 一个网络互联的例子

异种网络互联的例子。下面先以图中的计算机 H1 给 H2 发送数据为例,简单介绍一下 IP 协议和路由器的大体工作过程。

假设图 1.7 中的计算机 H1 要给无线局域网中的计算机 H2 发送数据,H1 上的 IP 协议在接收到要发送的数据后将数据封装成 IP 分组,然后再将 IP 分组作为数据交给以太网卡,以太网卡又将该 IP 分组封装到以太网帧中并发送给路由器 R1。需要注意,在封装成帧时,由于该 IP 分组是 IP 协议交给以太网卡的,因此,以太网帧的协议字段值应为 0x0800(参见 1.1.2 节)。路由器 R1 的以太网卡收到帧后,通过查看帧的协议字段值发现,该帧中的数据应交给 IP 协议处理,于是以太网卡便将该 IP 分组取出交给 IP 协议软件,IP 协议软件根据 IP 分组中的目的计算机 H2 的 IP 地址查找路由表发现,必须先将该分组交给路由器 R2 才能到达 H2,于是 R1 又将该 IP 分组封装到一个广域网帧中,通过广域网将该帧发送给路由器 R2,路由器 R2 的广域网接口卡将广域网帧中封装的 IP 分组取出交给 R2 上运行的 IP 协议,R2 上的 IP 协议根据分组的目的 IP 地址查找路由表发现,通过本路由器的无线网卡可以直接将该分组发给 H2,于是 IP 协议将该 IP 分组作为数据交给无线网卡,无线网卡将该 IP 分组封装到一个无线局域网帧中发送给主机 H2,H2 的无线网卡收到帧后将 IP 分组取出交给 IP 协议,IP 协议查看目的 IP 地址发现是发给本机的,于是将 IP 分组的数据取出,并根据 IP 分组中"协议字段"的值将数据交给相应的程序处理。

上面仅仅是 IP 协议及路由器的大体工作过程,详细工作原理将在 1.2 节介绍。目前,使用 IP 的网络互联技术已发展成计算机网络的核心技术,世界上正在运行的最大的互联网——因特网,就是基于 IP 的。

虽然路由器和交换机都可以实现网络的互联,但二者还是有根本区别的。交换机转发的是"帧",只能用于类型完全相同的多个网络的互联,它在收到一个帧后会根据帧中的目的 MAC 地址直接将"帧"转发出去。而路由器转发的是"IP 分组","IP 分组"是作为"数据"封装在"帧"中的。当路由器的接口收到一个运载"IP 分组"的"帧"后,先将帧中的 IP 分组取出,然后根据 IP 分组中的目的 IP 地址查找路由表,找到该分组转发路径上的下一跳路由器的 IP 地址以及转出接口,再根据下一跳的 IP 地址调用 ARP 查询到下一跳 MAC 地址,最后,将整个 IP 分组作为数据、下一跳的 MAC 地址作为目的 MAC 地址、转出接口的 MAC 地址作为源 MAC 地址重新构造一个新的帧从转出接口发送出去。

如果路由器连接的是不同类型的网络,则收到的"帧"和发送出去的"帧"的结构是不同的。例如,常见的家用无线路由器的 WAN 接口一般是一个以太网接口,而智能手机则是与路由器的 Wi-Fi 接口相连,因此当路由器从 WAN 接口收到一个发给智能手机的"IP 分组"时,它是从"以太网帧"中将 IP 分组取出,再将 IP 分组封装到"Wi-Fi 帧"中发给智能手机。

1.1.6　计算机网络体系结构

设计和建造计算机网络是一件很复杂的事情。将复杂的问题分解成若干个相对简单的子问题分别处理是人们在解决复杂问题时常用的手段,为了便于设计和实现计算机网络,人们将计算机网络按照功能划分成多个不同模块,各模块之间既相互独立又相互配合,共同实现了不同计算机上运行的应用程序间的相互通信。

计算机网络的各功能模块通常是按"层次结构"来划分的,即各模块之间的"调用"关系是一种层次模型,每层完成独立的功能。每一层功能都必须要借助其下一层的功能才能实现,同时,自身的功能要能被上一层使用。本层的功能被上一层所使用通常称为本层为上一层提供**服务**。服务与被服务只能发生在相邻的层次之间,不能跨层进行。这种计算机网络的层次结构以及各层功能的定义就是所谓的**网络体系结构**。

在网络体系结构的层次模型中,各层调用其下层所提供的服务是通过一组操作命令(也可理解为函数调用)来实现的,这些操作命令被称为**服务原语**,它定义了下层可为其上层执行的操作和完成的功能,但并不涉及如何来实现这些操作和功能。给出如何实现这些操作和功能的具体方法和步骤的是**协议**,但体系结构中并不要求某一层必须采用什么协议。具体的网络中,各层所采用的协议可以自由改变,但各层所提供的服务是不能改变的,只有这样,当某层因技术进步而改变时(例如,用能够完成相同功能但更高效的新协议替换原来的老协议),才不会影响到其他各层。

概括来说,在网络体系结构的分层模型中,每层都完成独立的功能。每层功能的实现都需要借助下层的服务来完成,同时本层还要向上层提供更高级的服务。各层的功能是由各层的协议控制完成的,网络的层次结构一旦确定,各层的功能也就随之确定了,但各层所使用的协议则可以采用不同的版本。

各层所用到的所有协议所组成的集合称为**协议族**,有时也将协议族称为**协议栈**,那是因为各层次的协议按层次画在一起很像数据结构中的栈。

下面介绍两种典型的网络体系结构模型,一种是国际标准化组织 ISO 发布的 OSI/RM 模型,另一种是 TCP/IP 模型。

1. ISO 的 OSI/RM 模型

如图 1.8 所示是国际标准化组织 ISO 发布的计算机网络体系结构的标准模型,被称为 OSI/RM(Open System Interconnection/Recommended Model),即开放系统互连参考模型,通常又称为 X.200 建议。

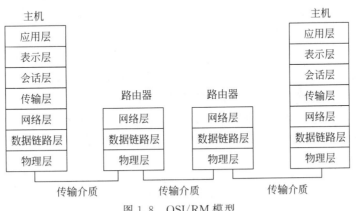

图 1.8 OSI/RM 模型

OSI/RM 将计算机网络按功能分为七个层次,从下到上依次为物理层、数据链路层、网络层、传输层、会话层、表示层和应用层。

1)物理层

物理层的主要功能是,利用通信介质为需要直接通信的节点建立、维护和释放物理连接,实现二进制比特流的传输,进而为其上的数据链路层提供数据传输服务。

计算机中的所有信息都是以二进制编码表示的,因此计算机之间的通信实际上就是二进制比特流的传输。要组建一个计算机网络,实现任意两台计算机间的通信,首先要解决的一个问题是相邻两个节点间的通信问题,也就是采用何种通信技术将两台计算机直接连接起来,以使两台计算机间能相互发送二进制比特流。这里所谓的相邻计算机是指网络中存在一条信道直接相连的两台计算机。

因此,物理层所关注的主要是关于连接计算机的信道的问题,主要涉及采用何种传输介质(双绞线、光纤还是无线电),发送端如何将要发送的二进制比特序列转换为能够在传输介质上传输的电信号,接收点又如何识别电信号并将其恢复成原来的比特序列,通信介质与节点的物理连接接口的大小、形状以及固定方式,信号线的排列顺序,等等。

目前常见的计算机网络的物理层技术有很多,不同传输介质的网络,例如无线网、光纤网等,它们的物理层协议必然不同,即便是相同的传输介质,也存在很多不同的物理层技术。这些不同的物理层技术的原理,通常是属于"数字通信"课程的内容,在这里只要知道,不管采用何种物理层技术,都可以将一位一位的二进制比特连续不断地沿信道从一台计算机传给相邻的另一台计算机。

2）数据链路层

物理层提供的通信信道(物理连接)能够在两台计算机之间传送二进制比特流,但是在信道传输比特流的过程中是不能保证不发生错误的。例如,某个表示"1"的电信号在传输过程中由于受到外部噪声的干扰发生了较大的变化,被接收端错误地识别成了"0",当然也有可能"0"被识别成"1"的情况,类似的情况在普通的有线传输中虽然概率很低,但是不可避免,在无线通信中发生的概率就比较高了,因此必须采用某种机制对要传输的数据进行差错控制。

除差错控制外,流量控制也是数据链路层的一个重要功能。由于节点性能的差异,接收端从链路上接收并处理数据的速度有可能比发送端发送数据的速度要慢,这样接收端就会因来不及处理到达的数据而造成数据丢失,所以收发端必须采取某种机制来协调收发两端的速度,这就是所谓的流量控制。

为了便于实现差错控制和流量控制,数据链路层以"帧"(Frame)为单位进行数据传输,帧的格式、差错控制和流量控制的方法等,都是由**链路通信协议**规定的。物理线路连同实现链路通信协议的硬件和软件一起被称为**数据链路**(Data Link)。

数据链路层的主要功能就是在物理层提供的比特流传输服务基础上,以帧为单位,在有差错的物理线路上,实现无差错数据传输,简单一点儿说就是在数据链路两端实现无差错数据传输。

不同的物理传输介质往往需要不同的数据链路协议,即便对相同的传输介质,也有很多不同的链路控制协议以适应不同的应用环境。正是层出不穷、不断进步的数据链路技术,才是目前计算机网络技术迅速发展的主要根源。

3）网络层

物理层和数据链路层实现的是相邻节点之间的数据传输,如何在链路层提供的服务基础之上,通过中间节点的数据转发在分组级交换网络上实现任意两台计算机间的通信,则是网络层的功能。网络层以"分组"为单位,通过适当的路由选择,可以为网络上的任意两台计算机之间提供通信服务,并能实现拥塞控制和网络互联等功能。

从数据通信服务的可靠性角度考虑,网络层的设计有两种,一种是网络层为其上层提供可靠的服务,这种可靠服务需要通信两端在通信前先要建立"虚电路",因此被称为"面向连接的可靠服务"。另一种在通信前则不需要任何操作,只需要将分组发送到网络上即可,由网络根据分组中的目的地址尽其最大努力将分组转发给目的计算机,但不保证传输过程中分组不会丢失,因此被称为"尽最大努力交付的数据报服务"。

由于面向连接的可靠服务实现复杂效率较低,目前的网络层技术主要是采用不可靠的数据报服务。

4) 传输层

传输层能够利用计算机网络与其他计算机上正在运行程序进行通信的程序通常被称为网络程序。正在运行中的网络程序称为**网络进程**。

进程是操作系统的核心概念之一,是指程序在一个数据集合上的运行过程,是操作系统进行资源分配和调度的一个独立单位。通俗地说,进程就是程序在计算机上的一次执行活动,当你启动了一个程序,你就启动了一个进程,退出一个程序,也就结束了一个进程。

前面不止一次提到的"计算机与计算机之间的通信"实质上是计算机上运行的进程之间的通信。

一台计算机上通常都会同时运行多个程序,也就是有多个进程在运行。例如,你在浏览网页的同时,还同时开着 QQ 准备随时与同学聊天,当网络层协议收到一个数据分组时,它应该将数据交给网络浏览器还是交给 QQ 程序? 都不是。因为网络层不具备区分不同应用进程的能力。网络层应将分组中的数据取出交给它的上层——传输层,由传输层决定将数据交给哪个应用进程。由此可以看出,传输层是直接为应用进程提供通信服务的,传输层提供的这种"应用进程到应用进程"的数据传输服务,通常被称为端到端(End-to-End)通信服务。传输层为多个应用进程共用网络通信服务提供了支撑。

除此之外,传输层还可以在网络层提供的不可靠的数据报服务之上,采用可靠传输协议为应用进程提供可靠的数据通信服务。

5) 会话层

会话层组织两个会话进程之间的通信,管理数据的交换。

6) 表示层

表示层用于处理在两个通信系统中交换信息的表示方式,包括数据格式变换、数据加密与解密、数据压缩与恢复等。

7) 应用层

应用层是体系结构中的最高层,其主要任务是通过网络应用进程间的通信来实现特定的网络应用,该层定义应用的总体框架以及进程间通信和交互的具体规则。不同的网络应用需要有不同的应用层协议。例如目前因特网上的万维网(WWW)是最典型的一个网络应用,它所使用的应用层协议为超文本传输协议 HTTP,而另一个典型应用电子邮件对应的协议则是 SMTP。应用进程间传输的数据通常被称为**报文**(**Message**)。

OSI/RM 的七层模型概念清楚,理论完备,但过于复杂,而且会话层和表示层的设计并不实用,因此该模型虽然在理论方面有些概念被广泛接受,但体系结构本身在实际中却并没有被采用,目前被广泛使用的是因特网的 TCP/IP 体系结构。

2．TCP/IP 体系结构模型

　　TCP/IP 模型是目前实际应用的一种网络体系结构模型,它是为实现不同网络的互联而被设计出来的。TCP/IP 模型只有四层,从上到下分别是应用层(Application Layer)、传输层(Transport Layer)、网际层(Internet Layer)、主机至网络层(Host-to-Network Layer)。它与 OSI/RM 各层的对应关系如图 1.9 所示。

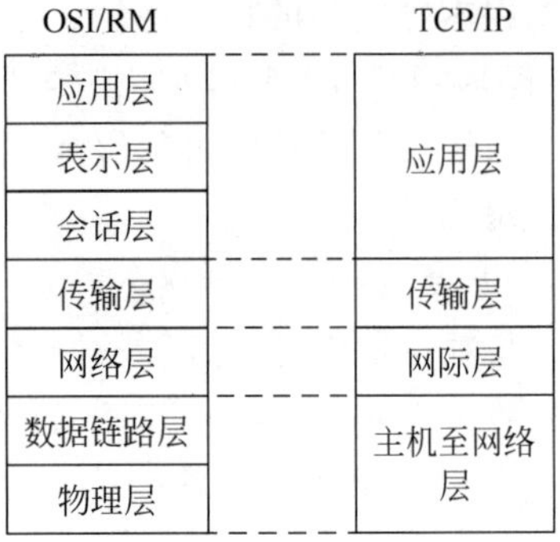

　　在 TCP/IP 参考模型中不存在 OSI/RM 的表示层和会话层,主机至网络层对应的数据链路层及物理层也是一片空白,没有给出任何具体规定,它可以是任何一种数据链路,如以太网、无线局域网,甚至是使用调制解调器的拨号连接。通过这些链路直接相连的计算机是可以不经过其他设备而直接通信的。

OSI/RM	TCP/IP
应用层	应用层
表示层	
会话层	
传输层	传输层
网络层	网际层
数据链路层	主机至网络层
物理层	

图 1.9　OSI/RM 和 TCP/IP 体系结构各层的对应关系

　　从下往上的第二层是网际层(Internet Layer),该层对应的协议是 IP 协议,它所解决的问题是使网络上的任意两台主机之间能够传送分组,也就是在任意两台主机之间找一条由物理信道和路由器组成的通路,使分组能沿这条通路由一台主机传送到另一台主机。因此,IP 的主要功能是将分组从网络中的一台主机传送到另一台主机。

　　IP 之上的第三层是传输层(Transport Layer),它的主要目标是使运行在不同计算机上的任意两个或多个进程之间能够相互传送数据,也就是为进程之间提供通信服务。传输层协议把数据从一个进程运送到另一个进程,因此是一种端到端的传输协议。需要强调的是,传输层协议是利用下层 IP 协议的功能完成其端到端传输的。传输层协议在收到应用进程要发送的用户数据后,首先在用户数据前添加上自己的首部构成传输层协议数据单元,然后将该数据单元交给 IP,IP 负责将该数据单元传送到目的主机并交给目的主机的相应传输协议,再由该传输协议将用户数据交给目的应用进程。

　　TCP/IP 协议族的传输层存在两个协议:TCP 和 UDP。应用进程可选择这两个协议中的任何一个进行数据通信。TCP 是一个可靠的协议,它检测 IP 传送的数据中可能发生的丢失、失序等错误,并采取一定的措施更正这些错误,从而为用户程序提供可靠的数据通信服务。为了实现可靠的通信,TCP 在传送数据之前必须先建立连接,通信完成之后还需要释放连接,所以经常说 TCP 提供面向连接的通信服务。UDP 则不会尝试从 IP 的错误中进行恢复,它只是将 IP 主机到主机之间的不可靠的"数据报"服务简单地扩展为应用程序到应用程序之间。它在通信时并不建立连接,因而 UDP 是无连接的。

　　最高一层是应用层(Application Layer),这一层的协议都是针对某种具体应用的,它定义了某种应用的具体框架,直接为用户的应用程序提供服务,例如,HTTP 用于浏览器向 Web 服务器请求网页内容,SMTP 则用于邮件的发送。

　　当需要开发一个应用程序时,根据应用程序的具体功能,可以选择使用已有的标准协议,也可以重新设计新的应用层协议。对大多数网络应用而言,都需要编程者自己设计并实现新的应用层协议。

　　图 1.10 列出了 TCP/IP 体系结构中目前所使用的主要协议。

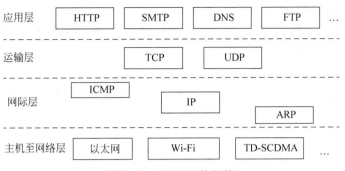

图 1.10　TCP/IP 协议栈

1.2　IP 协议

　　IP 协议即互联网协议,它被设计用来实现不同网络的互联互通,负责对数据分组进行寻址和路由。使用 IP 协议通信的计算机网络通常被称为 IP 网络,因特网就是全世界最大的一个 IP 网络。目前存在两个版本的 IP 协议:IPv4 和 IPv6。尽管在不远的将来 IPv6 肯定会完全取代 IPv4,但目前以及在今后的若干年内,IPv4 仍将被广泛使用。

　　IP 协议是一种"不可靠的"协议。从一台主机发送给另一台主机的一个分组序列在传送过程中有可能会丢失分组或被重新排序,尽管发生的概率并不高。IP 提供的这种不可靠的通信服务被称为"数据报"服务。

1.2.1　IP 地址

　　IP 协议的核心是 IP 地址,它将连接在不同物理网络中的计算机组合为一个虚拟网络。

　　在 IP 网络中,每一台主机都至少会分配一个 IP 地址。更准确一点儿说,IP 地址不是分配给主机的,而是分配给主机上的网络接口的。网络接口是主机与底层物理通信信道的连接,每一个 IP 地址都代表了一台计算机与底层物理通信信道的一个连接。每一个网络接口都是属于唯一的一台主机,因此只要它连接到网络,使用该接口的 IP 地址就可以定位这台主机。

　　主机可以有多个网络接口,例如,一台主机可以有一个有线以太网口,同时还有一个无线网口(Wi-Fi),如果要使它们都可以使用,则每一个网络接口都必须至少分配一个 IP 地址(实际上,在有些系统中一个接口可以有多个 IP 地址)。

　　IP 地址的一个重要作用是区分同一个 IP 网络中的不同网络接口,因此同一 IP 网络中不能存在相同的 IP 地址。

　　现在使用的 IPv4 的地址是一个 32 位的二进制数,通常采用点分十进制表示,即将这32 位二进制数平均分为 4 组,并用点(.)隔开,然后再将每组的 8 位二进制数写为对应的十进制数。

　　例如,一个二进制表示的 IP 地址为:11001010110000101000010100000001

　　分组后成为:11001010.11000010.10000101.00000001

　　将每组二进制数写成十进制就变为:202.194.133.1

这就是常见的点分十进制表示的 IP 地址。

一个 32 位的 IPv4 地址通常包含两个部分,前面一部分被称为网络号(网络 ID),后面一部分被称为主机号(主机 ID)。网络号用于标识主机所在的网络,主机号则用于区分同一网络中的不同主机。网络号很重要,路由器在转发分组时所依据的就是分组所携带的目的主机的 IP 地址的网络号。当计算机从一个网络移动到另一个网络时,计算机的 IP 地址必须做出相应的变更,因为不同网络的网络号是不同的。

网络号的长度不是固定的。不同范围的网络,其网络号长度是不同的。网络号的长短是由**子网掩码**决定的。子网掩码是一个由若干个连续的 1 和连续的 0 组成的 32 位的二进制串,其中,连续的 1 的个数表示 IP 地址中网络号的位数。子网掩码在书写时通常也是采用点分十进制方式。例如,11111111111111111111111100000000,通常写为 255.255.255.0。

计算机或路由器通过将分组的目的 IP 地址与其子网掩码做"逻辑与"运算来获取分组的目的网络号。

同一个网络中的所有计算机的网络号通常情况下是相同的,但有时也有例外,例如,划分了虚拟局域网(Virtual LAN,VLAN)的情况。通常网络号完全相同的一组主机被称为一个 **IP 子网**,当然,属于同一个 IP 子网的计算机必须是在同一个网络上。不同 IP 子网上的计算机之间通信必须要经过路由器。

1.2.2　IPv4 的分组结构

一个 IP 分组由首部和数据两部分组成。如图 1.11 所示,首部的前一部分是固定长度的,共 20 字节,是所有 IP 数据报必须具有的。固定部分的后面是一些可选字段,其长度是可变的。

0　　　4　　　8　　　　　　16　　　　　　　　　　31

版本	首部长度	服务类型	总长度
标识		标志(3位)	片偏移(13位)
生存时间(TTL)		协议	首部校验和
源地址			
目的地址			
选项(长度可变)			填充
数据部分			

图 1.11　IP 分组结构

固定部分又被划分为位数不等的字段,每一个字段都有特定的含义和功能。例如,首部最前面的 4 个二进制位表示 IP 协议的版本号,其值为 0100,即 4,表示 IPv4。紧跟版本字段的是该数据分组的首部长度,也占 4 位,可表示的最大数值是 15 个单位(一个单位为 4 字节),因此 IP 分组的首部长度的最大值是 60 字节。大多数 IP 分组的首部长度字段值都是 5,即 20 字节,也就是只包含固定首部。

固定首部的第 16～31 位(最前一位是第 0 位)是总长度字段,共 16 位。指首部和数据之和的长度,单位为字节,因此 IP 数据分组的最大长度为 65 535 字节。

协议字段占 8 位,主要功能是指明本数据分组所携带的数据是使用的何种协议,以便目的主机的 IP 协议决定将本分组的数据部分上交给哪个处理进程。例如,当协议字段的值为 6 时,说明本分组的数据部分是一个 TCP 报文段,目的计算机的 IP 协议会将数据部分取出交给 TCP 处理。当协议字段的值为 17 时,则说明分组的数据部分是一个 UDP 数据报。

源地址字段和目的地址字段均为 32 位。源地址字段填写的是发送该分组的计算机的 IP 地址,目的地址字段则是接收该分组的计算机的 IP 地址。当一台主机向网络中的另一台主机发送一个分组时,必须将目的主机的 IP 地址填写到该 IP 分组的首部的"目的地址"字段中,因为只有这样,网络中的路由器在收到该分组后,才能根据它所携带的目的地址为它选择一条正确的输出线路将它向目的主机方向转发。

主机上的应用进程是不会直接与以太网交换机或是路由器交互的,不管这些进程是否正在使用网络进行信息交换,它们基本上感觉不到路由器和交换机的存在,因此可以说交换机和路由器对应用进程来说是"透明的"。

1.2.3　路由与路由器

路由是一种为数据分组找到到达目的主机的路径的机制。路由与数据转发的功能均是由路由器来完成的。路由器是一种具有多个输入端口和多个输出端口的专用计算机,其主要任务是连接多个网络,并实现分组的路由选择与转发。

路由选择就是通过路由协议来获取网络拓扑,并根据获取的网络拓扑信息构造和维护路由表。分组转发则是将路由器某个输入端口收到的分组,按照分组要去的目的地(即目的网络),通过查找路由表,把该分组从路由器的某个合适的输出端口发送给下一跳路由器。下一跳路由器也按照这种方法处理分组,直到该分组到达终点为止。路由表是在路由器的存储空间中存储的一个具有类似如图 1.12 所示的结构的一个表格。

路由表中的下一跳地址是指分组要转发到的下一个路由器的一个端口的 IP 地址。注意,该端口一定是与本路由器的某个端口在同一个网络上,例如,在图 1.7 中,路由器 R1 到主机 H2 所在网络的路由中,下一跳地址应该是路由器 R2 与广域网相连的那个端口的 IP 地址。如果分组的目的主机就在路由器的某个接口直接相连的网络上,则下一跳地址应标记为直接交付,例如图 1.7 中的路由器 R1 到主机 H1 所在网络的路由,其下一跳地址应标记为直接交付。输出接口则是指本路由器的与下一跳路由器直接相连的网络接口。

目的网络地址	子网掩码	下一跳地址	输出接口(接口的 IP 地址)
192.168.1.0	255.255.255.0	直接交付	E0(192.168.1.1)
192.168.3.12	255.255.255.255	192.168.2.2	E1(192.168.2.1)
0.0.0.0	0.0.0.0	192.168.5.2	E3(192.168.5.1)

图 1.12　路由表结构示意图

路由表中的一条路由,如果其目的网络地址就是一个主机的 IP 地址(其相应的子网掩码为 255.255.255.255),这条路由被称为**特定主机路由**,这种路由是为特定的目的主机指明一个路由,例如图 1.12 中的第二条路由。采用特定主机路由可使网络管理人员能更方便地控制网络和测试网络,同时也可在需要考虑某种安全问题时采用这种特定主机路由。

路由器中还有一种被称为**默认路由**的路由表项,当一个分组的目的网络与路由表中的所有路由都不匹配时,路由器将按默认路由转发该分组。默认路由在路由表中的目的网络地址为 0.0.0.0,子网掩码也是 0.0.0.0。图 1.12 中的第三条路由即为默认路由。

路由器收到一个分组后,转发该分组的过程如下。

(1) 从收到的分组的首部提取目的 IP 地址 D。

(2) 对与路由器直接相连的子网(下一跳地址为"直接交付"的那些表项对应的网络),先用各网络的子网掩码和 D 逐位相"与",看是否和相应的网络地址匹配。若匹配,则将分组直接交付;否则执行步骤(3)。

(3) 若路由表中有目的地址为 D 的特定主机路由,则将分组传送给指明的下一跳路由器;否则执行步骤(4)。

(4) 对路由表中的其余的每一表项的子网掩码和 D 逐位相"与",若其结果与某一项的目的网络地址匹配,则将分组传送给该项指明的下一跳路由器,若结果与多项都匹配,则选子网掩码最大的路由表项作为该分组的路由;若无匹配项,则执行步骤(5)。

(5) 通过 ICMP,向源主机报告转发分组出错。

如果存在默认路由,由于其掩码为 0.0.0.0,与 IP 地址 D 进行"与"运算后的结果也为 0.0.0.0,因此上述过程中的步骤(4)必然能至少找到一个匹配项。

1.2.4　主机的路由表及 IP 分组的发送过程

在 IP 网络中,不仅是路由器有路由表,每一台主机也都保存有一个路由表,只不过主机的路由表要比路由器的简单得多。图 1.13 为某台计算机的路由表。

目的网络地址	子网掩码	网关	输出接口
0. 0. 0. 0	0. 0. 0. 0	192. 168. 1. 1	192. 168. 1. 6
127. 0. 0. 0	255. 0. 0. 0	127. 0. 0. 1	127. 0. 0. 1
192. 168. 1. 0	255. 255. 255. 0	192. 168. 1. 6	192. 168. 1. 6
192. 168. 1. 6	255. 255. 255. 255	127. 0. 0. 1	127. 0. 0. 1
192. 168. 1. 255	255. 255. 255. 255	192. 168. 1. 6	192. 168. 1. 6
255. 255. 255. 255	255. 255. 255. 255	192. 168. 1. 6	192. 168. 1. 6

图 1.13　一个主机路由表实例

可以看到,该路由表有一条默认路由,目的网络(Network Destination)为 0.0.0.0,掩码(Netmask)为 0.0.0.0,其下一跳地址,在这里称为网关(Gateway),为 192.168.1.1,输出接口(Interface)的 IP 地址为 192.168.1.6。该条路由是由人工配置的,在 Windows 系统中,它由 IPv4 协议属性配置窗口中的默认网关指定。其余路由表项均由系统自动生成,其中,目的网络为 192.168.1.0,掩码为 255.255.255.0 的那条路由是一条"直接交付"的路由,其网关 IP 地址和接口 IP 地址均为 192.168.1.6,其实就是本机的 IP 地址。选用此路由的分组的目的主机,均与本主机在同一个 IP 网络中。

网络号是 127.0.0.0 的路由是"回送地址"的路由。回送地址是一组保留地址,包括第一个字节值为 127 的所有地址。回送地址用于本机网络软件的环回测试和本地进程间的通信,TCP/IP 规定,目的地址是回送地址的分组不能出现在任何网络上,主机和路由器不能为该地址广播任何寻址信息。无论什么程序，一旦使用了回送地址作为目的地址来发送数据，则本机中的协议软件不会将数据发送到网络上，而是回送给上层软件处理。

除了"默认网关"路由和"直接交付"路由以及"回送地址"路由外，其余路由还包括一条"目的主机"是自身的特定主机路由、两条向本网络中的其他所有主机进行广播的广播路由以及一条组播路由。这些路由指向的网络均为本主机所在的网络，需要直接交付。

通过上述对主机路由表的分析可以看出，由主机发出的分组，要么交付给默认网关再由其转发，要么直接交付给本网络的其他主机。具体的发送过程与路由器的分组转发过程相似，具体如下。

（1）当主机上运行的 IP 协议收到上层交给的数据时，先将数据封装成 IP 分组（分组的目的地址往往是由发送数据的应用程序提供的）；

（2）用目的地址依次与路由表中各项的掩码进行与运算并将运算结果与目的网络进行比较，找出所有匹配项；

（3）在所有匹配的表项中选择网络号最长的一条路由作为本数据分组的路由。

上述过程也可以简单理解为：当主机要发送一个 IP 分组时，首先检查一下该分组的目的主机是否与本主机在同一网络中，如果在，则直接交付，否则交给默认网关。

1.3　TCP 与 UDP

TCP/IP 体系结构的运输层协议利用下层的 IP 协议为其上层的应用程序提供通信服务。TCP/IP 的运输层包括两个协议：TCP 和 UDP。应用程序可选择这两个协议中的任何一个进行数据通信。

UDP 在收到应用程序数据后，会在数据前面直接添加 UDP 首部，封装成 UDP 数据报再交由 IP 发送。TCP 在收到上层的应用程序要发送的数据后，会把数据封装成若干个 **TCP 报文段**，再将 TCP 报文段交付给 IP。IP 则将 UDP 数据报或 TCP 报文段直接作为 IP 分组的数据部分封装成 IP 分组发送出去。如图 1.14 所示是 IP 对 TCP 报文段或 UDP 数据报的封装示意图。

图 1.14　IP 对 TCP 报文段和 UDP 数据报的封装

当 IP 分组中封装的数据是 TCP 报文段时，该 IP 分组首部中的"协议字段"值为 6，而当 IP 分组中封装的数据是 UDP 数据报时，该 IP 分组首部中的"协议字段"值为 17。因此，根据 IP 分组首部的"协议字段"值，IP 协议很容易就能判断它所运载的数据应该交给上层 TCP 还是 UDP，或者是交给其他的进程。

1.3.1　端口号与网络进程地址

TCP 和 UDP 所要解决的一个共同问题是进程的寻址问题，也就是如何区别不同进程的问题。

每台主机上一般都会同时运行多个进程,而这些进程又都有可能利用网络与远端的进程进行通信,例如你通常会一边通过浏览器看着新闻,一边用"迅雷"下载着文件,同时 QQ 还在等着你的同学给你发来的消息,除此之外,系统中还运行有一些其他进程随时准备发送或接收信息。当主机从网络收到一个发给本机的 IP 分组后,会根据这个分组的首部中的"协议字段"的内容决定是交给 TCP 还是 UDP 处理,但是 TCP 或是 UDP 在收到这个分组后,应该将它交给哪一个进程呢? TCP 和 UDP 利用端口号来解决这一问题。

无论是 TCP 端口号还是 UDP 端口号,本质上都是分配给应用进程的一个 16 位的无符号二进制整数,通常简称为端口(port),取值范围为 0~65535。

当一个进程需要利用 TCP 进行通信时,必须为该进程分配一个 TCP 端口号,并且还要将该端口号告知通信对端的进程,这样,通信对端的进程在发送数据时,在 TCP 首部的"目的端口号"字段中指明要接收该报文段的进程的这个端口号,当接收端的 TCP 收到该报文段时,根据目的端口号就可以知道该将报文段中的数据交给哪个进程了。

同样,当一个进程要利用 UDP 进行通信时,也必须分配一个端口号,也必须要将该端口号告知通信对端。

需要注意,使用同一运输协议的进程其端口号是不能相同的,但使用不同运输层协议的两个应用进程,端口号则可以相同。这是因为,在操作系统中,TCP 和 UDP 是完全独立的两个软件模块,因此各自的端口号也是互相独立的。例如,如果有一个应用进程使用 TCP 通信,所用的端口号是 34255,则另一个使用 TCP 的进程就不能再使用 34255 号端口了,但一个使用 UDP 通信的进程则仍可以使用 34255 号端口。

TCP 和 UDP 的端口号分为三大类:一类是 0~1023 范围内的端口,被称为熟知端口(Well-Know Port),这些端口号通常分配给因特网上的一些众所周知的服务(著名的因特网应用),例如 Web 服务器(HTTP)的默认 TCP 端口号是 80,FTP 服务器的默认 TCP 端口号是 21,简单文件传输协议(Trivial File Transfer Protocol,TFTP)的服务器 UDP 端口号是 69。它们由因特网号码分配机构(Internet Assigned Numbers Authority,IANA)统一分配,并将结果公布于众。

第二类端口被称为注册端口(Registered Ports),范围为 1024~49 151,应用于那些不太常用的没有熟知端口号的应用程序。使用这个范围的端口号必须在 IANA 登记,以防止重复。

第三类是客户端口号或短暂端口号,范围为 49 152~65 535,留给客户进程选择暂时使用。当服务器进程收到客户进程的报文时,就知道了客户进程所使用的动态端口号。通信结束后,这个端口号可供其他客户进程以后使用。

对于一个 IP 网络中的进程来说,使用 IP 地址可以确定运行该进程的计算机,如果再知道它通信所采用的传输协议是 TCP 还是 UDP,并且还知道通信所使用的传输协议的端口号,那么就可以在网络上唯一确定这个进程。因此,在网络通信程序中,通常使用以下三元组来标识一个通信进程,该三元组通常被称为进程的网络地址。

(传输层协议,主机 IP 地址,端口号)

1.3.2　TCP

TCP(Transmission Control Protocol,传输控制协议)的主要功能如下。

（1）通过端口号实现多个应用进程对网络服务的复用和分用，这一点与 UDP 相同。

（2）通过校验和完成对整个 TCP 报文段的差错校验。

（3）使用滑动窗口协议进行流量控制和通信可靠性保证。流量控制是指在给定的发送端和接收端之间的点对点通信量的控制，其目的是抑制发送端发送数据的速率，以便使接收端来得及接收。**滑动窗口协议**是计算机网络中的一种重要流量控制和差错恢复机制，发送端根据接收端的反馈信息，通过调整自己发送窗口的大小来控制数据的发送速率以适应接收端的处理速度，当数据接收端在规定时间内接收不到数据或接收到的数据出错时，滑动窗口协议将使发送端重新发送丢失或出错的数据。

（4）提供拥塞控制机制。在某段时间内，若网络上的主机发送的数据流超过路由器的承受能力，从而引起数据包严重延时的现象，称为拥塞（Congestion）。拥塞发生时，会导致网络性能明显变坏，严重时将会导致网络崩溃。TCP 通过一系列复杂的机制来尽量避免网络中出现拥塞，一旦拥塞发生，它还会迅速降低数据发送速度来减缓拥塞程度。

在上述 TCP 功能中，有关数据通信的可靠性保证机制和拥塞控制机制超出了本书讨论的范围，更深入的内容请查阅相关计算机网络教程。

TCP 是一种面向连接的协议。当使用 TCP 进行通信时，必须先建立连接，只有连接建立成功后才能进行数据传输，通信完成之后还必须释放连接。这里"连接"仅是一个逻辑概念，"建立连接"的实质就是在通信双方进行数据发送之前完成一些必要的准备工作，这些准备工作包括：第一，确认对方的存在；第二，分配发送缓冲区和接收缓冲区等数据收发所必需的资源；第三，协商通信过程中的一些参数，例如用于匹配收发双方速度的参数等。

TCP 的连接建立过程如图 1.15 所示。主动发起连接建立的应用进程被称为"客户"，被动接收连接请求的进程被称为"服务器"。

客户端首先向服务器端发送一个连接"建立请求"报文，服务器在收到连接建立请求后必须回送一个同意建立连接的确认报文，客户端在收到服务器同意连接建立的确认报文后，还必须再向服务器发送一个收到"同意建立连接确认报文"的确认报文。只有经过上述三个步骤，一个 TCP 连接才算建立完成，这三个步骤的连接建立过程也叫作三次握手。

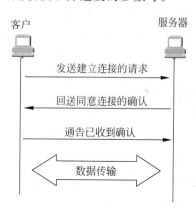

图 1.15　TCP 连接建立过程

TCP 报文段格式如图 1.16 所示。一个 TCP 报文段分为首部和数据两部分，首部中的各字段值是 TCP 在实现其各种功能时必需的一些控制信息。

源端口和目的端口字段各占 2B。端口是运输层与应用层的服务接口，运输层的复用和分用功能都要通过端口才能实现。

序列号字段占 4B。TCP 连接中传送的数据流的每一个字节都编有一个序号，序号字段的值则指的是本报文段所发送的数据的第一个字节的序号。

确认号字段占 4B，是接收方期望收到对方的下一个报文段的数据的第一个字节的序号。窗口字段占 2B，用来让对方设置发送窗口的依据，单位为 B。ACK 只有 1 位，只有当 ACK =1 时确认号字段才有效。当 ACK =0 时，确认号无效。

0	8							16	31

源端口号	目的端口号
序列号(32位)	
确认号(32位)	

| 首部长度
(4位) | 保留(6位) | U
R
G | A
C
K | P
S
H | R
S
T | S
Y
N | F
I
N | 窗口大小(16位) |

校验和(16位)	紧急指针(16位)
选项+填充	
数据	

图 1.16　TCP 报文段格式

序列号字段、确认号字段、窗口字段和 ACK 字段是实现滑动窗口协议的功能所必需的。另外,ACK 与 SYN 和 FIN 等字段配合,还用于 TCP 连接的建立和释放。

推送 PSH(PuSH)字段占 1 位,当 TCP 收到 PSH＝1 的报文段时,就尽快地交付接收应用进程,而不再等到整个缓存都填满了后再向上交付。复位 RST(ReSeT)字段也是 1位,通常值为 0,当 RST＝1 时,表明 TCP 连接中出现严重差错(如由于主机崩溃或其他原因),必须释放连接,然后再重新建立运输连接。

首部长度占 4 位,它指出 TCP 报文段的数据起始处距离 TCP 报文段的起始处有多远。由于 TCP 首部有时还会包含一些选项字段,这些选项字段是 TCP 在实现一些除基本功能外的附加功能所需的,某个选项字段在一个报文段中是否存在是分情况而定的,因此 TCP 报文段的首部长度是不确定的。"首部长度"的单位是 32 位字(以 4 字节为计算单位)。大多数情况下 TCP 报文段都不需要选项字段,因此该字段的值一般情况下均为 5,也就是首部长度通常为 20 字节。

保留字段占 6 位,保留为今后使用,目前应置为 0。

紧急 URG 字段和紧急指针字段通常用于传送"带外数据",当 URG＝1 时,表明紧急指针字段有效。它告诉系统此报文段中有紧急数据,应尽快传送(相当于高优先级的数据)。紧急指针字段占 16 位,指出在本报文段中紧急数据共有多少字节(紧急数据放在本报文段数据的最前面)。

1.3.3　UDP

UDP(User Datagram Protocol,用户数据报协议)是一个比较简单的传输层协议,它只在 IP 所提供的服务之上增加了两个功能,一是通过端口号区分多个应用进程,也就是实现应用进程对网服务的**复用和分用**;第二个功能是通过计算校验和完成对 UDP 数据报的差错校验。

UDP 不提供可靠的通信服务,当接收端收到一个 UDP 数据报,通过校验和计算发现数据出错时,它只是简单地将该数据包丢弃,并不通知上层的应用程序,也不通知发送端。尽管如此,很多情况下 UDP 是一种最有效的工作方式,例如,因特网上的绝大多数的视频数据传输,大都使用的是 UDP。

UDP 数据报格式如图 1.17 所示，它只是在应用数据前添加了 8 字节的 UDP 数据报首部。8 字节的 UDP 数据报首部又分为 4 个字段：2 字节的"源端口"，是发送数据的应用程序所使用的 UDP 端口号；2 字节的"目的端口"，是通信对端接收数据的应用进程所使用的 UDP 端口号，接收端的 UDP 就是根据"目的端口"的值来区分接收数据的进程的；2 字节的"长度"，该长度值是包括 8 字节首部和数据部分的整个 UDP 数据报的字节数；最后是 2 字节的"校验和"，该校验和的计算比较特别，它是由运载该 UDP 数据报的 IP 分组首部中的"目的 IP 地址""源 IP 地址"和"协议"三个字段，外加一个字节的 0 填充和 2 字节的 UDP 报文长度构成的"伪首部"，再连接上整个 UDP 数据报所构成的二进制数据块计算得来的，详细的计算方法将在第 8 章中详细讲述。

图 1.17　UDP 数据报格式

UDP 与 TCP 一样，都是构建于 IP 之上的传输层协议，但二者又有明显的差异。首先，UDP 是一个面向数据报的无连接协议，"无连接"就是在正式通信前不必与对方先建立连接，不管对方状态如何就直接发送数据。而 TCP 则是面向连接的。

其次，UDP 仅在 IP 提供的主机到主机的分组转发功能之上，通过"端口号"提供了进程到进程的数据报传输服务，因此，UDP 同 IP 协议一样，并不保证数据报传输的可靠性。在传输过程中，除了可能丢失数据报外，在连续发送多个数据报的情况下，各数据报到达目的地的顺序也不能保证与发出时相同，尽管这种情况很少出现。而 TCP 则不然，它在不可靠的 IP 协议之上提供了可靠的数据传输服务。

正是因为 UDP 无连接，也不保证数据传输可靠，才使得 UDP 比较简单，传输数据的时延也比 TCP 要短，消耗的网络带宽也更少（其数据报头仅 8 字节，而 TCP 报头有 20 字节）。因此，UDP 更适合于那些强调数据传输的实时性，而对数据传输的完整性要求不十分严格的应用使用，这种应用中最典型的例子就是音频和视频传输。

另外，UDP 不但支持一对一的通信，而且也支持一对多的通信，可以使用广播方式向某一 IP 子网的所有用户传输数据，或使用组播方式向多个用户传输数据，而 TCP 仅能支持一对一的通信。

1.4　网络应用编程接口——套接字

在网络协议的层次结构中，物理层和数据链路层的功能通常是由网络适配器（即网卡）来实现的，传输层、网络层等层次的协议都是作为操作系统的核心模块来实现的，而应用层协议则是由应用程序的开发者来设计实现的。

基于安全性和可靠性方面的考虑，操作系统的核心模块一般不能由用户程序直接进行调用和访问，但是应用层的通信功能必须要借助其下层的传输层、网络层功能才能实现，那么在编写网络应用程序时，如何调用操作系统核心已实现的传输层和网络层协议的功能进行数据收发呢？答案自然是通过操作系统提供的应用程序编程接口(Application Program Interface,API)。利用这些接口,用户应用程序就可以使用操作系统核心模块所提供的TCP/IP模块的功能了。这些与网络通信相关的应用程序编程接口被称为套接字编程接口。

应用程序编程接口也称为系统调用接口,是应用程序直接调用操作系统的功能为自己服务的机制。大多数操作系统都是通过应用程序编程接口来支持应用程序运行的。

通过应用程序编程接口调用操作系统功能的过程被称为系统调用。对程序员来说,系统调用和一般程序设计中的函数调用非常相似,只不过系统调用是将控制权传递给了操作系统。当某个应用进程启动系统调用时,控制权就从应用进程传递给了系统调用接口。此接口再将控制权传递给计算机的操作系统。操作系统将此调用转给某个内部过程,并执行所请求的操作。内部过程一旦执行完毕,控制权就又通过系统调用接口返回给应用进程。系统调用接口实际上就是应用进程的控制权和操作系统的控制权进行转换的一个接口,因此也就称为应用程序编程接口。

1.4.1　套接字编程接口的起源与发展

20世纪70年代,美国加利福尼亚大学Berkeley分校在其BSD UNIX(Berkeley Software Distribution UNIX)操作系统中最先实现TCP/IP,并为其设计了开发网络应用程序的编程接口,这个接口被称为Berkeley套接字应用程序编程接口(Berkeley Socket Application Program Interface,Berkeley Socket API),简称套接字接口。

除Berkeley的套接字编程接口外,AT&T为其UNIX系统V也定义了一种编写网络通信程序使用的API,即TLI(Transport Layer Interface)。但是,由于BSD UNIX操作系统的广泛使用,人们逐渐熟悉并接收了套接字编程接口,TLI并没有流行起来。后来出现的UNIX的其他版本以及Linux、Windows等操作系统也没有再另外开发网络编程接口,都是选择了对BSD套接字编程接口的支持。

为了便于在不同系统上实现套接字编程接口,Berkeley制定了一个套接字规范,规定了一系列与套接字实现有关的库函数;该规范得以实现并被广泛流传,一般被称为Berkeley Sockets。

套接字编程接口给出了应用程序能够调用的一组函数(Socket函数),每个函数完成一种与协议软件交互的操作;比如用来创建套接字的socket函数,用来发送数据的send函数,以及用来从网络上接收数据的receive函数等。应用程序通过调用这些函数就可达到利用网络进行通信的目的。

微软公司在其Windows操作系统中也采用了Socket接口,它是在Berkeley Sockets基础之上,为了更好地适应Windows系统进行了适当改动,形成了一个稍有不同的Socket API,并称之为Windows Socket。

1.4.2　套接字的含义与分类

"套接字"是Socket的中文译名,其本意是插座、插槽的意思,在这里应该把它理解为应用程序连接到网络的"插座",是应用程序调用网络协议进行通信的接口,通过它应用程序可以发送和接收数据。

套接字是一个复杂的软件结构的抽象,不仅包含记录通信双方 IP 地址和连接状态等信息的特定数据结构,还包含很多选项,但这些内容由操作系统管理,对程序员来说是不可见的。从程序员的角度来看,套接字本质上就是一种应用程序调用操作系统的网络通信功能的系统调用接口。

为了满足不同应用程序的不同需求,操作系统一般提供以下三种不同的套接字。

流式套接字(Stream Socket):提供面向连接的可靠的双向数据传输服务,通信双方可以无差错、无重复地发送接收数据,并且保证接收端按发送顺序接收到数据;使用 TCP 实现数据传输,通常在可靠性要求较高以及数据量较大的应用中使用。

数据报套接字(Datagram Socket):提供无连接的、不可靠的数据传输服务,每个数据报都独立地被发送,不提供无错保证,数据可能丢失,并且接收端不一定能按发送顺序接收到数据报;但使用数据报套接字编程较为简单且效率较高,在出错率较低的网络环境下使用的应用或对数据可靠性要求不是很高的应用通常都采用该类套接字。使用 UDP 实现数据通信。

原始套接字(Raw Socket):允许对 IP、ICMP 等低层协议直接访问。常用于检验新的协议实现或访问现有服务中配置的新设备。

1.4.3　套接字接口的位置及实现方式

应用程序、套接字、端口号以及 TCP/IP 的关系如图 1.18 所示。从图中可以看出,一个应用程序可以使用多个套接字,这些套接字既可以是 TCP 套接字,也可以是 UDP 套接字;每一个套接字都要关联到一个端口号,而且允许多个套接字关联到同样一个端口号。在第4 章中就会看到,应用程序通过调用 Socket 函数获得一个套接字的使用权,并使用 bind 函数使该套接字与所希望使用的端口号进行关联。

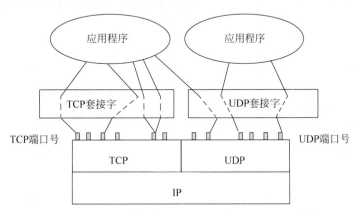

图 1.18　应用程序、套接字、端口号与 TCP/IP 的关系

操作系统中实现套接字编程接口的方式有两种。一种是通过在操作系统的内核中增加相应的软件模块来实现的,在这种方式中,套接字函数就是操作系统本身的功能调用,是操作系统内核的一部分,BSD UNIX 以及源于它的操作系统都是通过这种方式实现的。另一种是开发操作系统之外的函数库来实现的,Windows Socket 就是以库函数方式实现的,它

本身是 Windows 系统自带的一个动态链接库。

从开发应用程序的程序员角度来看,两种实现是没有差别的。对程序的移植性影响也不大,因为当程序从一台计算机移植到另一台计算机时,源码不必改动,只要用新计算机上的套接字库重新编译后,程序就可执行。

1.5　网络应用程序的结构模型

网络应用程序的结构模型有两方面的含义:一是通信的发起方式,即两个网络应用进程间的通信是如何发起的;二是网络应用的功能部署问题,也就是说对一个网络应用而言,参与通信的各个程序各自应该完成哪些具体功能。例如,因特网上的万维网(WWW)应用,主要包括两个程序——Web 浏览器和 Web 服务器,其中的浏览器是通信的发起方,它首先向服务器发送 Web 页面请求,服务器则是被动接收请求开始通信的。在功能方面,浏览器则主要完成与用户交互以及正确显示收到的页面信息,而服务器则主要是存储并为所有向它发送请求的所有浏览器提供内容。

网络应用程序的结构模型是网络应用软件开发的基础,它决定了整个应用软件的模块划分和功能部署,因此,在很多资料中直接称之为网络应用软件体系结构。目前,常见的网络应用程序的结构模型有三种:C/S 模型、B/S 模型和 P2P 模型。

1. C/S 模型

C/S 模型即客户(Client)/服务器(Server)模型,这是最常见也是最基本的一种模型。需要注意,这里的客户和服务器是指通信所涉及的应用进程,而不是指计算机。在该模型中,发起通信的一方被称为客户端,被动接收通信请求的一方被称为服务器。

C/S 模型所描述的是进程之间服务和被服务的关系。客户是服务的请求方,是被服务者;服务器是被请求方,是服务的提供者。客户和服务器的地位显然是不对等的。服务器必须先启动,并时刻监听是否有客户端的请求到达。

客户软件可以同时向不同的服务器请求服务,而服务器往往也可以同时为多个客户提供服务,因此,在网络上,客户和服务器通常都是多对多的关系。客户进程和服务器进程通常都是运行在网络中的不同计算机上,但事实上,二者运行在同一台计算机上的情况也很常见,比如在软件的开发调试阶段。

客户软件一般不需要特殊的硬件和很复杂的操作系统,而大多数服务器软件一般情况下都需要强大的硬件和高级的操作系统支持。主要原因是客户软件通常只为一个用户提供服务,而服务器软件则需要同时并发处理多个远程或本地客户的请求,同时为大量的客户软件提供服务,因此对软硬件的性能要求很高。

这种模式的一大缺点是对服务器的计算资源和网络接口带宽需求大,当用户较多时服务器容易成为整个应用系统的瓶颈,并且,越靠近服务器端口的链路网络流量占用越是集中,造成网络流量的不均衡。

2. B/S 模型

B/S 模型即浏览器(Browser)/服务器(Server)模型,它是随着 Web 技术的兴起而出现的一种网络应用结构模型。B/S 模型本质仍属于 C/S 模型,只不过这种模型不再需要专门开发复杂的客户端程序,而是利用 Web 浏览器及浏览器脚本语言(Script 语言,例如 VBScript、JavaScript 等)来实现原来需要专门开发的客户端程序的功能,用户界面的功能完全由 Web 浏览器实现,从而节约了开发和部署成本。

典型的 B/S 模型的应用系统通常由 Web 浏览器、Web 服务器和数据库服务器三层软件构成,如图 1.19 所示。浏览器是客户端程序,用户的所有输入输出等操作全部通过浏览器完成。Web 服务器负责对构成应用系统的各种文件进行组织与管理,根据客户请求内容调用运行相关的 Web 服务器脚本程序来执行客户请求的功能,并将执行结果作为 Web 页面返回给浏览器。数据库服务器则负责存储和管理应用系统的所有数据。

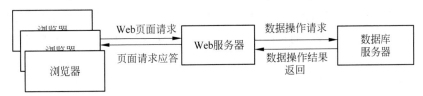

图 1.19　B/S 模型应用系统的构成

Web 脚本程序运行时,如果需要对数据库中的数据进行查询、插入、删除、更新等操作,则通过 ODBC 或 JDBC 与数据库系统连接。数据库服务器通过运行数据库管理系统(Database Management System,DBMS)来对数据库进行管理。

基于 Web 技术的 B/S 模型的软件,由于具有易于开发和维护、扩展性好、安全性高等特点,目前已发展为网络应用开发的主流模型。

3. P2P 模型

P2P 是 Peer-to-Peer 的简写,一般翻译为对等模型,是指参与通信的每一个进程的地位都是平等的。在该模型中,参与通信的各进程并不区分哪一个是服务器哪一个是客户端,每个进程都既可以充当服务器,也可以充当客户机。任何一个进程都可以向另外一个进程发起通信请求,也可以接收并响应其他进程向本进程发起的通信请求。

目前,P2P 模型的网络应用发展迅速,目前极为流行的 QQ 聊天程序、迅雷和网际快车等下载软件,暴风影音和爱奇艺等网络视频软件,都是基于 P2P 模型的网络应用。

在 P2P 模型中,运行着 P2P 应用进程的计算机被称为 P2P 节点,"资源"分布在系统中众多不同的 P2P 节点上,当一个节点的用户需要本节点不具备的资源时,节点上的 P2P 进程首先在系统中众多的节点上搜索所需的资源,找到后再向拥有资源的节点发送资源请求。因此,设计 P2P 模式的应用系统的核心问题是如何组织及查找分布在不同节点上的资源。

1.6　网络编程的不同层次

网络编程是指开发实现具有网络通信功能的程序。目前主要有三种不同层次的网络编程技术:基于 Web 的网络编程,基于套接字 API 的网络编程和基于硬件 API 的网络编程。

基于 Web 的网络编程又有两个层次:一个层次是指利用 ASP、JSP、PHP 等动态服务页面制作技术进行 Web 应用开发;另一个层次则是指基于成熟的面向企业应用的程序开发框架进行的企业级应用开发,该层次的开发也被称为基于 Web 服务的应用开发。Web 服务是一些被称为组件的松散耦合的可复用的软件模块,这些组件在 Internet 上发布之后,能通过标准的 Internet 协议在程序中访问,它们使用服务发现机制来定位服务,其基本结构包括 Web 服务目录、Web 服务发现、Web 服务说明。典型例子包括基于 .NET 框架的 Web Service 编程,基于 J2EE 的 Weblogic 开发等。

基于套接字 API 的网络编程是最基本的网络编程方式,主要是使用各种编程语言,利用操作系统提供的套接字网络编程接口,直接开发各种网络应用程序。该方式由于直接利用网络协议来实现网络应用,因此层次较低。套接字直接与网络体系结构的传输层交互,仅仅为网络应用进程之间提供了通过网络交换数据的方法,对于要交换什么数据,数据采用什么格式,按照什么方式交换数据,对交换的数据做什么处理等问题,根据需要由程序员决定,因此程序员有较大的自由度。

基于硬件设备 API 进行网络编程主要是指基于某种网络硬件接口标准进行的一些特殊程序的开发,在网络设备研发以及网络管理和网络安全领域经常用到。

本书主要讲解基于套接字 API 的网络编程。尽管并不是所有的网络应用程序都需要使用套接字来编程,但作为从事计算机应用开发尤其是网络应用开发或者相关科研工作的人员来说,学习掌握基于套接字的网络编程技术是必要的,其主要原因如下。

一方面,存在许多新的网络应用需要用到套接字编程技术进行开发。在这些应用中,通信各方所交换的数据的数据结构和交换顺序往往都有特定的要求,不符合现有成熟的应用层协议,需要程序员自己设计合适的数据结构和信息交换规程,因此这类应用适合使用通信控制灵活性较大的套接字编程技术开发。

另一方面,学习掌握套接字编程技术,有助于读者进一步掌握计算机网络的体系结构及工作原理,理解现有网络成熟应用软件的实现方法,进一步提高计算机网络的应用能力。

习题

1. 选择题

(1) 在总线型或集线器构成的星状以太网中,由于是广播信道,因此每台计算机都能收到其他任何计算机所发送的任何帧。但计算机只接收(　　)。

  A. 发给自己的帧　　　　　　　　　B. 广播帧

  C. 数据帧　　　　　　　　　　　　D. 发给自己的帧和广播帧

(2) 关于以太网的 MAC 地址,以下说法错误的是(　　)。

  A. 是一个 6 字节长的无符号二进制数

  B. 48 位全为 1 的 MAC 地址被称为广播地址,不能分配给任何以太网上的计算机

  C. 以太网中的每台计算机最多只可以分配一个 MAC 地址

  D. 广播地址在以太网帧中只可以作目的地址,不可以作为源地址

（3）在 OSI 参考模型中,自下而上第一个提供端到端服务的层次是（　　）。

    A. 数据链路层   B. 传输层   C. 会话层   D. 应用层

（4）下列选项中,不属于网络体系结构中所描述的内容是（　　）。

    A. 网络的层次   B. 每一层使用的协议

    C. 协议的内部实现细节   D. 每一层必须完成的功能

（5）以下关于路由器的描述错误的是（　　）。

    A. 路由器是一种分组交换设备

    B. 路由器实际上是一种具有多个网络接口的专用计算机

    C. 路由器可实现使用不同传输介质的网络的互联

    D. 路由器同网桥一样,都是工作在数据链路层

（6）当一台主机从一个网络移到另一个网络时,以下说法正确的是（　　）。

    A. 必须改变它的 IP 地址和 MAC 地址

    B. 必须改变它的 IP 地址,但不需要改动 MAC 地址

    C. 必须改变它的 MAC 地址,但不需要改动 IP 地址

    D. MAC 地址、IP 地址都不需要改动

（7）下列关于 UDP 的叙述中,正确的是（　　）。

    Ⅰ 提供无连接服务

    Ⅱ 提供复用/分用服务

    Ⅲ 通过差错校验,保障可靠数据传输

    A. 仅Ⅰ   B. 仅Ⅰ、Ⅱ   C. 仅Ⅱ、Ⅲ   D. Ⅰ、Ⅱ、Ⅲ

（8）对于下列说法,错误的是（　　）。

    A. TCP 可以提供可靠的数据流传输服务

    B. TCP 可以提供面向连接的数据流传输服务

    C. TCP 可以提供全双工的数据流传输服务

    D. TCP 可以提供面向非连接的数据流传输服务

（9）传输层可以通过（　　）标识不同的应用。

    A. 物理地址   B. 端口号   C. IP 地址   D. 逻辑地址

（10）关于端口号,以下说法不正确的是（　　）。

    A. 使用 TCP 或 UDP 通信的应用进程都至少需要分配一个端口号

    B. 同一台机器上分别使用 UDP 和 TCP 通信的两个进程不能分配数值相同的端口号

    C. 无论是 TCP 端口号还是 UDP 端口号,均是一个 16 位无符号二进制整数

    D. TCP 报文段的目的端口号就是分配给要接收该报文段中的数据的进程的端口号

（11）关于套接字编程接口,下列说法不正确的是（　　）。

    A. 套接字编程接口是操作系统提供的与网络通信相关的应用程序编程接口

    B. 最早的套接字编程接口是 Berkeley 套接字编程接口

    C. 微软的套接字编程接口 WinSock 是 Windows 系统核心的一部分

    D. 操作系统提供的套接字分为流式套接字、数据报套接字和原始套接字三种

2. 填空题

(1) 一台计算机如果要同时向网络中的所有计算机发送信息,这种通信方式称为_____,如果只向网络中的某一台计算机发送数据称为_____。

(2) 目前实现不同网络互联所使用的最多的一种设备是_____,它实际是一种具有多个网络接口的专用计算机,用来在多个网络之间转发数据分组。

(3) 以太网 MAC 地址中,广播地址的十六进制表示形式是_____。

(4) 以太网的数据帧中,目的地址通常是_____的 MAC 地址,如果是一个广播帧,目的地址应指明为_____。

(5) 路由表中特定主机路由的掩码为(用点分十进制表示)_____,默认路由的掩码为_____。

(6) TCP 在收到一个报文段后根据 TCP 报文段首部中的_____字段,来确定将报文段中的数据交给上层的哪个进程。

(7) 套接字本质上是一种应用程序调用_____功能的接口,从程序员角度看,它就是系统提供的一组库函数。

(8) 操作系统中实现套接字编程接口的方式有两种,一种是通过在_____中增加相应的软件模块来实现的,BSD UNIX 以及源于它的操作系统都是通过这种方式实现的;另一种是开发操作系统之外的_____来实现,WinSock 就是这种方式实现的。

(9) 为了满足不同应用程序的不同需求,操作系统一般提供_____、_____和原始套接字三种不同的套接字。

3. 简答题

(1) 什么是网络协议? 说出协议的三要素及它们的含义。

(2) 画出以太网帧结构示意图,并简要叙述以太网帧中各字段的含义。

(3) 简述 ISO 的 OSI/RM 网路体系结构模型各层的功能。

(4) 简述路由器在收到一个 IP 分组后的处理过程。

(5) 传输层协议如何区分同一主机上的不同应用进程?

(6) 如何表示网络环境中的进程地址?

(7) 网络应用程序的结构模型主要有哪些?

(8) 图 1.20 是从网上捕获的一个以太帧的 80 字节数据(十六进制表示)。第一列为每行数据第一字节的序号(从 0 开始,也是十六进制表示的)。

```
0000  00 21 27 21 51 ee 00 15  c5 c1 5e 28 08 00 45 00   .!'!Q... ..^(..E.
0010  01 ef 11 3b 40 00 80 06  ba 9d 0a 02 80 64 40 aa   ...;@... .....d@.
0020  62 20 04 ff 00 50 e0 e2  00 fa 7b f9 f8 05 50 18   b ...P.. ..{...P.
0030  fa f0 1a c4 00 00 47 45  54 20 2f 72 66 63 2e 68   ......GE T /rfc.h
0040  74 6d 6c 6c 20 48 54 54  50 2f 31 2e 31 2e 41 63   tml HTTP /1.1..Ac
```

图 1.20　捕获的某以太网帧的前 128 字节数据

对照图 1.2 和图 1.11 完成以下各题。

① 写出该帧的目的 MAC 地址和源 MAC 地址。

② 已知以太网帧的类型字段值为 0800 时,其数据部分为一个 IP 分组,由图 1.20 可以看到,捕获的该帧中的数据部分确实为一个 IP 分组。请回答:该 IP 分组的源 IP 地址和目的 IP 地址各是多少? 用点分十进制表示。

③ 已知 IP 分组首部中,协议字段的值为 1 时,对应的数据部分是 ICMP 报文;协议字段的值为 2 时,对应的数据部分是 IGMP 报文;协议字段的值为 6 时,对应的数据部分是 TCP 报文段;协议字段的值为 17 时,对应的数据部分是 UDP 数据报。请根据图 1.20 所给数据回答,该 IP 分组的数据部分是 ICMP 报文、TCP 报文段、UDP 数据报还是其他?

第2章 简单的Windows程序设计

本章介绍使用 Visual C++开发 Windows 应用程序的基本方法和相关概念,重点讲解如何开发 MFC 对话框应用程序,为后续各章的实例开发打好基础。

2.1 使用 Visual C++创建应用程序

Visual Studio(一般简称为 VS)是微软提供的一套应用程序开发工具集,由多种程序开发工具组成。Visual C++是 Visual Studio 中的重要一员,通常简称为 VC。除 Visual C++外,VS 还包括 Visual C♯、Visual Basic 以及 Visual F♯等。VC 尽管是属于 VS 中的一个工具,但实际上 VC 的发布早于 VS。Visual C++最初的几个版本发布时还没有 Visual Studio,是与 Visual Basic 等并列的独立开发工具,后来微软将它们整合在一起才形成了 Visual Studio。从问世至今,VS 已推出了多个版本,本书将使用较新的 VS 2017 作为例题开发工具。

使用 Visual C++既可以开发控制台应用程序(字符界面),也可以开发 Windows 图形界面的应用程序。

2.1.1 创建控制台应用程序

创建控制台应用程序的方法较为简单,下面以经典的"HelloWorld"程序为例,简单介绍一下使用 Visual C++创建控制台应用程序的方法步骤。

Visual C++ 2017 是不能单独编译一个.CPP 或者一个.c 文件的,它们必须依存于某一个"项目"(Project),因此,在编写程序代码之前必须要先创建一个项目。创建项目的方法有多种,可以通过单击 VS 主窗口的菜单命令"文件"→"新建"→"项目",也可以通过单击 VS 主窗口工具栏的"新建项目"按钮,还可以直接单击起始页面中"新建项目"一栏的"创建新项目…"。单击之后就会弹出如图 2.1 所示的"新建项目"对话框。

"新建项目"对话框是用户进行项目类型选择、项目名称输入和项目存储位置输入等的交互界面。在这里要创建的是 Windows 控制台应用程序,因此要选择的程序模板是"Windows 控制台应用程序"。项目的名称要在对话框下部"名称"文本编辑框中输入,这里输入"HelloWorld"。项目的保存位置可在"位置"下拉列表中输入,但通常的做法是单击后面的"浏览"按钮,通过弹出的"项目位置"对话框选择一个保存位置,这里选择了 G:盘根目录,单击"确定"按钮后屏幕将会弹出如图 2.2 所示的代码编辑器窗口。此时,系统将会在 G

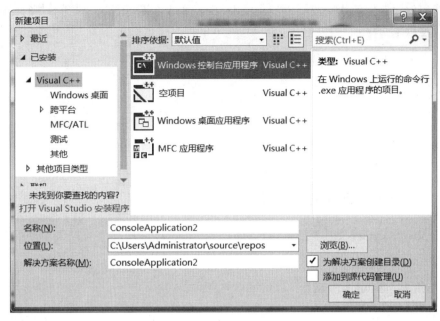

图 2.1 "新建项目"对话框

盘的根目录下创建一个名为 HelloWorld 的文件夹，与该项目相关的所有文件都将保存在此文件夹下。

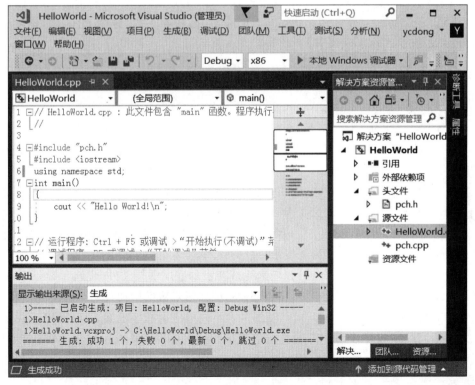

图 2.2 程序代码编辑器窗口

将代码编辑器中的代码改写为如下代码,然后单击菜单"调试"→"开始执行(不调试)"便可编译运行该程序了。

```
#include "pch.h"
#include <iostream>
using namespace std;
int main()
{
    cout << "Hello World!\n";
}
```

2.1.2　创建图形界面应用程序

使用 Visual C++开发具有图形用户界面的 Windows 应用程序可以采用以下三种方法之一。

1. 使用 Windows API 函数

在 Windows 操作系统出现初期,要想开发具有图形用户界面的 Windows 应用程序,必须使用微软的 SDK(Software Development Kit),通过直接调用上千个标准的 API(Application Programming Interface)函数,向系统直接提供各种请求来实现自己的程序要求。

程序员除了要编写实现程序自身功能的代码外,还需要编写显示图形界面的代码,这些代码包括注册窗口类、创建并初始化窗口、创建消息循环等工作,这些工作都需要调用相应的 API 函数完成,工作十分烦琐。

2. 使用 MFC

为降低使用 API 函数编写 Windows 应用程序的难度,微软公司开发了微软基础类库(Microsoft Foundation Class Library,MFC),它利用面向对象技术,将几乎所有主要的 SDK API 函数封装在类库的不同类中,而且支持 ODBC 和 DAO 数据访问功能、Windows 的 OLE 特性等。

MFC 并不单纯是一个类库,它是一套专门用于 Windows 系统的应用程序开发框架(Application Frameworks),定义了 Windows 应用程序的轮廓,提供了用户接口的标准实现方法。使用 MFC 开发 Windows 应用程序,程序员所要做的就是通过预定义的接口把程序所特有的东西填入这个轮廓。为了便于用户的使用,针对各种具体的工作,Visual C++还提供了一组工具,其中,AppWizard 可以用来生成初步的程序框架文件(代码和资源等);资源编辑器用于帮助直观地设计用户接口;ClassWizard 用来协助添加代码到框架文件。

针对不同的应用和目的,Visual C++提供了不同的应用程序框架,被称为开发模板。程序员采用不同的模板可以创建不同类型的应用程序,例如,SDI 应用程序、MDI 应用程序、对话框应用程序等。本书只介绍使用对话框编程模板开发对话框应用程序的相关概念和方法。

MFC 通过各种开发模板和 ApplicationWizard 使开发者不必编写那些每次都必需的基

本代码,借助 ClassWizard 和消息映射使开发者摆脱了定义消息处理时那种混乱和冗长的代码段。同时,利用 C++ 的封装功能使开发者摆脱了 Windows API 编程中各种句柄的困扰,只需要面对 C++ 中的对象,这样使得程序开发者可更好地集中精力于程序本身而远离复杂的 Windows 系统调用。

需要注意,VS 2017 在安装时默认是不安装 MFC 模块的,因此在安装过程中需要选择定制安装,并选择安装 MFC 模块。

3. 使用 Visual C++ .NET

从 Visual Studio 2002 开始,Visual Studio 就引入了一种新的计算平台——Microsoft .NET。经过十多年的发展,.NET 平台已发展成一种主流应用开发平台,其用户数目也越来越多。Microsoft .NET 主要包括两个部分,一部分是应用程序开发平台 Visual Studio.NET,另一部分是应用程序运行平台 .NET Framework。

Visual studio .NET 是一种支持多种语言的应用程序开发平台,在 Visual Studio .NET 中可以使用 Visual C++ .NET、VB. NET、C♯ .NET 等语言开发程序,甚至可以用其中一种语言开发应用程序的一部分,用另外的语言开发程序的其他部分。

Visual C++ .NET 是微软为了支持 .NET 应用程序开发,在标准 C++ 基础上增加了许多功能进行托管扩展而来,称为托管扩展 C++(Managed Extensions for C++),简称托管 C++ 或 MC++。使用 Visual C++ .NET 可以像 Visual Basic 那样使用"窗口编辑器"设计 Windows 图形界面应用程序,但托管 C++ 使标准 C++ 自身的很多功能受到了限制,好在 Visual C++ .NET 同时支持标准 C++ 和托管 C++,这就使得使用 Visual C++ .NET 仍然可以脱离 .NET Framework 来基于 MFC 创建传统的 Windows 应用程序。

鉴于本书主要是介绍基于 WinSock 的网络编程,主要讲解套接字的基本原理以及套接字 API 函数的使用,为方便起见,本书涉及 Windows 图形界面的例程都是使用 MFC 编写的,本章的其余部分将介绍使用 Visual C++ 创建基于 MFC 的对话框应用程序相关的基本概念和基本方法。

2.2 Visual C++ 的数据类型

2.2.1 基本数据类型

在使用 Visual C++ 编写 Windows 程序时,除了可以直接使用标准 C++ 中的数据类型外,为了提高程序的可读性,Visual C++ 还定义了一些自己特有的数据类型,这些数据类型大都是标准 C++ 中的数据类型的重新定义。表 2.1 列出了部分 Windows 程序设计中常用的数据类型及对应的标准 C++ 中的基本数据类型。

需要注意,Visual C++ 中的数据类型都是以大写字符出现的,这主要是为了与标准 C++ 的基本数据类型相区别。

另外,Visual C++ 中的数据类型的命名也是有规律的,从数据类型的名字基本可以看出数据类型的意义。通常,指针类型的命令方式一般是在其指向的数据类型前加"LP"或"P",比如指向 DWORD 的指针类型为"LPDWORD"和"PDWORD";无符号类型一般是以"U"

开头,例如"INT"是符号类型,"UINT"是无符号类型。

Visual C++还提供一些宏来处理基本数据类型,例如,LOBYTE 和 HIBYTE 这两个宏分别用来获取 16 位数值中的低位和高位字节;LOWORD 和 HIWORD 分别用来获取 32 位数值中的低位和高位字;MAKEWORD 则是将两个 16 位无符号数合成一个 32 位无符号数,等等。

表 2.1　Visual C++常用的数据类型

数 据 类 型	对应的基本数据类型	说　　明
BOOL	bool	布尔值
BSTR	unsigned short *	16 位字符指针
BYTE	unsigned char	8 位无符号整数
DWORD	unsigned long	32 位无符号整数,段地址和相关的偏移地址
LONG	long	32 位带符号整数
LPARAM	long	作为参数传递给窗口过程或回调函数的 32 位值
LPCSTR	const char *	指向字符串常量的 32 位指针
LPSTR	char *	指向字符串的 32 位指针
LPVOID	void *	指向未定义的类型的 32 位指针
UNIT	unsigned int	32 位无符号整数
WORD	unsigned short	16 位无符号整数
WPARAM	unsigned int	当作参数传递给窗口过程或回调函数的 32 位值

2.2.2　字符串类型

字符串类型 CString 本质上是 Visual C++提供的一个字符串类,它提供了很多非常有用的操作和成员函数,使用 CString 可以方便地对字符串进行处理。

例如,可以利用如下方法连接字符串:

```
CString gray("Gray");
CString cat("Cat");
CString graycat = gray + cat;          //执行后 graycat 的值为"GrayCat"
```

还可以利用格式化把其他不是 CString 类型的数据转换为 CString 类型。例如,把一个整数转换成 CString 类型,可用如下方法:

```
CString s;
s.Format("%d", total);
```

如果要将普通的字符串即 char * 类型转换为 CString,可以采用如下方法:

```
    char * p = "This is a test";
    CString s = p;               //直接用 p 指向的字符串初始化 CString 对象 s
    CString s(p);                //用 p 指向的字符串构造 CString 对象 s
或  CString s = "This is a test";    //直接用字符串常量初始化 CString 对象 s
```

CString 类还提供了很多有用的成员函数,例如,要想获取存储字符串的存储区的指针 (char * 类型),可调用成员函数 GetBuffer();要想获得字符串长度,则可以使用 GetLength()

函数。常用的 CString 的成员函数及功能如表 2.2 所示。

表 2.2　CString 的常用成员函数

函　　数	功　　能
PXSTR GetBuffer();	获取存储字符串的存储区的指针
INT GetLength();	获取字符串长度
BOOL IsEmpty();	测试 CString 类对象包含的字符串是否为空
void Empty();	使 CString 类对象包含的字符串为空字符串
TCHAR GetAt(int nIndex);	获取字符串中指定位置(由 nIndex 指定)的字符
void SetAt(int nIndex,TCHAR ch);	将字符串指定的位置处的字符设定为 ch
CString Left(int nCount);	截取字符串左边 nCount 长度的字符串
CString Right(int nCount);	截取字符串右边 nCount 长度的字符串

　　CString 用于存储字符串的存储区是动态分配的,即它支持动态内存分配,因此完全不用担心 CString 的大小。另外,如果项目选择使用 Unicode 字符集,则 CString 对象将采用 Unicode 字符,否则使用 ANSI 字符。

　　CString 的声明位于头文件 atlstr.h 中,在程序中如果要使用 CString,通常需要添加:♯include < atlstr.h >。在 MFC 程序中,由于 MFC 的头文件中已包含该文件,因此一般不再需要再包含此文件。

2.2.3　句柄类型

　　句柄类型是 Windows 程序设计中的一种特殊数据类型,是 Windows 用来唯一标识应用程序所建立或使用的对象的一个 32 位的无符号整数值。

　　Windows 程序中需要使用句柄标识的对象包括应用程序实例、窗口、位图、内存块,文件、任务等。各种句柄类型的命名方式一般都是在对象名前加"H",例如位图(BITMAP)对应的句柄类型为"HBITMAP"。

　　句柄本质上是一种指向指针的指针。应用程序启动后,组成程序的各个对象是驻留在内存中的。直观上感觉,只要获知对象所在内存的首地址就可以随时用这个地址访问对象了,但事实并非如此。因为 Windows 是一个支持虚拟内存的操作系统,为了优化内存,Windows 内存管理器会经常移动内存中的对象,对象移动就意味着其首地址的变化。为了让应用程序能够找到首地址经常变化的对象,Windows 系统为各应用程序预留了一些内存空间,专门用于登记各对象在内存中的地址变化,这些预留空间的地址是不变的,句柄就是指这些预留空间的地址。Windows 内存管理器在移动了对象后,会把对象新的地址保存于句柄对应的存储单元,这样只需记住句柄地址就可以间接地知道对象在内存中的位置了。

　　句柄是在对象被装载(Load)到内存中时由系统分配的,当系统卸载(Unload)该对象时,句柄将被释放给系统。

　　Windows 应用程序几乎总是通过调用一个 Windows API 函数来获得一个句柄,当我们调用 Windows API 函数获取某个对象时,API 函数通常会给该对象分配一个确定的句柄,并将该句柄返回给应用程序,然后应用程序可通过句柄来对该对象进行操作。

　　在 Windows 编程中会用到大量的句柄,例如 HINSTANCE(实例句柄)、HBITMAP

(位图句柄)、HDC(设备描述表句柄)、HICON(图标句柄)等,表2.3列出了一些常见的句柄类型。除此之外,还有一个经常用到的通用的句柄,就是 HANDLE。

表 2.3　Visual C++编程中常用的句柄类型

句柄类型	说　明	句柄类型	说　明
HBITMP	标示位图句柄	HBRUSH	标示画刷句柄
HCOURSOR	标示鼠标光标句柄	HDC	标示设备环境句柄
HFONT	标示字体句柄	HICON	标示图标句柄
HINSTANCE	标示当前实例句柄	HMENU	标示菜单句柄
HPALETTE	颜色调色板句柄	HPEN	标示画笔句柄
HWND	标示窗口句柄	HFILE	标示文件句柄

2.3　Unicode 字符集

计算机最早使用的字符集是标准 ASCII 码字符,但标准 ASCII 码字符不能满足中国、日本等亚洲国家的需求,于是各国针对本国的语言文字制定了相应的字符编码标准,如 GB2312、BIG5、JIS 等。这些字符编码标准统称为 ANSI 编码标准。但是,ANSI 字符集只规定了本国或地区所使用的语言的“字符”,并未考虑其他国家或地区的 ANSI 码,导致各种 ANSI 编码空间重叠,使得同一个二进制编码在使用不同的 ANSI 字符集的系统中被解释成不同的符号,这会导致使用不同 ANSI 编码标准的系统交换信息时出现乱码。

为了解决上述问题,一个被称为 Unicode 组织的机构联合国际标准化组织,制定了 Unicode 字符集,其目的是将世界上绝大多数国家的文字符号都编入其中,并为每种语言的每个字符设定唯一的一个二进制编码,以满足跨语言、跨平台进行文本传输和处理的要求。Unicode 是 Universal Multiple-Octet Coded Character Set 的缩写,中文翻译为“通用多八位编码字符集”。从 1991 年 10 月的 Unicode 1.0 到 2014 年 6 月的 Unicode 7.0,Unicode 总共已发布了 20 个版本。这 20 个版本从 2.0 开始,都是向后兼容的,也就是说,新版本只是增加字符,对原有字符不做任何改动。

Unicode 是一种多字节编码方案,最初的版本采用两个字节来表示一个字符,即 UCS-2 (Universal Character Set coded in 2 octets),其取值范围为 U+0000～U+FFFF。在这个范围中每个数字都称为一个码位,每个码位对应一个字符,由此不难算出,UCS-2 最多只能表示 65 536 个字符。为了能表示更多的文字,后来的 Unicode 版本采用 4 个字节来表示一个字符,即 UCS-4,它的范围为 U+00000000～U+7FFFFFFF,其中,U+00000000～U+0000FFFF 同 UCS-2 完全一样,书写时通常也不写前面全 0 的 2 字节,因此,UCS-4 可以看成是在 UCS-2 基础上又增加了一些 4 字节表示的字符。

UCS-2 和 UCS-4 只规定了代码点和字符的对应关系,但并没有规定代码点在计算机中如何存储。例如,“计算机”三个汉字的 Unicode 代码分别是 U+8BA1、U+7B97 和 U+673A,那么在计算机中存储这三个汉字时是存为“8B A1 7B 97 67 3A”还是“A1 8B 97 7B 3A 67”? 答案是都有可能。因为人们在发明计算机之初,对双字节数据的存储就存在两种方案:大端顺序(Big Endian)和小端顺序(Little Endian)。字节存储顺序与书写顺序一致的是大端顺序,反之称为小端顺序。对 Unicode 编码的字符,在具体实现时到底是采用大端顺序还是小端顺序,必须要给出一个规定。

代码点在计算机中的存储方式就是所谓的 Unicode 转换格式(Unicode Transformation Format,UTF),即 UTF 编码。事实上,提出 UTF 的原因并不只是"大端顺序"和"小端顺序",还有一个原因是为了节省存储空间。例如,英文字母及英文标点符号所对应的 Unicode 编码均是 2 字节,而且编码第一字节的 8 位均为 0,第二字节则是相应的 ASCII 编码,如果要使用原始 Unicode 编码存储一篇只包含纯英文字符的文章,显然就会造成比较大的浪费,因为一半的存储空间存储的都是字节 0。

目前常用的 UTF 编码包括 UTF-8、UTF-16、UTF-16BE(Big Endian)、UTF-16LE(Little Endian)。

UTF-16、UTF-16BE 和 UTF-16LE 主要是针对 UCS-2 的,它们把 UCS-2 规定的代码点使用大端顺序或小端顺序直接保存下来。UTF-16BE 和 UTF-16LE 不难理解,BE 说明采用大端顺序,LE 说明是小端顺序。而 UTF-16 则既可能使用大端顺序,也可能使用小端顺序。为了识别两种不同顺序,UTF-16 规定,在文件开头必须用一个名为 BOM(Byte Order Mark)的字符来表明文件是大端顺序还是小端顺序。如果 BOM 为 FEFF 则是大端顺序,如果 BOM 为 FFFE 则表示是小端顺序。例如,"计算机"三个字的 UTF-16BE 编码为 8B A1 7B 97 67 3A;UTF-16LE 编码为 A1 8B 97 7B 3A 67;UTF-16 大端顺序编码为 FE FF 8B A1 7B 97 67 3A;UTF-16 小端顺序编码为 FF FE A1 8B 97 7B 3A 67。另外,UTF-16 也能对 UCS-4 中的超出 UCS-2 范围的代码点进行编码,但采用的编码算法比较复杂,此处不再赘述。

UTF-8 是针对 UCS-4 的,它是一种典型的变长编码,即整个编码表中不同的字符可能占用不同的字节数。具体编码方法如下。

(1) 将 ASCII 字符(U+0000~U+007F 的字符)仅用后一个非 0 字节表示,即用与 ASCII 相同的单字节编码。

(2) 对 U+0080~U+07FF 的字符,其二进制序列可表示为 00000xxx xxyyyyyy,则将其编码为形如 110xxxxx 10yyyyyy 的两个字节。

(3) 对 U+0800~U+FFFF 的字符,其二进制序列可表示为 xxxxyyyy-yyzzzzzz,则可将其 UTF-8 编码为形如 1110xxxx 10yyyyyy 10zzzzzz 的三字节 UTF-8 编码。

(4) 对 U+10000~U+1FFFFF 的 UCS-4 字符,其二进制序列可表示为 00000000-000wwwxx-xxxxyyyy-yyzzzzzzzz,则 UTF-8 编码为四个形如 11110www 10xxxxxx 10yyyyyy 10zzzzzz 的字节。

由上面的编码方法不难看出,UTF-8 中 ASCII 字符(U+0000~U+007F)部分完全使用一个字节,对英文符号为主的文档显然避免了存储空间的浪费。但对大部分 2 字节的字符(U+0800~U+FFFF)而言,UTF-8 将它们编码成 3 字节,浪费了存储空间。汉字的 Unicode 编码就属于这一范围,因此汉字的 UTF-8 编码为 3 字节。例如,"计算机"3 个字的 UTF-8 编码分别为 E8 AE A1、E7 AE 97、E6 9C BA。

Visual C++ 对 ANSI 和 Unicode 两种字符集都支持,UTF-16LE 是 Windows 默认的 Unicode 编码方式。在项目属性页中可修改一个已打开的 Visual C++ 项目所使用的字符集。右击"解决方案资源管理器"中的项目名称,例如,在如图 2.2 所示的 HelloWorld 项目中,右击左侧"解决方案资源管理器"内的 HelloWorld,再单击弹出菜单中最下面的"属性"命令,就会弹出如图 2.3 所示的项目属性对话框。通过主菜单的"项目"→"属性"命令也可打开该对话框。可从"字符集"下拉列表框中选择要使用的字符集,其中的"使用多字节字符集"选项就是指使用 ANSI 字符集。

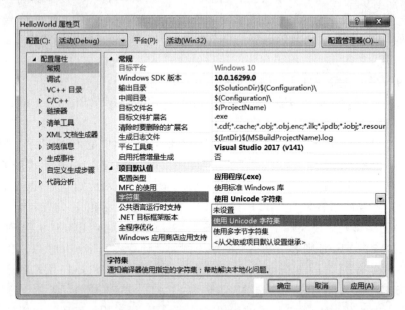

图 2.3　项目属性

在程序中使用 ANSI 字符集时,使用单字节字符(char 类型)数组存储字符或字符串,使用 Unicode 字符集,则必须使用双字节(16 位)字符类型。双字节字符类型也称为宽字符类型,其类型符为 wchar_t。

无论项目使用的是 ANSI 字符集还是 Unicode 字符集,程序中用双引号引起来的字符串常量都是单字节字符串,如果需要以双字节字符存储,则需要在字符串前加上 L。

例如,定义并初始化一个宽字符数组,可使用如下语句:

```
wchar_t Str[] = L("Hello World!");
```

如果将 L 丢掉,写成 wchar_t Str[]= "Hello World!";程序编译就不会通过,会出现这样的错误提示:

error C2440:"初始化":无法从"const char [13]"转换为"wchar_t []"。

在编写控制台应用程序时需要注意,双字节字符串与单字节字符串所使用的输入输出函数是不同的,输入和输出双字节字符数据的函数分别是 wscanf() 和 wprintf(),这两个函数使用方法与 scanf 和 printf 类似,请看下面的例子。

```
wchar_t a[20];
wscanf(L"%s",a);
wprintf(L"%s\n",a);
```

不仅是输入输出函数,其他的一些字符串处理函数,对宽体字符与单字节字符的处理也是不同的。所有的 Unicode 字符串函数均以 wcs 开头,wcs 是宽字符串的英文缩写。若要调用 Unicode 函数只需用前缀 wcs 来取代 ANSI 字符串函数的前缀 str 即可。

不难看出,使用不同字符集时程序代码的差别是比较大的。为了实现同样的代码既适用于宽体字符也适用于窄体字符,微软将这两套字符集的操作进行了统一,对两套字符集所使用的不同的关键字和库函数名,都定义了一致的宏来替代,并使用条件编译来控制。

例如,无论使用哪种字符集,字符类型的定义符都可使用 TCHAR,因为如果要使用窄体字符,则不定义_UNICODE 宏,此时 TCHAR 就是 char; 如果使用宽体字符,则必须定义_UNICODE 宏,这时 TCHAR 就是 wchar_t。

再例如,双引号引起的字符串常量可写为_T("Hello World!"),当定义了_UNICODE 宏,就相当于 L"Hello World!",没定义则相当于"Hello World!"。

相关的字符串操作函数也都有对应的替换函数,例如 tcslen( )函数,在定义了_UNICODE 宏时它就相当于 wcslen( ),没定义时则相当于 strlen( )。

这些宏的定义都在头文件 tchar.h 中,因此,在程序前面需要有编译预处理命令 ♯include < tchar.h >。

特别声明,由于本书面向的读者大都只熟悉在 ANSI 字符集下的编程,因此本书中所有例题,均使用 ANSI 字符集,如果没有特别说明,相关代码都是 ANSI 字符集下的写法。

2.4　对话框应用程序

对话框应用程序是指主窗口样式为"对话框"的应用程序。对话框(Dialog Box)是一种简单的框架窗口,只有标题栏和边框,没有菜单条、工具条和状态条等,通常包含若干控件(Control),通过这些控件,它可以接收用户的输入和选择、向用户显示信息或者响应用户的各种操作。控件是指窗口上的编辑框(Edit Control)、命令按钮(Button)、下拉列表框(List Box)等具有一定输入输出功能的小部件。控件本质上也是一种简单窗口,只不过它必须存在于一个称为其父窗口的窗口内。在对话框中,对话框窗口就是其上各种控件的父窗口。

使用 Visual Studio 2017 的应用程序向导,可以创建一个简单的对话框应用程序框架。

2.4.1　创建对话框应用程序

启动 Visual Studio 2017,在起始页面中单击"新建项目"打开"新建项目"对话框。在"已安装"一栏中单击 Visual C++将其子项展开,单击 MFC,选中中间一栏的"MFC 应用程序",如图 2.4 所示。在"名称"文本框中输入项目名称,项目名称由编程者确定,这里输入"LX"作为项目名称。

窗口右下方的"为解决方案创建目录"复选框默认为选中的,选中后将为该项目创建一个文件夹,并将解决方案和项目相关的所有文件都保存在该文件夹中。

单击"确定"按钮,启动 MFC 应用程序向导。在弹出的如图 2.5 所示的"应用程序类型选项"对话框中,在"应用程序类型"下拉列表框中选择"基于对话框"一项,其余选项采用默认设置。单击"下一步"按钮,将出现"文档模板属性"对话框,继续下一步则是"用户界面功能"对话框,这两个对话框中的选项一般采用默认值就可以了。

图 2.4　Visual C++ 2017 的"新建项目"对话框

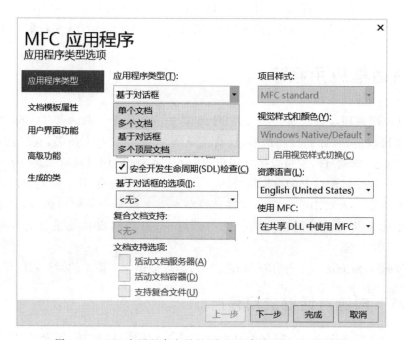

图 2.5　MFC 应用程序向导的"应用程序类型选项"对话框

再单击"下一步"按钮,弹出"高级功能选项"对话框,如图 2.6 所示。在本对话框中,可以通过选中相应的复选框让自动生成的应用程序支持 MFC 的一些高级功能。由于本书讲解 Windows 套接字编程,因此以后各章的例题大都需要选中"Windows 套接字"复选框,如果不选择的话,则需要在合适的地方手动添加加载 Windows Sockets 动态链接库的代码。

单击"下一步"按钮,在出现的"生成的类"对话框中可以查看 MFC 应用程序向导已创建好的类。其中需要重点关注的类有两个,一个是"应用程序类"(CLXApp),另一个是"对话框类"(CLXDlg)。"应用程序类"派生于 CWinApp,基于 MFC 框架的应用程序必须有且只有一个应用程序对象,它负责应用程序的初始化、运行和结束。"对话框类"从 CDialog 类

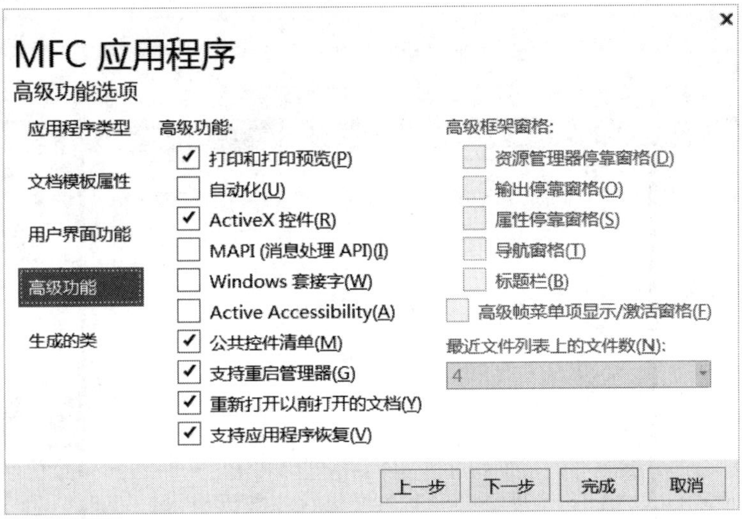

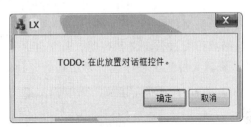

图 2.6　"高级功能选项"对话框

派生,用来管理与对话框模板相关联的对话框。CDialog 类的许多成员函数可供程序员调用。对话框类可以看作对话框应用程序的一种程序员接口,程序的具体功能一般都是程序员通过为该类添加新的成员或修改已有的成员函数来实现的。程序运行时,用户对程序的所有操作都是通过调用该类的成员函数来完成的。

单击"完成"按钮,一个对话框应用程序的基本框架就构建完成了。这已经是一个可以运行的程序了。单击菜单"调试"→"启动调试"或者工具栏上的"启动调试"按钮(绿色三角),或者按快捷键 F5,也可以单击菜单"调试"→"开始执行(不调试)"或按快捷键 Ctrl+F5,都可以让这个程序开始编译执行,图 2.7 为其运行界面。因为没有添加实现任何功能的代码,因此它什么都不能做,单击"确定"或"取消"按钮,该程序都会关闭。

图 2.7　应用程序向导生成的对话框应用程序界面

需要注意,由于 VC 2017 的项目默认是使用 Unicode 字符集的,因此该项目框架创建完成后所使用的字符集是 Unicode。要使用 ANSI 字符集,必须按照 2.3.3 节中介绍的方法打开项目的属性页进行修改。另外,使用 VS 2017 编辑的源程序代码均是使用 Unicode 编码保存的,不管项目所采用的是否为 Unicode。

2.4.2　Visual C++ 2017 开发环境

创建 MFC 对话框应用程序项目完成后,通常开发环境所呈现的界面样式如图 2.8 所示。主工作区大致分为三个部分,最右边的区域一般显示供编程者浏览项目结构的"解决方案资源管理器""类视图""资源视图"等几个选项卡和属性窗口。如果界面上找不到某个选项卡或窗口,可通过单击"视图"菜单中的相应菜单项打开相应的选项卡或窗口。

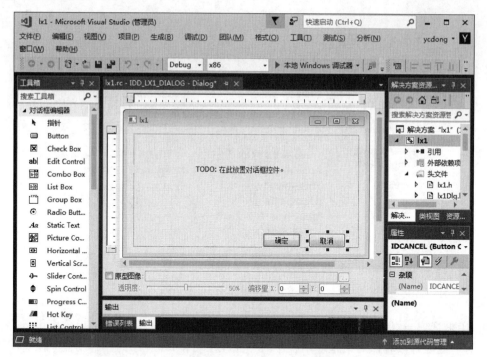

图 2.8   Visual Studio 2017 的 C++开发环境界面

如图 2.9 所示,"解决方案资源管理器"以树状目录结构列出了程序包含的所有代码文件,包括头文件(.h)、源文件(.cpp)和资源文件。头文件主要对程序中用到的各种变量、常量、函数和类进行定义和声明;源文件是程序的主体部分,是各个函数和类的具体实现代码;资源文件定义程序运行时用到的各种资源,包括图片、动画、声音、视频等。

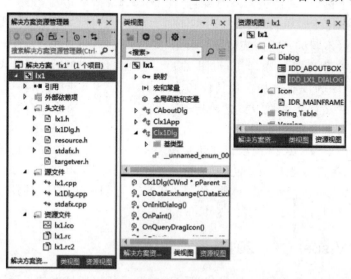

图 2.9   解决方案资源管理器、类视图和资源视图

"类视图"用树状结构展示了程序中所有的 C++类及其层次结构。单击类名选中某个类后,可在"属性"窗口中对该类进行设置,包括为其添加新的事件消息,重写某些方法的实现

代码等。如果"属性"窗口没有打开,可右击相应的类名,在弹出的菜单中单击"属性"命令,或者单击"视图"菜单中的"其他窗口"→"属性窗口"命令打开属性窗口。

资源视图分类列出了程序中的所有资源。最常用的 Dialog 资源是所有图形界面(GUI)程序都有的,双击对话框资源的 ID 号可以在主工作区中间的编辑区打开对应的"对话框资源编辑器",在该编辑器中可完成相应的程序界面设计工作。

主工作区的中间部分是编辑区,代码编辑器、对话框编辑器等均可在此区域打开。主工作区的左侧部分显示了"工具箱"窗口,如图 2.10 所示,提供了用于在对话框窗口上绘制"命令按钮""编辑控件"等控件的工具。

图 2.10　工具箱

2.4.3　MFC 对话框应用程序结构

在 2.4.1 节所创建的工程中,单击开发环境左侧的"类视图"标签,可以看到类视图中显示的三个类:CaboutDlg, ClxApp, ClxDlg。其中, ClxApp 是最重要的一个类,双击 ClxApp,在编辑区打开的代码编辑器中将会显示该类的定义(对应文件 lx. h)。

```
class ClxApp : public CWinApp
{
public:
    Clx1App();
// 重写
public:
    virtual BOOL InitInstance();
    DECLARE_MESSAGE_MAP()
};
extern ClxApp theApp;
```

可以看到,这个类是派生于 CWinApp 的。MFC 中的主应用程序类 CWinApp 用于 Windows 操作系统的应用程序的初始化、运行和终止。

基于框架生成的应用程序必须有且仅有一个从 CWinApp 派生的类的对象。在创建窗口之前先构造该对象。单击类视图的全局函数和变量,会发现有一个 theApp 全局变量(或对象),双击它,就可以看到在 lx. cpp 中该对象的定义:

```
ClxApp theApp;
```

因为全局变量和对象在程序中是最先被创建的,于是保证了在创建窗口之前构造一个 CWinApp 对象。这个全局对象是非常有用的,因为 CWinApp 本身集成了所有的程序资源 WinAPI,可以使用它来取得程序的资源(如图标、图像、预定义字符串等)。一般要取得此全局对象,不直接使用 theApp,而是调用::AfxGetApp()来取得这个全局对象的指针。

与所有 Windows 程序一样,对话框应用程序也具有 WinMain 函数,但 MFC 类库已经提供了 WinMain 函数,而不必自己添加。这就是为什么在 MFC 程序中看不见主函数的缘故。MFC 默认的主函数 WinMain 首先执行注册窗口类等标准服务,其次调用 theApp 对象的 InitApplication 和 InitInstance 成员函数初始化应用程序(在程序中一般只重写

InitInstance 函数),然后,调用 theApp 的 Run 成员函数建立一个消息循环,当应用程序对象 theApp 收到 WM_QUIT 消息后,将退出消息循环。最后,调用 theApp 的 ExitInstance 成员函数结束整个应用程序。

在类视图中选中 ClxApp 类,可以看到 ClxApp 重写了 InitInstance()函数。它对应用程序主线程进行初始化,通过如下代码定义主对话框对象并显示主对话框。

```
ClxDlg dlg;
m_pMainWnd = &dlg;
INT_PTR nResponse = dlg.DoModal();
```

ClxDlg 类的声明如下:

```
class ClxDlg : public CDialog
```

它是 CDialog 类的派生类,而 CDialog 又是 CWnd 的派生类,因此在 CLXDlg 类的实现中,可以使用 CDialog 类以及 CWnd 类的所有方法。

2.4.4　设置对话框的属性

对话框的外观和行为特性可通过修改它的属性值进行改变。对话框的属性可以通过"属性"窗口设置。

要设置对话框属性,首先打开"对话框资源编辑器"和"属性"窗口,图 2.8 的中间部分为"对话框资源编辑器",右侧下部的窗口为"属性"窗口。如果这两个窗口已经关闭,双击"资源视图"中对应的对话框的 ID 可打开该对话框的"对话框资源编辑器"。在"对话框资源编辑器"的对话框上单击鼠标右键,在弹出菜单中选择"属性",就可打开"属性"窗口。也可以单击菜单"视图"→"其他窗口"→"属性窗口"命令打开"属性"窗口。

在"属性"窗口中,左边的一列是属性名称,右边一列则是属性值,所谓设置对话框的属性就是设置其属性值。对大多数属性来说,通常不需要设置,使用其默认值就可以了,但也有一些属性,在编程时常常需要重新设置。下面简单介绍几个常用的对话框属性。

ID:ID 是应用程序用来唯一标识该对话框资源的标识符,通常使用默认值,也可以对它进行修改。

Caption:对话框的标题,即对话框标题栏显示的文字。默认值为项目名称,通常需要改为编程者认为合适的文字。

Font:在"属性"窗口中,该属性的属性值编辑框后有一按钮,单击此按钮可弹出"字体"对话框,通过该对话框可选择对话框中控件上显示的文字的字体、字形和字号。

Border:用于确定窗口的边框类型,有四个值可选,None 为无边框,不显示标题栏;Thin 为细边框,也不显示标题栏;Dialog Frame 为对话框边框,程序运行时对话框大小不可改变;Resizing 为可调整尺寸,程序运行时对话框的大小可用鼠标拖曳调整。

System menu:该属性用于指定是否为对话框创建系统菜单。该属性值为 Bool 类型,默认值为 True。

Minimize box /Maximize box:指定对话框是否有"最小化"/"最大化"按钮,这两个属性值均为 Bool 类型,默认值为 False。当对话框无标题栏时,即 Border 属性值为 None 或Thin 时,这两个属性无效。

2.5　Windows 控件

控件是用于执行用户输入输出动作的一种特殊窗口,通常包含于其父窗口内。使用 Visual C++编程时可以使用或创建各种类型的控件。一个完整的控件包括两部分,一是控件资源,即在其父窗口上绘出的控件的图形,另一部分则是封装有控件属性和方法的控件类。MFC 提供了众多的控件类,每一个类都封装一种控件。在对话框中创建控件后,需要为控件定义一个对应控件类的变量(对象)对它进行控制。

2.5.1　创建控件

控件的创建有静态创建和动态创建两种方法。静态创建是指使用对话框模板创建控件,并通过"属性"窗口设置控件的属性。当打开对话框时,系统将自动按预设的属性创建控件。动态创建则是指在程序的运行中根据需要,通过预先定义的控件类对象调用 CreateWindow()函数创建控件。这里只简单介绍控件的静态创建方法。

第一步是打开"对话框资源编辑器"和"工具箱"。通常在项目创建完成时这两个窗口是打开的,如果"对话框资源编辑器"没打开,可在"资源视图"中双击对话框的 ID 打开;如果"工具箱"没有打开,可单击"视图"菜单中的"工具箱"或直接按快捷键 Ctrl+Alt+X 打开。

第二步,在"工具箱"中单击选中要创建的控件,图 2.10 中已选中了编辑框控件(Edit Control),然后将鼠标移到"对话框资源编辑器"中的对话框上,这时鼠标指针的形状将变成"十"字形,按住鼠标左键进行拖曳,便可在相应位置画出相应控件。

第三步,选中画好的控件,通过鼠标拖曳调整控件的大小和位置。

第四步,使用"属性"窗口设置控件的属性。

每个控件都有一个属性集,通过设置控件的属性可以控制控件的外观和行为等。对于静态创建的控件,可以在对话框模板中打开控件的属性对话框直接设置控件的初始属性值,也可以通过程序代码动态设置控件属性值。

控件的属性往往有很多,但编程时并不是每个属性的值都需要设置,多数情况下使用默认值就可以了。不同类型的控件有不同的属性,但是也有一些属性是共有的。表 2.4 列出的是 3 个常用的共有属性。

表 2.4　控件的公共属性

属　　性	功　　能
ID	程序通过控件 ID 来访问一个控件。控件创建后系统会自动生成一个 ID,可修改。除静态控件外,同一程序中的控件的 ID 必须互不相同
Visible	该属性决定程序运行时控件是否可见。属性值是布尔型,默认为 TRUE
Disabled	设置当对话框在打开时该控件是否不可用,也是布尔类型,默认为 FALSE

注意,表中所提的静态控件是指一组控件类型,包括静态文本(Static Text)控件、图片控件(Picture Control)和组框(Group Box),这些控件主要用来显示文本或图形信息。同一个应用程序中的多个静态控件可以使用相同的 ID,一般情况下均使用它们的默认 ID——

IDC_STATIC。如果需要在程序中区分和操纵各个不同的静态控件,必须重新为它指定一个唯一的 ID。

2.5.2　常用控件

Windows 的控件分为两大类,一类是标准控件,比如静态控件、按钮控件、编辑框控件等,这类控件是 Windows 95 之前的 Windows 版本就已经支持的;另一类是 Windows 95 及以后的操作系统才支持的控件,称为通用控件。表 2.5 列出了部分常用控件及对应的 MFC 类,其中,进度条前的控件属于标准控件,进度条及以后控件均属于通用控件。由于篇幅所限,下面仅简单介绍几个常用的控件。

1. 静态文本控件

静态文本(Static Text)控件主要用来显示文字,要显示的文本串为该控件的属性 Caption 的属性值。该属性值可以静态修改,也可以在程序中用赋值语句动态修改。

Align text 属性用于控制所显示文本的对齐方式,其取值可以是 Right(右对齐),Left (左对齐)和 Center(居中),默认值为 Left。

如果要允许静态文本控件显示多行信息,则 No wrap 属性必须为 False。No wrap 属性设为 True 时,文本将以左对齐的方式显示,并且不自动换行,超出控件右边界的文本将被裁去。当 No wrap 设为 True 时,Align text 自动设置为 Left,如果将 Align text 改为其他值,No wrap 的值将恢复为其默认值 False。

Border 属性设为 True,将会围绕静态文本控件建立一个边框,默认值是 False。

2. 编辑控件

编辑控件又称编辑框(Edit Box),通常与静态文本控件一起使用,用于数据的输入和输出。通过设置不同的属性值,编辑控件可以表现为多行编辑框、密码编辑框、只读编辑框等多种不同类型的样式。

Align text 属性以及 Border 属性,与 Static Text 控件的同名属性几乎一样,不再赘述。

决定一个编辑框是否为多行编辑框的属性是 Multiline,当该属性值为 True 时,文本框将支持多行文本编辑,为 False 时则只支持单行编辑,默认值为 False。通常在使用多行编辑控件时,Want return 属性也应该设置为 True,因为只有该属性设为 True 时,才允许在编辑控件中按 Enter 键换行。

表 2.5　常用控件及对应类

控件名称	MFC 类	功 能 描 述
静态文本控件	CStatic	用来显示一些几乎固定不变的文字或图形
命令按钮	CButton	用来产生某些命令或改变某些选项,包括单选按钮、复选框和组框
编辑控件	CEdit	用于完成文本和数字的输入和编辑
列表框	CListBox	显示一个列表,让用户从中选取一个或多个项
组合框	CComboBox	是一个列表框和编辑框组合的控件
滚动条	CScrollBar	通过滚动块在滚动条上的移动和滚动按钮来改变某些量

续表

控件名称	MFC 类	功 能 描 述
进度条	CProgressCtrl	用来表示一个操作的进度
滑动条	CSliderCtrl	通过滑动块的移动来改变某些量,并带有刻度指示
日期时间控件	CDateTimeCtrl	用于选择指定的日期和时间
图像列表	CImageList	一个具有相同大小的图标或位图的集合
标签控件	CTabCtrl	类似于一个文件柜上的标签,使用它可以将一个窗口或对话框的相同区域定义为多个页面

当 Password 属性设为 True 时,编辑控件将成为一个密码编辑框,当用户输入字符时,在编辑框中将不显示输入的文本,而是显示相同个数的"＊"字符。在多行编辑控件中该属性将不能使用。

Number 属性设为 True 时,将限定用户只能输入数字。UpperCase 属性设为 True 会将所有输入的英文字符转换为相应的大写字符,LowerCase 属性设为 True 则会将所有输入的英文字符的转换为对应的小写字符。Read Only 属性设为 True 则禁止用户在编辑控件中输入或修改其内容。这几个属性的默认值均为 False。

Horizontal Scroll 属性设为 True,则在多行编辑控件中提供一个水平滚动条;Vertical Scroll 属性设为 True,则在多行编辑控件中提供一个垂直滚动条。这两个属性默认值为 False。

Auto HScroll 属性设为 True,则当用户在编辑框的最右边输入字符时,文本自动进行滚动,该属性默认值就是 True。Auto VScroll 属性用于多行编辑控件,如果设为 True,则当用户在最后一行按回车键时,文本自动向上滚动,默认为 False。

除上述属性外,在编程中还经常会用到编辑控件的一些方法,表 2.6 列出了编辑控件部分常用的方法。下面仅选择最常用的几个介绍。

1) GetWindowTextW()/GetWindowTextA()

获取编辑控件中的所有内容。二者差别在于 GetWindowTextW()用在使用 Unicode 字符集的情况,而 GetWindowTextA()则用在使用 ANSI 字符集的情况下。通常程序中不直接使用这两个函数,而是使用宏 GetWindowText 代替。

函数原型

```
void GetWindowTextW(CString &rString);
void GetWindowTextA(CString &rString);
```

函数参数

rString：CString 类型的引用,用于指定存储所获取字符串的对象。

2) GetSel()

获取编辑控件中当前选择内容的开始和结束位置。这里的位置是一个从 0 开始的整数,编辑控件中的第一个字符之前位置为 0,第一个字符之后的位置为 1,第二个字符之后的位置为 2,第三个字符之后的位置为 3,以此类推。

函数原型

```
void GetSel(int &nStart,Char &nEndChar);
```

函数参数

- nStart：保存所选择内容的第一个字符前的位置，所选内容为两个位置之间的字符。
- nEndChar：保存所选择内容的最后一个字符后的位置。

表 2.6 编辑控件常用的方法及功能

方　　法	功　　能
GetWindowTextW()/ GetWindowTextA()	获取编辑控件中的所有文本
Clear()	从编辑控件中删除当前选择的文本(如果有的话)
Copy()	将编辑控件当前的选择(如果有的话)以 CF_TEXT 格式复制到剪贴板中
Cut()	剪切编辑控件中的当前选择(如果有的话)并以 CF_TEXT 格式复制到剪贴板中
GetSel()	获得编辑控件中当前选择内容的开始和结束位置
LineFromChar()	获得包含指定字符下标的行的行号
Paste()	将剪贴板的数据插入到编辑控件当前的光标位置,只有当前剪贴板中数据格式为 CF_TEXT 时方可插入
ReplaceSel()	用指定文本替代编辑控件中当前选择的部分
SetPasswordChar()	当用户输入文本时设置或删除一个显示于编辑控件中的密码字符
SetSel()	在编辑控件中选择字符的范围
Undo()	取消最后一个编辑控件操作
GetLine()	从一个编辑控件中获得一行文本
GetLineCount()	获得多行编辑控件的行数

3) ReplaceSel()

用指定文本替代编辑控件中当前所选择部分的内容。

函数原型

```
void ReplaceSel( LPCTSTR lpszNewText, BOOL bCanUndo = FALSE);
```

函数参数

- lpszNewText：字符指针,指向保存有替换内容的存储区。
- bCanUndo：用于指定内容替换后是否允许撤销替换,如果允许撤销,该参数应指定为 True。其默认值为 False。

下面示例代码中的 m_Edit 是一个编辑框控件变量,这段代码的功能是将编辑框中选中的内容保存到字符串对象 str2 中。

```
CString str1,str2;
int i,j;
m_Edit.GetWindowText (str1);
m_Edit.GetSel(i,j);
str2 = str1.Mid(i,j-i);
```

3. 命令按钮

命令按钮(Button)在被单击时会立即执行某个命令。该命令所执行的操作,是由命令按钮的消息处理函数规定的,有关控件消息及消息处理函数的内容将在 2.6 节介绍。命令按钮上显示的文字是由 Caption 属性指定的,通过修改 Caption 属性的值可改变命令按钮上显示的文字。

4. 列表框

列表框(List Box)常用来显示类型相同的一系列清单,如文件、字体和用户等,适用于从若干数据项中进行选择的场合。列表框是一个矩形窗口,包含若干列表项(每项为一个字符串)。

有两种形式的列表框:单选列表框和多选列表框。单选列表框只允许用户一次选择一个选项,多选列表框则可以一次选择多个选项。是单选列表框还是多选列表框由 Selection 属性决定,该属性有 4 个选项:Single,表示在给定的选项中,至多有一个被选中,此时列表框为单选列表框;Multiple,表示可以有多个选项被选中,但忽略 Shift 键和 Ctrl 键;Extended,允许选择多个选项,在选择时可以使用 Shift 键和 Ctrl 键;None,不允许选择任何选项。

Sort 属性用于设置列表框内容是否按字母顺序排序,默认为 True,表示列表内容按字母顺序自动排序。

Multi-column 属性指定是否创建一个多列列表框,该属性值默认为 False,即创建单列列表框。

列表框的常用方法函数及功能由表 2.7 给出,下面简单介绍几个最常用的方法。

1) AddString()

将指定字符串作为一个表项加入列表框中。

函数原型

```
int AddString( LPCTSTR lpszItem );
```

函数参数

lpszItem:指向存放有要添加到列表框的字符串的缓冲区。

表 2.7　列表框控件的常用方法及功能

方　　法	功　　能
AddString()	在列表框中加入一个字符串
DeleteString()	从列表框中删除一个字符串
FindString()	在列表框中搜索一个字符串
FindStringExact()	在列表框中搜索第一个与指定搜索字符串匹配的字符串
InsertString()	在列表框指定下标处插入一个字符串
ResetContent()	清除列表框中的所有项
SelectString()	在单选列表框中搜索并选择一个字符串
GetCount()	获得列表框中列表项数目
GetSel()	确定列表框项的选择状态
GetText()	把列表框中字符串复制到缓冲区
GetTextLen()	返回列表框字符串的长度(按字节)
GetTopIndex()	获得列表框中第一个可见项的索引
ItemFromPoint()	确定和返回离某点最近的列表框项的下标
SetTopIndex()	设置列表框中第一个可见项的索引

2）FindString()

在列表框中搜索一个字符串,若找到则返回相应的索引值,否则返回−1。

函数原型

```
int FindString(int nStartAfter, LPCTSTR lpszItem);
```

函数参数

- nStartAfter：指定开始搜索的位置(索引号),从指定位置搜索到最后一个表项,如果仍未搜索到,函数将继续从头搜索,直到 nStartAfter。如果该参数指定为−1,则表示从头搜索。
- lpszItem：指向保存有要搜索字符串的缓冲区。

3）DeleteString()

删除指定表项。该表项由其索引号指出。

函数原型

```
int DeleteString(UINT nIndex);
```

函数参数

nIndex：要删除的表项的索引号。

4）GetCount()

获取列表框中总的列表项数目作为函数返回值返回。

函数原型

```
int GetCount()
```

5）GetSel()

检查指定表项是否被选中,如果指定表项被选中,则返回一个正整数,否则返回 0。

函数原型

```
int GetSel(int nIndex)
```

函数参数

nIndex：要检查的列表项的索引值。

6）GetText()

获取指定索引的列表项的内容。该函数有两种格式,第一种格式将返回内容存入指定的缓冲区中,返回值为获取的字符串长度;第二种格式将获取内容存入指定的 CString 对象中。

函数原型

```
int GetText(int nIndex, LPTSTR lpszBuffer);
void GetText(int nIndex, CString& rString);
```

函数参数

- nIndex：指定的列表项的索引值。
- lpszBuffer：字符指针,指向用于保存获取字符串的缓冲区。
- rString：用于保存获取内容的 CString 对象。

下面示例代码中的 m_List 是一个列表框控件变量,这段代码的功能是将列表框中选中的列表项的内容保存到字符串对象 str 中。

```
CString str;
int i,n;
n = m_List.GetCount();
for(i = 0;i < n;i++)
    if(m_List.GetSel(i)> 0)break;
m_List.GetText(i,str);
```

5. IP 地址控件

IP 地址控件(IP Address Control)是一个通用控件,用于按点分十进制方式输入 IP 地址或者显示 IP 地址。该控件对应的类为 CIPAddressCtrl。该控件属性较少并且通常只要使用它们的默认值就可以了。下面为其常用的方法。

1) SetAddress()

将给定 IP 地址设置到 IP 地址控件中显示。该函数有两种格式,第一种格式是用 4 个 0～255 的整数分别设置 IP 地址各个字段的值;第二种格式是用 1 个长整数设置 IP 地址值。

函数原型

```
void SetAddress(BYTE nField0, BYTE nField1, BYTE nField2, BYTE nField3);
void SetAddress(DWORD dwAddress);
```

函数参数

- nField0:0～255 的整数,要设置的 IP 的第一个字节。
- nField1:0～255 的整数,要设置的 IP 的第二个字节。
- nField2:0～255 的整数,要设置的 IP 的第三个字节。
- nField3:0～255 的整数,要设置的 IP 的第四个字节。
- dwAddress:要设置的无符号长整型数表示的 IP 地址。

2) GetAddress()

获取 IP 地址控件中的地址值。也有两种格式,第一种格式是把 IP 地址的 4 个域填充到 4 个引用中;第二种格式是把 IP 地址填充到 1 个长整数的引用中。返回 IP 地址控件中非空域的数量。

函数原型

```
int GetAddress(BYTE& nField0,BYTE& nField1,BYTE& nField2,BYTE& nField3);
int GetAddress(DWORD & dwAddress);
```

函数参数

- nField0:用于保存获取的点分十进制表示的 IP 地址中的第一个数。
- nField1:用于保存获取的点分十进制表示的 IP 地址中的第二个数。
- nField2:用于保存获取的点分十进制表示的 IP 地址中的第三个数。
- nField3:用于保存获取的点分十进制表示的 IP 地址中的第四个数。

- dwAddress：用于保存获取的无符号长整型数表示的 IP 地址。

3）ClearAddress()

清除 IP 地址控件中的内容。

函数原型

```
void ClearAddress();
```

4）IsBlank()

如果 IP 地址控件的所有域均为空,返回非 0 值;否则返回 0。

函数原型

```
BOOL IsBlank();
```

5）SetFieldFocus()

把焦点设置在指定的域中。

函数原型

```
void SetFieldFocus(WORD nField);
```

函数参数

nField：取值为 0～3,如果大于 3,则焦点设置到第一个空域中,若所有域均非空,则焦点设置在第一个域中。

6）SetFieldRange()

设置指定域中数值的取值范围。

函数原型

```
void SetFieldRange(int nField, BYTE nLower, BYTE nUpper);
```

函数参数

- nField：域索引,取值 0～3。
- nLower：域的下限。
- nUpper：域的上限。

2.6 Windows 的消息驱动机制与消息映射

2.6.1 Windows 的消息驱动机制

Windows 程序是通过系统发送的消息来处理用户输入的。无论是操作系统内部还是应用程序运行所产生的动作,都称为事件（Events）,每个事件都会产生一个消息（Message）。应用程序通过接收消息、分发消息、处理消息来和用户进行交互。例如,当用户单击鼠标、按键或调整窗口大小时,都将向对应的窗口发送消息。每个消息都对应于某个特定的事件,比如单击鼠标事件、双击鼠标事件、鼠标移动事件等。

Windows 应用程序是消息驱动的,应用程序的输入事件会被系统转换为消息,并将消息发送给应用程序的窗口,这些窗口通过调用消息处理函数来接收和处理这些消息。消息处理是所有 Windows 应用程序的核心部分。消息处理函数通常是窗口类的成员函数,编写消息处理函数是编写 MFC 应用程序的主要任务。MFC 通过消息映射机制来实现应用程序对消息的处理。所谓消息映射,就是让编程者指定用来处理某个消息的 MFC 类。

Windows 消息大致可分为标准 Windows 消息、控件通知和命令消息等类型。标准 Windows 消息通常由窗口类处理,也就是说,这类消息的处理函数通常是 MFC 窗口类的成员函数,除 WM_COMMAND 消息外,所有以“WM_”为前缀的消息都是标准 Windows 消息。标准 Windows 消息都有默认的处理函数,这些函数是 CWnd 类的成员函数,函数的名称都是以“On”开头,后跟去掉“WM_”前缀的消息名称。

命令消息包括来自菜单选项、工具栏按钮、快捷键等用户接口界面的 WM_COMMAND 通知消息,属于用户应用程序自己定义的消息。通过消息映射机制,MFC 框架把命令消息按一定的路径分发给多种类型的对象来处理,这些对象包括文档、文档模板、应用程序对象以及窗口和视图等。能处理消息映射的类必定是从 MFC 的 CCmdTarget 类派生的。

控件通知是由控件传给父窗口的消息,但也有一个例外,当用户单击“命令按钮”控件时,发出的 BN_CLICKED 消息将作为命令消息来处理。控件消息通常也是由 MFC 窗口类处理的。

2.6.2　消息映射

应用程序运行之后,当控件的状态发生改变时,控件就会向其父窗口发送消息,这个消息称为“控件通知消息”。Windows 是通过调用相应消息处理函数来处理每一条消息的,程序中,必须通过消息映射来建立消息与其消息处理函数之间的关联关系。

消息映射是 MFC 通过“类向导”帮助实现的。类向导会在类的定义中增加消息处理函数声明,并添加一行声明消息映射的宏 DECLARE_MESSAGE_MAP。还会自动在类的实现文件(CPP 文件)中添加消息映射的内容,并添加消息处理函数的实现,当然这个实现只是一个函数框架,具体的功能代码还需要由编程者自己编写。一般情况下,消息处理函数的声明和实现均是由 MFC 的类向导自动添加和维护。

下面通过具体例子来了解使用“类向导”实现控件消息映射的方法,该例子对一个新添加的命令按钮的 BN_CLICKED(单击)消息映射消息处理函数。

在 2.4.1 节所创建的项目中,将工作区窗口切换到“资源视图”页面,双击 Dialog 资源下的标识 IDD_LX_DIALOG,打开该对话框资源模板。删除显示有文本“TODO:在此放置对话控件。”的静态文本控件,添加一个命令按钮控件,保留其默认属性。下面为该命令按钮的 BN_CLICKED 消息添加消息处理函数。

在“资源编辑器”中右击新添加的命令按钮,在弹出的菜单中选择“类向导”命令,打开如图 2.11 所示的“类向导”对话框,在“类名”列表中选择 CLXDlg,在“对象 ID”列表中选择 IDC_BUTTON1,这是添加按钮后,系统自动为此按钮设置的默认标识符,然后在“消息”列表框中选择 BN_CLICKED 消息。

单击“添加处理程序”按钮或双击 BN_CLICKED 消息,出现“事件处理程序向导”对话框,如图 2.12 所示,在这里可以输入消息处理函数的名称,系统默认的函数名为 OnBnClickedButton1,可以根据需要做出修改,也可以使用该默认名称,在这里使用默认名称。

图 2.11　MFC 类向导

图 2.12　"事件处理程序向导"对话框

单击"确定"按钮,在"MFC 类向导"窗口的"成员函数"列表将中列出新增加的成员函数。单击"确定"或"编辑代码"按钮,在出现的代码编辑器中会看到如下函数,该函数添加在 lxDlg.cpp 文件中,是 ClxDlg 类的成员函数。

```
void ClxDlg::OnBnClickedButton1()
{
    // TODO: 在此添加控件通知处理程序代码
}
```

在 OnBnClickedButton1 函数中添加下列代码:

```
MessageBox(_T("你按下了\"Button1\"按钮!"));
```

编译并运行,当单击 Button1 按钮时,就会执行 OnBnClickedButton1 函数,在该函数中添加的唯一一条语句将弹出一个消息对话框。

为其他控件消息添加消息处理函数时可以采用跟上面完全相同的步骤。对命令按钮的 BN_CLICKED 消息,还存在更简便的消息处理函数添加方法,就是在"对话框资源编辑器"中的对话框模板上直接双击相应的命令按钮,"类向导"将直接在对话框类的实现文件后面使用默认的函数名为 BN_CLICKED 的消息添加处理函数。

同命令按钮的 BN_CLICKED 消息一样,列表框的 LBN_SELCHANGE 消息、文本框的 EN_CHANGE 消息等,都可以通过在"对话框资源编辑器"内直接双击控件完成其消息处理函数的添加及映射。事实上,每一个控件都存在一个这样可以通过双击控件来完成消息处理函数的添加和映射的消息。需要注意的是,这样添加的消息处理函数名是采用的系统默认名称。

　　下面看一下完成了消息处理函数的添加和映射后,"类向导"对程序的源代码都做了哪些修改。将项目工作区窗口切换到"解决方案资源管理器"视图,展开"头文件"选项,双击 ClxDlg 类的头文件 lxDlg.h,该文件在"代码编辑器"中被打开,在对话框类的定义中可以找到如下代码。

```
protected:
    HICON m_hIcon;
    // 生成的消息映射函数
    virtual BOOL OnInitDialog();
    afx_msg void OnSysCommand(UINT nID, LPARAM lParam);
    afx_msg void OnPaint();
    afx_msg HCURSOR OnQueryDragIcon();
    DECLARE_MESSAGE_MAP()
public:
    afx_msg void OnBnClickedButton1();
```

　　代码中的 DECLARE_MESSAGE_MAP()是声明消息映射的宏,其实它的位置在类定义中是可以任意的,即它可以在任何成员函数或成员变量的声明之后或之前。这些代码就是消息处理函数的声明,其中,函数 OnBnClickedButton1()就是为 Button1 的 BN_CLICKED 消息添加的消息处理函数。

　　再打开 ClxDlg 类的源文件 lxDlg.cpp,在其中可以找到如下消息映射代码。

```
BEGIN_MESSAGE_MAP(ClxDlg, CDialogEx)
    ON_WM_SYSCOMMAND()
    ON_WM_PAINT()
    ON_WM_QUERYDRAGICON()
    ON_BN_CLICKED(IDC_BUTTON1, &ClxDlg::OnBnClickedButton1)
END_MESSAGE_MAP()
```

　　这段消息映射代码并不属于任何函数,它是由类向导自动插入的。代码中的每一行都是一条用于实现消息映射的宏。其中,

```
ON_BN_CLICKED(IDC_BUTTON1, &ClxDlg::OnBnClickedButton1)
```

是完成命令按钮 Button1 的 BN_CLICKED 消息与函数 OnBnClickedButton1 映射的宏,括号中宏的第一个参数是发送该消息的控件的 ID,这里的 IDC_BUTTON1 是按钮 Button1 的 ID,第二个参数则指明该消息要映射到的消息处理函数是 ClxDlg 类的成员函数 OnBnClickedButton1。

2.7　使用控件变量访问控制控件

　　控件的主要功能是完成数据的输入输出。通过某个控件输入的数据可以保存到对话框类的某个成员变量中,反过来,对话框类的某个成员变量的值也可以在对话框的某个控件上显示,这就是所谓控件与变量的数据交换,简称 DDX。控件与变量的数据交换是通过使用基于 ID 的变量映射来实现的。所谓变量映射,就是利用"类向导",将一个对话框类的成员变量通过控件的 ID 和控件进行关联(映射)。与控件关联的变量通常都被称为"控件变量"。

下面介绍使用"类向导"为控件创建"控件变量"的方法。

打开 2.4.1 节所创建的 LX 项目,将"解决方案资源管理器"窗口切换到"资源视图"页面,双击 Dialog 资源下的标识 IDD_LX_DIALOG,打开该对话框资源模板。在 2.4.1 节已为其添加了一个命令按钮控件,现在再为其添加一个编辑控件(Edit Control)并保留其默认属性,其 ID 为 IDC_EDIT1。下面为这两个控件添加关联变量。打开 MFC 类向导,选定"类名"为 ClxDlg,单击"成员变量"选项卡标签切换到成员变量页面,如图 2.13 所示。

在"控件 ID"列表中,选定所要关联的控件 ID 号 IDC_BUTTON1,双击 IDC_BUTTON1 或单击"添加变量"按钮,弹出如图 2.14 所示的"添加成员变量向导",在该对话框可设置变量的名称、类别和变量类型。注意,在"对话框资源编辑器"中右击已画好的命令按钮,再在弹出的菜单中单击"添加变量"命令也可打开"添加成员变量向导"对话框。

图 2.13　MFC 类向导的"成员变量"选项卡

图 2.14　添加 Control 类别的成员变量

变量名称由编程者自己确定,但必须符合 C/C++语言的标识符命名规则,VC 推荐以"m_"为前缀。

变量的类别对命令按钮来说只有 Control 一种,但对于文本框来说则会有 Control 和 Value 两种。Control 类别的控件变量在程序中代表控件本身,通过该类变量可直接引用该控件类的各种方法,并可以对控件的各种属性直接操作。只有那些用于输入数据和输出数据的控件才能关联"Value"类别的控件变量,该类控件变量只用于存放控件输出或输入的数据。对于"Control"类别的控件变量,其变量类型只有一种,即该控件对应的控件类。而 Value 类别的变量类型则可以是任何该控件所能输入或输出的数据类型,对文本框而言,可以是 CString、int、UINT、long、DWORD、float、double、BYTE、short、BOOL 等。

对命令按钮 IDC_BUTTON1,在成员变量名称框中填好成员变量名为 m_RelBtn,单击"完成"按钮,又回到"类向导"对话框的成员变量页面,可以在"成员变量"列表中看到刚添加的与 IDC_BUTTON1 关联的控件变量。

MFC 类向导的"成员变量"选项卡中,在"控件 ID"中选择 IDC_EDIT1,双击鼠标右键或单击"添加变量"按钮,在弹出的"添加成员变量"对话框中,设置变量名称为 m_Edit,类别为 Value,变量类型选 CString,这时可以看到对话框中又出现了一个用于输入"最大字符数"的文本框,如图 2.15 所示。该文本框用于输入限制 CString 类型的控件变量所允许存放的最大字符数,该值由编程者根据具体情况确定,也可以不填写,不填写时相应控件变量的最大字符个数将不受限制。由此可以看出,通过变量映射,不仅可实现数据交换,而且还可以设置变量的数据范围。

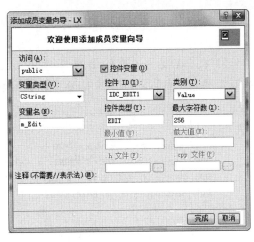

图 2.15 添加 Value 类别的成员变量

单击"完成"按钮,回到 MFC"类向导"对话框,再单击"确定"按钮关闭"类向导"。打开 ClxDlg 类的头文件和实现文件,可以发现上述操作后 MFC 类向导对这两个文件做了以下三方面的修改。

(1) 在 lxDlg.h 文件中,在类定义中添加了控件变量的声明,代码如下面斜体加粗部分所示。

```
// lxDlg.h : 头文件
#pragma once
// ClxDlg 对话框
class ClxDlg : public CDialogEx
{// 构造
public:
    ClxDlg(CWnd * pParent = NULL);              // 标准构造函数
// 对话框数据
    enum { IDD = IDD_LX_DIALOG };
protected:
    virtual void DoDataExchange(CDataExchange * pDX);   // DDX/DDV 支持
// 实现
protected:
    HICON m_hIcon;
    // 生成的消息映射函数
    virtual BOOL OnInitDialog();
    afx_msg void OnSysCommand(UINT nID, LPARAM lParam);
    afx_msg void OnPaint();
    afx_msg HCURSOR OnQueryDragIcon();
public:
    afx_msg void OnBnClickedButton1();
    DECLARE_MESSAGE_MAP()
    CButton m_RelBtn;
    CString m_Edit;
};
```

(2) 在 lxDlg.cpp 文件中的 ClxDlg 构造函数实现代码处,添加控件变量的初始代码。

```
CLXDlg::CLXDlg(CWnd * pParent /* = NULL */)
    : CDialog(IDD_LX_DIALOG, pParent)
```

```
        , m_Edit(_T(""))
    {
        m_hIcon = AfxGetApp()->LoadIcon(IDR_MAINFRAME);
    }
```

（3）在 lxDlg.cpp 文件中的 DoDataExchange 函数体内，添加了控件的 DDX/DDV 代码，它们都是一些以 DDV_或 DDX_开头的函数调用。

```
    void ClxDlg::DoDataExchange(CDataExchange* pDX)
    {
        CDialogEx::DoDataExchange(pDX);
        DDX_Control(pDX, IDC_BUTTON1, m_RelBtn);
        DDX_Text(pDX, IDC_EDIT1, m_Edit);
        DDV_MaxChars(pDX, m_Edit, 256);
    }
```

当为一个控件添加了一个 Value 类别的控件变量后，可以使用 CWnd::UpdateData 函数实现该控件变量与控件的数据交换。该函数是 CWnd 类的成员函数，其原型如下。

```
    BOOL UpdateData( BOOL bSaveAndValidate = TRUE );
```

该函数只有一个 BOOL 类型的参数，调用 UpdateData(FALSE)时，数据由控件变量向控件传输，当调用 UpdateData(TRUE)或不带参数的 UpdateData 时，数据从控件向相关联的成员变量复制。

函数执行成功则返回 TRUE，否则返回 FALSE。

如果为一个控件添加了一个 Control 类别的控件变量，也可以使用该 Control 类型的变量调用控件类从 CWnd 类继承来的成员函数 SetWindowText 和 GetWindowText 来改变或获取控件显示的文字。

如果没有为控件关联任何控件变量，还可以使用 GetDlgItem 函数得到对应控件的指针，通过指针访问控件的属性或调用相应的方法进行操作。GetDlgItem 函数的常用格式如下。

```
    CWnd* GetDlgItem(int nID);
```

该函数将控件 ID 作为参数，返回值为控件对象的指针（指针类型是 CWnd*），通过该指针可对该控件进行操作。例如，执行以下语句可将 ID 为 IDC_BUTTON1 的命令按钮上所显示的文字设置为"Hello"。

```
    GetDlgItem(IDC_BUTTON1)->SetWindowTextW(_T("Hello"));
```

不妨将该行代码添加到 OnBnClickedButton1（）函数中，然后编译运行程序，单击 Button1 按钮后观察一下 Button1 按钮的变化。

2.8　添加用户自定义消息

Visual C++允许用户自己定义并发送消息，对自定义的消息用户也必须为其添加消息处理函数。下面在 2.4.1 节所创建的项目 LX 基础上介绍添加并处理自定义消息的方法。

首先在 resource.h 文件中添加如下代码定义一个自己的消息。

```
#define WM_MY_MESSAGE        WM_USER + 100
```

其中，WM_USER 是为了防止用户自定义消息 ID 与系统消息 ID 冲突由 VC 提供的宏，小于 WM_USER 的 ID 被系统使用，大于 WM_USER 的 ID 才可以被用户使用。因此自定义消息一般是 WM_USER+XXX 的形式，XXX 表示任意一个正整数。

然后，打开 MFC 类向导，选择要处理消息的对话框类，选择"消息"选项卡，如图 2.16 所示。单击选项卡下部的"添加自定义消息"按钮，弹出如图 2.17 所示的"添加自定义消息"对话框。分别填入自定义消息和消息处理函数的名称，这里的自定义消息是前面定义的 WM_MY_MESSAGE，输入自定义消息后，向导会自动生成一个默认的消息处理函数名，这里是 OnMyMessage，一般直接采用这个默认的消息处理函数名则可，当然也可以重新命名该函数。单击"确定"按钮返回 MFC 类向导，这时就会在"现有处理程序"列表框中发现刚添加的自定义消息及消息处理函数。

图 2.16 MFC 类向导的"消息"选项卡

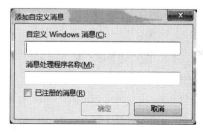

图 2.17 添加自定义消息

单击"确定"按钮并打开 lxDlg.cpp 文件（或者直接单击"编辑代码"按钮），就会发现"类向导"已经在 lxDlg.cpp 文件最后添加了如下消息处理函数的实现代码。

```
afx_msg LRESULT ClxDlg::OnMyMessage(WPARAM wParam, LPARAM lParam)
{
    return 0;
}
```

除了函数实现代码外，类向导还在消息处理函数所在的类的头文件（这里是 lxDlg.h）中添加了如下消息处理函数的声明代码。

```
afx_msg LRESULT OnMyMessage(WPARAM wParam, LPARAM lParam);
```

在消息处理函数所在的类的 cpp 文件(这里是 lxDlg.cpp)中的消息映射添加类似下面的消息映射代码。

```
BEGIN_MESSAGE_MAP(ClxDlg, CDialogEx)
            …
    ON_MESSAGE(WM_MY_MESSAGE, &ClxDlg::OnMyMessage)
END_MESSAGE_MAP()
```

至此,自定义消息及其处理函数已添加完成。在需要发送自定义消息的地方可以通过调用 PostMessage()函数或 SendMessage()函数来发送自定义消息。PostMessage()只把消息放入消息队列,不管消息处理程序是否处理该函数都返回,也就是说,该函数是一个异步消息发送函数;而 SendMessage()函数则必须等待消息处理函数处理完了消息之后才返回,这是个同步消息发送函数。另外,PostMessage()的返回值表示 PostMessage()函数是否正确执行,而 SendMessage()的返回值与消息处理函数的返回值相同。

为了验证一下该自定义消息,在主对话框上添加一个命令按钮 Button2,并为其 BN_CLICKED 消息添加消息处理函数 OnClickedButton2,编辑该函数代码如下。

```
void ClxDlg::OnBnClickedButton2()
{
    // TODO: 在此添加控件通知处理程序代码
    PostMessage(WM_MY_MESSAGE);
}
```

在自定义消息处理函数 OnMyMessage 中添加如下一条语句,并运行该程序。单击命令按钮 Button2,就会弹出"收到自定义消息 WM_MY_MESSAGE"的消息框。

```
MessageBox("收到自定义消息 WM_MY_MESSAGE");
```

2.9　MFC 的文件操作

在网络编程中经常需要用到文件操作,例如编写收发文件的程序,因此在这里简要介绍一下 MFC 中的文件处理方法。MFC 中的文件处理通常会用到两个类:一个是 CFile 类,另一个是 CFileDialog 类。

2.9.1　CFile 类

CFile 类是 MFC 文件类的基类,它封装了几乎所有的用于文件访问的 Win32 API,提供基本的文件输入、输出操作。该类只提供非缓冲方式的二进制磁盘文件操作,不支持网络文件的读写。要使用 CFile 类操作文件,首先要构造 CFile 对象。

1. 构造 CFile 类对象

在程序中,一个 CFile 类的对象通常对应于一个磁盘文件,该磁盘文件一般是在 CFile 对象构造时自动打开,在析构时关闭。定义一个 CFile 对象有三种方式,分别对应于该类的三个构造函数,这三个构造函数的格式如下。

（1）默认构造函数 CFile()：该函数仅构造一个没有关联文件的空 CFile 对象，必须使用 Open 成员函数来打开文件。

Open 的函数原型

```
BOOL CFile::Open( LPCTSTR lpszFileName,
                  UINT nOpenFlags,
                  CFileException * pError = NULL
                );
```

函数参数

- lpszFileName：带路径的文件名，指定要打开的文件。
- nOpenFlags：指定的文件打开方式，常用的文件打开方式标志见表 2.8，nOpenFlags 的取值可以是多个标志的组合，例如 CFile::modeCreate | CFile::modeWrite。
- pError：该参数为一个指向 CFileException 对象的指针，指向的 CFileException 对象用于保存打开文件出错时抛出的异常。

表 2.8　文件打开方式标志说明

标　　志	说　　明
CFile::modeCreate	调用构造函数构造一个新文件，如果文件已存在，则长度变成 0
CFile::modeNoTruncate	此值与 modeCreate 组合使用。如果所创建的文件已存在则其长度不变为 0；若不存在则由 modeCreate 标志创建一个新文件
CFile::modeRead	以只读方式打开文件
CFile::modeReadWrite	以读、写方式打开文件
CFile::modeWrite	以只写方式打开文件
CFile::modeNoInherit	阻止文件被子进程继承

Open 是设计来和默认 CFile 构造函数共同使用的。这两个函数形成一个打开文件的安全方式，此时失败通常是可以预料的。

CFile 构造函数会在出错时产生一个异常，Open 在出错时返回 FALSE。Open 也可以初始化一个 CFileException 对象来描述一个错误，但是如果不提供 pError 参数或将 NULL 传递给 pError，Open 将返回 FALSE 而不产生一个 CfileException。如果传递一个指针到一个存在的 CFileException，Open 会遇到错误，函数将用出错信息描述填充它。两种情况下 Open 都不产生异常。表 2.9 描述了 Open 的可能结果。

表 2.9　Open 函数的可能结果

pError	是否是遇到错误	返回值	CFileException 内容
NULL	No	TRUE	n/a
ptr 指向 FileException	No	TRUE	不变
NULL	Yes	FALSE	n/a
ptr 指向 FileException	Yes	FALSE	被初始化为错误信息

（2）CFile(int hFile)：通过一个已经打开了的文件构造一个 CFile 对象。参数 hFile 是已打开的文件的文件句柄，hFile 将被赋值给 CFile 的成员变量 m_hFile。

（3）CFile(LPCTSTR lpszFileName，UINT nOpenFlags)：通过 lpszFileName 指定的

文件名和 nOpenFlags 指定的文件打开方式,打开文件并构造 CFile 对象。nOpenFlags 的取值可以是多个标志的组合。

2. 文件的读写

CFile 类中读取文件的函数是 Read(),该函数的格式如下。

```
virtual UINT Read (void* lpBuf, UINT nCount);
```

函数参数

- lpBuf:指向用户提供的缓冲区以接收从文件中读取的数据。
- nCount:允许从文件中读出的字节数的最大值,对文本格式的文件,回车换行作为一个字符。

该函数从与 CFile 对象相关联的文件中读取数据到 lpBuf 指定的缓冲区。函数的返回值是实际读取到缓冲区的字节数,如果读到文件尾,则返回值可能比参数 nCount 指定的值小。如果函数出错,则会抛出 CFileException 异常。

下面是读取一个较小的文本文件的例子。

```
CFile fileOpen;
try
{
    fileOpen.Open("d:\\a.txt",CFile::modeRead );
    int i = fileOpen.GetLength();
    fileOpen.Read(s,i);
    fileOpen.Close();
}
catch(CFileException * e)
{
    CString str;
    str.Format("读取数据失败的原因是:%d",e->m_cause);
    MessageBox(str);
    fileOpen.Abort();
    e->Delete();
}
```

写文件的成员函数为 Write(),该函数的格式如下。

```
virtual void Write(const void* lpBuf,UINT nCount);
```

函数参数

- lpBuf:指向用户提供的缓冲区,包含将写入文件中的数据。
- nCount:要写入的字节数。对文本模式的文件,回车换行作为一个字符。

该函数将数据从缓冲区写入与 CFile 对象相关联的文件。如果函数出错,则会抛出 CFileException 异常。Write 在几种情况下均产生异常,包括磁盘满的情况。下面的代码是向文件中写入数据的例子。

```
CFile fileSave;
CString m_Edit1("aaaaaaaaabbbbbbbbccccccccccdddddddddd\neeeeeee");
```

```
try
{
    fileSave.Open ("d:\\a.txt",CFile::modeCreate|CFile::modeWrite);
    fileSave.Write(m_Edit1,m_Edit1.GetLength());
    fileSave.Close();
}
catch(CFileException * e)
{
    CString str;
    str.Format("保存数据失败的原因是:%d",e->m_cause);
    MessageBox(str);
    fileSave.Abort();
    e->Delete();
}
```

3. 文件的读写定位

要实现文件的随机读写,需要定位文件的读写位置指针。**文件位置**指针是系统为每个打开的文件维护的一个变量,用于指向当前文件的读写操作位置,每读写一个字节,该指针都会向后移动一个字节。

当文件刚打开时,通常文件位置指针位于文件开始处,但是当文件以追加方式打开文件时,文件指针位于文件结束处。程序中可以通过调用定位文件位置指针的函数来移动文件位置指针。CFile 类中封装的定位文件位置指针的成员函数是 Seek()。

函数原型

```
virtual LONG Seek(LONG lOff,UINT nFrom);
```

函数参数

- lOff:指定文件位置指针要移动的字节数。
- nFrom:指定文件位置指针移动的起始位置,可为以下值之一。

     CFile::begin 表示从文件开始,把指针向后移动 lOff 字节。

     CFile::current 表示从当前位置开始,把指针向后移动 lOff 字节。

     CFile::end 表示从文件尾开始,把指针向前移动 lOff 字节。注意,此时 lOff 应为负。如果为正值,则超出文件尾。

该函数在一个已打开的文件中重新定位文件位置指针。如果由函数参数指定的移动位置合法,则返回位置指针从文件开始起的新的偏移量。否则,位置指针将不移动并抛出 CFileException 异常。

另外,用于定位文件读写位置的成员函数还有下面两个。

```
void SeekToBegin();
```

将文件指针指向文件开始处,等价于 Seek(0L,CFile::begin)。

```
DWORD SeekToEnd();                //返回文件长度(字节数)
```

将文件指针指向文件逻辑尾部,等价于 CFile::Seek(0L, CFile::End)。

4. 关闭文件

CFile 类用于关闭文件的成员函数有两个：一个是 Close()，一个是 Abort()。这两个函数都是关闭与本 CFile 对象相关联的文件并使文件不能被读或写，如果在析构一个 CFile 对象时，相关联的文件未关闭，则析构函数关闭它。这两个函数的格式如下。

```
void Close();
void Abort();
```

Abort()与 Close()区别在于 Abort()忽略失败，不会因失败而抛出异常，而 Close()遇到错误则会抛出 CFileException 异常。

2.9.2　CFileDialog 类

严格来说，CFileDialog 类并不参与文件的处理，它只是封装了应用程序中经常会使用的 Windows 的文件对话框。文件对话框提供了一种简单的与 Windows 标准相一致的文件打开和文件存盘的对话框功能，它只提供"选择(或输入)要打开或保存的文件路径"的功能，要真正实现文件打开或保存，还需要编写另外的代码。

要使用 CFileDialog 提供的文件对话框，首先要定义一个 CFileDialog 类的对象，也可以先从 CFileDialog 派生出一个自己的对话框类，并重新编写一个构造函数来适应自己的需要，然后用该派生类定义一个对话框对象。

CFileDialog 类的构造函数格式如下。

```
CFileDialog(
    BOOL bOpenFileDialog,
    LPCTSTR lpszDefExt = NULL,
    LPCTSTR lpszFileName = NULL,
    DWORD dwFlags = OFN_HIDEREADONLY | OFN_OVERWRITEPROMPT,
    LPCTSTR lpszFilter = NULL,
    CWnd * pParentWnd = NULL
);
```

函数参数

- bOpenFileDialg：如果为 TRUE，则创建一个文件打开对话框；如果为 FALSE，则构造一个 File Save As(另存为)对话框。
- lpszDefExt：指定默认文件扩展名，如果用户在文件名编辑框中不包含扩展名，则 lpszDefExt 定义的扩展名自动加到文件名后。如果为 NULL，则不添加扩展名。
- lpszFileName：初始显示于文件名编辑框中的文件名，如果为 NULL，则不显示初始文件名。
- dwFlags：一个或多个标志的组合，可用于定制对话框。相关标志的使用请读者自己查阅相关资料。
- lpszFilter：一个字符串指针，指定可以应用到文件的过滤器。如果指定过滤器，仅被过滤器允许的文件显示于文件列表框中。
- pParentWnd：指向文件对话框对象的父窗口或拥有者窗口。

LpszFilter 参数用于指定哪些类型的文件(由扩展名指定)可在文件列表框中显示。指定要显示的文件一般由文件类型说明和文件名两部分组成,文件类型说明和扩展名间用"|"分隔,同种类型文件的扩展名间可以用分号(" ;")分隔,每种文件类型间也是用"|"分隔,末尾用"||"标明。也可使用 CString 对象作为参数。

例如,Microsoft Excel 允许用户用.XLC 扩展名(表)或.XLS(工作表)打开文件,Excel 过滤器应如下。

```
char szFilter[] = "Chart Files ( * .xlc)| * .xlc|Worksheet Files( * .xls)| * .xls|
                   Data Files( * .xlc; * .xls)| * .xls; * xls| All Files( * .* )| * .* ||";
```

创建 CFileDialog 对象后通过调用 DoModal() 成员函数来显示对话框,用户输入路径和文件名。DoModal()函数格式如下。

```
int DoModal();
```

返回值为常数 IDOK 或 IDCANCEL。返回 IDOK 表明用户选择了 OK,返回 IDCANCEL 则表明用户选择了 Cancel。返回 IDCANCEL 时,可调用 CommDlgExtendedError 函数来判断是否发生错误。

不论用户单击了"确定"(IDOK)还是"取消"(IDCANCEL)按钮,DoModal 都会返回。

用 CFileDialog 选定文件后,可以使用其成员函数 GetFileName()、GetFileTitle()、GetFilePath()、GetFileExt()等来取得相关信息。

下面的这段代码演示了如何在程序中使用 CFileDialog 类。

```
char szFilter[] = "数据文件 ( * .TXT; * .DAT)| * .TXT; * .DAT| All Files( * .*)| * .* ||";
CFileDialog a(true, ".TXT", 0, 0, szFilter);   //定义 a 为打开文件对话框对象
int x = a.DoModal();
if (x == IDOK)
    MessageBox(a.GetPathName());               //如果选定或输入了文件名则弹出该文件全路径
else
    MessageBox("没有输入文件名!");
```

例 2.1 编写一个简单的文本文件编辑器,其界面如图 2.18 所示。

完成这个程序需要经过如下步骤。

(1) 利用应用程序向导,创建一个对话框应用程序框架。注意,本例使用的是 ANSI 字符集,而不是 Unicode 字符集。

(2) 编辑主对话框资源。删除对话框资源上原有的静态文本框(Static Text)控件和两个命令按钮;增加一个文本编辑框(Edit Control),ID 为 IDC_EDIT1,调整其大小和位置如图 2.18 所示,将其 Multiline 属性和 Want Return 属性的值均修改为 True,使之能进行多行文字编辑;增加三个命令按钮,分别修改这三个命令按钮的 ID 为 IDOPEN、IDSAVE、IDCANCEL,对应的 Caption 属性修改为"打开""保存"和"退出",并按如图 2.18 所示的位置排列它们。

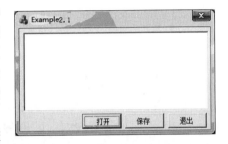

图 2.18 例 2.1 的程序界面

(3) 使用类向导为文本编辑框添加控件变量,变量名为 m_Edit1,类别为 Value,变量类型为 CString。

（4）双击"打开"按钮为其添加消息处理函数，并在函数中添加如下代码。

```cpp
void CExample21Dlg::OnBnClickedOpen()
{
    // TODO: 在此添加控件通知处理程序代码
    char s[10000];
    char szFilter[] = "文本文件(*.txt)|*.txt| All Files(*.*)|*.*||";
    CFileDialog OpenDlg(true, ".txt", 0, 0, szFilter);
    int x = OpenDlg.DoModal();
    int i = 0;                          //变量 i 用于记录被打开的文件长度
    if (x == IDOK)
    {
        CFile fileOpen;
        try
        {
            fileOpen.Open(OpenDlg.GetPathName(), CFile::modeRead);
            i = fileOpen.GetLength();
            fileOpen.Read(s, i);                //读出文件所有内容
            fileOpen.Close();
        }
        catch (CFileException * e)
        {
            CString str;
            str.Format("读取数据失败的原因是：%d", e->m_cause);
            MessageBox(str);
            fileOpen.Abort();
            e->Delete();
        }
    }
    CString str(s, i);
    m_Edit1 = str;
    UpdateData(false);
}
```

使用同样的方法为"保存"按钮和"退出"按钮添加如下处理函数。

```cpp
void CExample21Dlg::OnBnClickedSave()
{
    // TODO: 在此添加控件通知处理程序代码
    UpdateData();
    char szFilter[] = "文本文件(*.txt)|*.txt| All Files(*.*)|*.*||";
    CFileDialog SaveDlg(false, ".txt", 0, 0, szFilter);
    int x = SaveDlg.DoModal();
    if (x == IDOK)
    {
        CFile fileSave;
        try
        {
            fileSave.Open(SaveDlg.GetPathName(),
                                    CFile::modeCreate|CFile::modeWrite);
            fileSave.Write(m_Edit1, m_Edit1.GetLength());
```

```
            fileSave.Close();
        }
        catch (CFileException * e)
        {
            CString str;
            str.Format("保存数据失败的原因是:%d", e->m_cause);
            MessageBox(str);
            fileSave.Abort();
            e->Delete();
        }
    }
}
void CExample21Dlg::OnBnClickedCancel()
{
    // TODO: 在此添加控件通知处理程序代码
    CDialogEx::OnCancel();
}
```

（5）编译并运行该程序，简单的文本编辑器程序就编写完成了。不过，由于该程序使用的是 ANSI 字符集，而 VS 2017 保存程序源代码和程序文档使用的是 Unicode 编码，因此当试图用该程序打开某一源程序文件时看到的将是一堆乱码。

习题

1. 选择题

（1）Visual C++ 自定义的数据类型 WORD、UNIT、BSTR、LPSTR 对应的 C++ 基本数据类型分别是（　　）。

    A. unsigned short、unsigned int、unsigned short *、unsigned int *

    B. unsigned int、unsigned long、unsigned int *、unsigned char *

    C. unsigned short、unsigned int、unsigned short *、unsigned char *

    D. unsigned int、unsigned long、unsigned int *、unsigned short *

（2）Visual C++ 中，若已有定义 char a[]="abcdefg";，要将字符数组 a 中保存的字符串保存到一个 CString 类型的对象中，下列语句不能完成此功能的是（　　）。

    A. CString s(a);   B. CString s=a;

    C. CString s;s=a;   D. CString s; strcpy(s,a);

（3）Visual C++ 中，若已有定义 CString s("cat"); char a[10];，要将 s 中保存的字符串复制到字符数组 a[10]中，可用下列语句（　　）。

    A. strcpy(a,&s);   B. a=s;

    C. strcpy(a,s.GetBuffer());   D. a=s.GetBuffer();

（4）Visual C++ 中，若已有定义 float a=10.95;，要将变量 a 中保存的数据转换为 CString 类型，可用语句（　　）。

    A. CString s(a);   B. CString s=a;

    C. CString s;s=a;   D. CString s;s.Format("%f",a);

（5）以下说法正确的是（　　）。

    A. Visual C++程序在使用 Unicode 字符集时，用双引号引起来的字符串常量是宽体字符串

    B. Visual C++ 2017 的新建的 MFC 项目默认使用 ANSI 字符集

    C. Visual C++ 2017 的新建的"Windows 控制台应用程序项目"默认使用 ANSI 字符集

    D. Visual C++ 2017 既支持 ANSI 字符集，也支持 Unicode 字符集

（6）Visual C++程序使用 Unicode 字符集，以下语句错误的是（　　）。

    A. wchar_t str[]＝_T("cat");   B. wchar_t str[]＝L"cat";

    C. char str[]＝L"cat";   D. char str[]＝"cat";

（7）以下控件中，（　　）没有 Caption 属性。

    A. 按钮   B. 群组框   C. 编辑控件   D. 静态控件

（8）以下叙述正确的是（　　）。

    A. 对话框的 Caption 属性是由应用程序向导自动设置的，不可以修改

    B. 对话框的 Font 属性会影响对话框中所有控件的字体、字形、字号

    C. Static Text 控件只能显示单行文字

    D. Static Text 控件上显示的文字，不可以动态修改

（9）以下叙述错误的是（　　）。

    A. 通过 Control 类别的控件变量可直接引用控件的各种方法和属性

    B. 只有用于输入和输出的控件才可以关联 Value 类别的控件变量

    C. Control 类别的控件变量是控件所对应的控件类的对象

    D. Value 类别的控件变量的变量类型一定是 CString

（10）程序中要将某一文本内容在一编辑框控件中显示，可使用该控件的（　　）方法。

    A. SetWindowText()   B. SetSel()

    C. ReplaceSel()   D. GetWindowText()

（11）以下叙述正确的是（　　）。

    A. 调用函数 UpdateData(True)，控件变量中的数据会显示在控件上

    B. 可以通过 Control 类别的控件变量调用 GetWindowText()获取控件上显示的文字

    C. 要访问控件的各种属性或方法必须通过为控件定义的 Control 类别的控件变量

    D. 要删除一个控件变量只需在其所属对话框类的定义中将其声明删除即可

（12）以下叙述错误的是（　　）。

    A. 程序员必须为每一条控件消息编写消息处理函数

    B. 消息和消息处理函数的关联是通过消息映射机制建立起来的

    C. 添加自定义消息需使用"类向导"

    D. 可以调用 SendMessage()函数发送自定义消息

2. 填空题

（1）系统内部是通过_____在整个系统中唯一标识一个窗口的。

（2）执行 Cstring s(Cstring("Hello,world").Left(6)＋Cstring("Visual C++").Right(3));语句后，s 字符串中的内容是_____。

（3）_____规定了 Unicode 编码的代码点在计算机内部的存储方式，有 UTF-8,

UTF-16 等多个版本。

(4) 列表框 ClistBox 类的成员函数中用来向列表框增加列表项的是_____,用来清除列表项所有项目的是_____。

(5) 控件的静态创建是指使用对话框模板创建控件,并可通过_____窗口设置控件的属性,当打开对话框时,系统将自动按预设的属性创建控件。控件的动态创建则是指在程序的运行中根据需要,通过预先定义的控件类对象调用_____函数创建控件。

(6) 利用"类向导"将一个对话框类的成员变量通过控件的 ID 和控件进行关联(映射)就是所谓的_____。与控件关联的变量通常都被称为"控件变量",控件变量有两种类型,分别是_____和_____。

3. 简答题

(1) 在对话框属性中 Caption 属性、Font 属性以及 Border 属性各起什么作用? 编写对话框应用程序时,如何让程序的主对话框不显示右上角的"最大化"和"最小化"按钮?

(2) 请列举出 ListBox 控件的常用属性并说明其作用,要求不少于三个。如何向 ListBox 控件中添加一个字符串? 如何将一个单选 ListBox 控件中选中的列表项内容保存到一个 CString 对象中?

(3) 什么是 DDX 机制? 对一个编辑框控件(Edit Control)而言,除使用 DDX 实现变量与控件的数据交换外,能否调用其方法来实现数据交换? 如果能的话,应该使用编辑框控件的哪两个方法?

(4) 当单击一个命令按钮时,系统会发送 BN_CLICKED 消息给窗口,窗口收到该消息后就调用相应的消息处理函数来响应这一事件。消息处理函数是由编程者编写的一个窗口类的成员函数。请问:消息是如何同消息处理函数关联起来的?

(5) 在使用 Visual C++ 编写图形界面的 Windows 应用程序时,MessageBox 函数十分有用,请查阅资料,给出该函数的功能、使用格式以及各参数的取值类型及相应含义。

4. 编程题

(1) 编写一个对话框程序,该程序有三个编辑框控件和一个命令按钮,要求在其中两个编辑框中输入两个数字,单击命令按钮后在第三个编辑框中输出输入的两个数的和。

(2) 编写一个基于对话框应用程序来显示一个人的照片和相关的介绍信息。要求直接使用静态文本控件和图片控件来显示相关信息,有关图片控件的用法请自己查阅 MSDN 或在网上搜索。

(3) 修改例 2.1 的程序,增加如下功能:当编辑框中的内容修改后,如果还没有保存就单击了"退出"按钮,则会弹出一个对话框询问用户是否需要保存,并根据用户的选择完成相应的功能。

实验 1 对话框应用程序的创建及控件使用

一、实验目的

(1) 掌握使用 MFC 应用程序向导创建对话框应用程序框架的方法;

(2) 掌握给对话框添加控件的方法,以及使用 MFC 类向导为控件通知消息映射消息处理函数的方法;

（3）掌握使用 MFC 类向导为控件添加控件变量的方法；

（4）掌握控件变量与控件的数据交换机制（DDX）以及使用控件变量访问和控制控件的方法；

（5）掌握在对话框中添加自定义消息的方法。

二、实验设备及软件

运行 Windows 系统的计算机，Visual Studio 2017（已选择安装 MFC）。

三、实验内容

（1）创建一个 Windows 对话框应用程序，其界面如图 2.19 所示。要求实现以下功能：在下部的文本编辑框（Edit Control）中输入内容后，单击“添加”按钮，文本编辑框的内容被作为一个条目添加到上部的列表框（List Box）中。

图 2.19　实验 1 程序界面

（2）为上一步创建的程序添加一条自定义消息，消息名为 WM_MYMESSAGE，也可自己命名。单击“添加”按钮时，将发送该消息，该消息的处理函数将删除编辑框中已输入的所有内容。

四、实验步骤

（1）使用 MFC 应用程序向导创建一个对话框应用程序，项目名称自己确定。

（2）将自动生成的对话框中的静态文本控件和“取消”命令按钮删除，在窗口上部添加一个列表框（List Box）控件，在列表框控件下面添加一个编辑框（Edit Control）控件，再在“确定”按钮左侧添加一个命令按钮（Button）控件。

（3）将“确定”按钮的 Caption 属性修改为“退出”，新添加的命令按钮的 Caption 属性修改为“添加”，修改对话框的 Caption 属性为“实验 1”。调整各控件的大小和布局如图 2.19 所示。

（4）为列表框控件添加一个控件变量，类别为 Control，变量名编程者自己确定，这里取名为 m_List；为编辑框控件添加一个控件变量，类别为 Value，类型为 CString，变量名为 m_Edit，也可由编程者自己确定。

（5）为“添加”按钮添加并编写 BN_CLICKED 消息的消息处理函数。该函数代码如下。

```
void CShiYan1Dlg::OnBnClickedButton1()
{
    // TODO: 在此添加控件通知处理程序代码
    UpdateData(true);              //将控件中的数据交换至控件变量
     if(!m_Edit.IsEmpty())     //如果编辑框内容不空,则将内容添加至列表框
        m_list.AddString(m_Edit);
}
```

(6) 编译运行程序,在文本编辑框中输入内容并单击"添加"按钮,观察执行结果。

(7) 启动类向导,为项目添加一条自定义消息。消息名称为 WM_MYMESSAGE,消息处理函数名称采用默认名。在 stdax.h 文件末尾添加自定义消息的定义:

#define WM_MYMESSAGE   WM_USER + 100

(8) 编写自定义消息的消息处理函数:

```
afx_msg LRESULT C ShiYan1Dlg::OnMymessage(WPARAM wParam, LPARAM lParam)
{
    m_Edit.Delete(0,m_Edit.GetLength()) ; //将编辑框控件变量 m_Edit 中的内容清空
    UpdateData(false);          //将控件变量的内容交换至控件
    return 0;
}
```

(9) 在"添加"按钮的 BN_CLICKED 消息的消息处理函数末尾添加代码:

PostMessage(WM_MYMESSAGE);

(10) 编译运行程序,在文本编辑框中输入内容并单击"添加"按钮,观察执行结果。

五、思考

在文本编辑框中多次输入内容并单击"添加"按钮,仔细观察程序运行结果,列表框中的内容是按输入顺序排列的吗? 为什么? 应如何使其按输入顺序排列?

第3章 WinSock编程初步

本章主要介绍使用 WinSock 编写网络通信程序应掌握的一些预备知识和方法。这些知识和方法包括 Windows API 函数的概念、如何将 WinSock 的开发组件和运行组件加载到程序中、WinSock 中的网络地址如何表示、如何查询计算机和网络的配置信息等。

3.1 WinSock API 函数

WinSock 是 Windows 操作系统的网络编程接口规范,其全称为 Windows Sockets,它是微软公司以 BSD UNIX 的 Berkeley Sockets 规范为基础开发定义的,从 1991 年问世到现在出现过两个主版本——WinSock1 和 WinSock2。WinSock1 只支持 TCP/IP 协议栈,最流行的版本是 WinSock1.1;WinSock2 完全兼容 WinSock1,但支持多种协议,如 NETBIOS、IPX 等,最流行的版本是 WinSock2.2。

WinSock 规范给出了一套库函数的函数原型和函数功能说明,这套库函数就是所谓的 Windows 套接字应用程序编程接口,常被简称为 WinSock API 函数或 WinSock 函数;这套函数由底层网络软件供应商实现,并提供给高层网络应用程序开发者使用。

WinSock API 函数可分为两大类:一类是与 Berkeley Sockets 相兼容的基本函数,例如,用于创建套接字的 socket() 函数,用于发送数据的 send() 函数等,这一类函数不仅提供了与 BSD Socket 完全相同的功能,而且函数格式也兼容,因此使用这类函数编写的网络应用程序可以很容易地移植到 Linux、UNIX 等采用 BSD Socket 的系统中,保证了程序的可移植性;另一类是 Windows 扩展函数,这类函数都以 WSA 为前缀,主要是为便于程序员充分利用 Windows 的消息驱动机制编程而提供的。

应用程序是调用 WinSock API 函数实现相互之间通信的,而 WinSock API 函数又利用了下层 Windows 操作系统中的网络通信协议和相关的系统调用来实现自身的通信功能。WinSock 与网络应用程序和操作系统中的网络通信协议软件之间的关系如图 3.1 所示。

熟练掌握常用 WinSock API 函数的功能和使用方法是使用 WinSock 进行网络编程的基础。对一个具体的 WinSock API 函数来说,学习掌握其使用方法的步骤与学习一般 C/C++ 库函数的方法是类似的,首先是要记住该函数的名称与函数的主要功能,其次就是要清楚各参数的类型及作用以及函数返回值的类型及意义,最后还应掌握函数成功执行的必要条件并了解造成函数不能成功执行的常见原因。

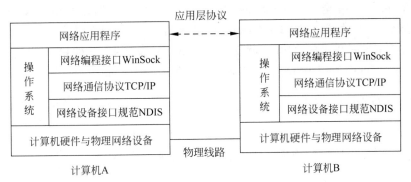

图 3.1　应用程序与 WinSock 以及网络协议软件的关系

3.2　WinSock 开发组件和运行组件

WinSock 是以 Windows 动态链接库(Dynamic Link Library,DLL)的形式实现的。主要由两部分组成——开发组件和运行组件。

动态链接库是一个包含可供多个程序同时使用的函数和全局变量的库,DLL 本身是不可执行的,应用程序在运行过程中可动态装入和连接 DLL 并直接使用其中的函数和全局变量。多个应用程序可同时使用内存中的单个 DLL 副本,DLL 是一种代码共享的方式。

从编程角度,动态链接库可以提高程序模块的灵活性,它本身是可以单独设计、编译和调试的。DLL 的编制与具体的编程语言及编译器无关,只要遵循约定的 DLL 接口规范和调用方式,不管是用何种语言编写的 DLL,各种语言的程序都可使用。

Windows 系统提供了大量的 DLL,这些 DLL 包含允许 Windows 系统本身和应用程序使用的许多函数和资源,这些 DLL 一般被存放在 C:\Windows\System32 目录下。Windows 的 DLL 多数情况下是带有 DLL 扩展名的文件,但也可能是 exe 或其他扩展名。使用 Visual Studio 的程序员可以创建自己的 DLL。

要使用 DLL 中的函数必须要将 DLL 链接到应用程序。链接方式有两种:一种称为显式方式,在这种方式中,首先要在程序中调用 LoadLibrary 调入 DLL 文件,再调用 GetProcAddress 获得 DLL 库中的函数指针,最后再通过指针调用 DLL 中的函数;另一种称为隐式方式,这种方式要用到一种称为 DLL 导入库的文件(.lib 文件),DLL 导入库文件中包含 DLL 中定义的变量和函数等的地址符号表,使用这种方式,程序中只需要按照头文件中的函数声明来调用函数,在建立可执行程序时与 DLL 导入库文件链接就可以了。显然,使用隐式链接方式要方便得多。

WinSock 开发组件是提供给程序员开发程序使用的,最主要的部分是包含程序开发所需的常量定义、宏定义、有关的数据结构定义以及函数调用接口的原型声明等的 C/C++头文件,除此之外,还包括 WinSock 的实现文档以及 WinSock 动态链接库的导入库。运行组件则是指包含 WinSock API 函数的 WinSock 动态链接库。不同版本的 WinSock 所对应的开发组件的相关的文件名字是不同的。WinSock1 对应的头文件是 WinSock.h,导入库文件是 Wsock32.lib,而 WinSock2 的头文件是 WinSock2.h,导入库文件则是 Ws2_32.lib。

由于 WinSock2 完全兼容 WinSock1,因此,当系统中安装的是 WinSock2 时,程序中既可以使用 WinSock1 的头文件和导入库,也可以使用 WinSock2 的头文件和导入库,但如果要使用只有 WinSock2 才有的功能,就只能使用 WinSock2 的头文件和导入库了。

在 Visual C++中使用 WinSock,下面的步骤通常是必不可少的。

1. 包含 WinSock 头文件

包含 WinSock 头文件需要在程序文件首部使用编译预处理命令"♯include",比如程序要使用 WinSock2,则程序前面需要使用如下预处理命令将 WinSock2.h 包含进来。

```
♯include <WinSock2.h>
```

需要说明一下,如果程序需要包含头文件 Windows.h,但是程序已包含 WinSock 头文件,则程序就不用再包含 Windows.h 了。原因是 WinSock 的实现使用了 Windows.h 中的函数声明以及常量、变量等的定义,在 WinSock 的头文件中已将它包含进去了。

2. 链接 WinSock 导入库

链接 WinSock 导入库的方式有两种：一种是通过在项目属性页中的"配置属性"→"链接器"→"输入"的"附加依赖项"中直接添加导入库名字；另一种则是在程序中使用预处理命令"♯pragma comment"。例如,程序要使用 WinSock2 时,可使用如下预处理命令。

```
♯pragma comment (lib, "Ws2_32.lib")
```

该命令会添加一个注释到编译生成的 OBJ 文件,告诉链接器链接时要链接库文件 Ws2_32.lib。

3. 加载 WinSock 动态链接库

应用程序运行时必须装入 WinSock 动态链接库才能调用 WinSock 函数实现网络通信功能。加载 WinSock 动态链接库要使用 WSAStartup()函数,该函数原型如下。

```
int WSAStartup (WORD wVersionRequested, LPWSADATA lpWSAData );
```

函数参数

- wVersionRequested：该参数是一个双字节类型数值,用于指明程序中要使用的 WinSock 库的版本号,其中,高位字节指定副版本,低位字节指定主版本。早期 Windows 平台一般使用版本号是 1.1 的 WinSock1,现在常用的则是 WinSock2 的 2.2 版。指定该参数值时可使用十六进制方式给出,比如要加载 WinSock2.2 版,该值可设定为 0x0202,但更常用的方法则是使用宏 MAKEWORD(X,Y),参数 X 为副版本号,Y 为主版本号。

- lpWSAData：该参数用于返回关于使用的 WinSock 版本的详细信息,它是一个指向 WSADATA 结构体变量的指针。WSADATA 结构体的定义如下。

```
♯define WSADESCRIPTION_LEN 256
♯define WSASYSSTATUS_LEN 128
Typedef struct WSAData {
```

```
WORD wVersion; //期望程序使用的 WinSock 版本号
WORD wHighVersion; //加载的 WinSock 库所支持的最高 WinSock 版本号
char szDescription[WSADESCRIPTION_LEN+1]; //加载的 WinSock 库说明
char szSystemStatus[WSASYSSTATUS_LEN+1]; //状态和配置信息
unsigned short iMaxSockets;
    //能同时打开的 socket 的最大数(该字段被 WinSock2 及其后版本忽略)
unsigned short iMaxUdpDg;
    //可发送 UDP 数据报的最大字节数(该字段被 WinSock2 及其后版本忽略)
char FAR * lpVendorInfo;    //厂商信息(该字段被 WinSock2 及其后版本忽略)
} WSADATA;
```

函数返回值

WSAStartup()函数的返回值是一个整数,函数调用成功返回 0,如果不成功则返回如下所列的值之一,这些常量在 WinSock2.h 中定义。

- **WSASYSNOTREADY**:对应数值为 10091,表示此时 WinSock 不可用,用户应该检查是否存在适合的 Windows Sockets DLL 文件或底层网络子系统能否使用,另外,如果有多于一个的 WinSock DLL 在系统中,必须确保搜索路径中第一个 WinSock DLL 文件是当前加载的网络子系统所需要的,否则也会引发该错误。
- **WSAVERNOTSUPPORTED**:对应数值为 10092,系统当前安装的 WinSock 实现不支持应用程序指定的 WinSock 版本,用户应检查是否有旧的 Windows Socket DLL 文件正在被访问。
- **WSAEINVAL**:对应数值为 10022,表示提供了非法函数参数。
- **WSAEINPROGRESS**:对应数值为 10036,一个阻塞操作正在执行。Windows Sockets 只允许一个任务(或线程)在同一时间可以有一个未完成的阻塞操作,如果此时调用了任何函数(不管此函数是否引用了该套接字或任何其他套接字),此函数将以错误码 WSAEINPROGRESS 返回。
- **WSAEPROCLIM**:对应数值为 10067,Windows Sockets 的实现可能会限制同时使用它的应用程序的数量,如果系统中使用 WinSock 的应用程序数量已达到此限制,再调用 WSAStartup()函数加载 WinSock 库则会失败并返回该错误码。
- **WSAEFAULT**:对应数值为 10014,表示 lpWSAData 指向的地址非法。

假如一个程序要使用 2.2 版本的 WinSock,那么程序中可采用如下代码加载 WinSock 动态链接库。

```
WSADATA wsaData;
WORD wVersionRequested = MAKEWORD( 2, 2 );
if(WSAStartup( wVersionRequested, &wsaData )!= 0)
{
    //WinSock 初始化错误处理代码
    …
}
```

如果程序在没有成功加载 WinSock 动态链接库的情况下调用 WinSock API 函数,则被调函数不能成功执行,并返回错误代码 **WSANOTINITIALISED**,其对应值为 10093。

4. 注销 WinSock 动态链接库

应用程序在完成对 WinSock 动态链接库的使用后,需要解除与 WinSock 库的绑定(注销),并且释放 WinSock 库所占用的系统资源。注销 WinSock 动态链接库需要使用 WSACleanup()函数,该函数原型如下。

```
int WSACleanup (void);
```

该函数无参数,执行后将返回一个整数值,如果操作成功返回 0,否则返回 SOCKET_ERROR。常量 SOCKET_ERROR 在 Winsok2. h 中定义,其对应值为 −1。

一个程序中的每一次 WSAStartup()调用,都应该有一个 WSACleanup()调用与之对应。

3.3　网络字节顺序

前面已介绍过,计算机在存储多字节数据时存在大端字节顺序(Big Endian)和小端字节顺序(Little Endian)两种方式,对于字符编码,人们给出的编码标准中明确规定了采用的字节顺序,但对于整型数据则并不存在类似的规定,这是什么原因呢? 整型数据是最基本的数据类型,也是计算机 CPU 指令能直接处理的数据类型,之所以存在大端和小端顺序两种字节顺序,就源于 CPU 内部表示整型数据的字节顺序不同,例如,常见的 PC 上基于 X86 架构的 CPU 是小端字节顺序的,而 PowerPC 系列的 CPU 大多采用的是大端字节顺序。为了提高处理速度,整数各字节无论是在外部存储器还是在内存中,其存放顺序都必须与 CPU 一致。

无论采用的是大端顺序还是小端顺序,在网络通信中,对一台计算机所采用的字节顺序都统称为主机字节顺序。当不同字节顺序的计算机在通过网络交换数据时,如果不做任何处理,将会出现严重问题。例如,一台使用 PowerPC 系列的 CPU、运行 UNIX 的服务器发送一个 16 位数据 0x1234 到一台采用 Intel 酷睿 i5 系列 CPU 运行 Windows 7 的 PC 时,这个 16 位数据将被 Intel 的 CPU 解释为 0x3412,也就是将整数 4660 当成了 13 330。

为了解决这一问题,在编写网络程序时,规定发送端要发送的多字节数据必须先转换成与具体 CPU 无关的网络字节顺序再发送,接收端接收到数据后再将数据转换为主机字节数据。网络字节顺序采用的是大端存储方式。

在指定套接字的网络地址以及端口号时必须使用网络字节顺序,而由套接字函数返回的网络字节顺序的 IP 地址和端口号在本机处理时,则需要转换为主机字节顺序。在套接字编程接口中有专门的函数来完成网络字节顺序和主机字节顺序的转换。

1. htons()函数

该函数将一个 16 位的无符号短整型数据由主机字节顺序转换为网络字节顺序。

函数原型

```
u_short  htons (u_short  hostshort);
```

函数参数

hostshort:一个待转换的主机字节顺序的无符号短整型数据。

返回值

函数调用成功返回一个网络字节顺序的无符号短整型数。如果函数调用失败,则返回SOCKET_ERROR,进一步的出错信息可调用 WSAGetLastError()获取。

2．ntohs()函数

该函数将一个 16 位的无符号短整型数据由网络字节顺序转换为主机字节数顺序返回。

函数原型

u_short ntohs (u_short netshort);

函数参数

netshort：一个待转换的网络字节数顺序的无符号短整型数据。

返回值

函数调用成功返回一个主机字节顺序的无符号短整型数。如果函数调用失败,则返回SOCKET_ERROR,进一步的出错信息可调用 WSAGetLastError()获取。

3．htonl()函数

该函数将一个 32 位的无符号长整型数据由主机字节顺序转换为网络字节顺序返回。

函数原型

u_long htonl (u_long hostlong);

函数参数

hostlong：一个待转换的主机字节顺序的无符号长整型数据。

返回值

函数调用成功返回一个网络字节顺序的无符号长整型数。如果函数调用失败,则返回SOCKET_ERROR,进一步的出错信息可调用 WSAGetLastError()获取。

4．ntohl()函数

该函数将一个 32 位的无符号长整型数据由网络字节顺序转换为主机字节数顺序返回。

函数原型

u_long ntohl (u_long netlong);

函数参数

netlong：一个待转换的网络字节数顺序的无符号长整型数据。

返回值

函数调用成功返回一个主机字节顺序的无符号长整型数。如果函数调用失败,则返回SOCKET_ERROR,进一步的出错信息可调用 WSAGetLastError()获取。

3.4　WinSock 的网络地址表示

在 IP 网络环境下,对于一个通信进程而言,必须明确三方面信息：一是进程所在的主机 IP 地址,二是通信所采用的协议,三是所使用的协议端口号。IP 地址可以区分网络中的不同主机,协议则指明通信所使用的传输层协议是 TCP 还是 UDP,而端口号则可以用于区分同一主机中正在运行的采用同一传输层协议进行通信的不同进程。通过这三方面的信息可以唯一确定在网络中参与通信的一个进程,因此进程的网络地址可以使用三元组(协议,IP 地址,端口号)来标识。

3.4.1　地址结构

程序中可以通过套接字的不同类型来指明通信所使用的传输协议:流式套接字采用 TCP,数据报套接字采用 UDP。IP 地址和协议端口号又是如何表示的呢? 针对不同的应用环境,WinSock 定义了三种专门的地址结构来存储 IP 地址和端口号,这三种结构均继承于 BSD Socket 规范。

1. in_addr 结构

用于存储一个 IPv4 地址,结构定义如下。

```
struct in_addr
{
    union
        {
            struct{u_char s_b1,s_b2,s_b3,s_b4}S_un_b;
            struct {u_short s_w1,s_w2}S_un_w;
            U_long S_addr;
        } S_un ;
}
```

该结构只有一个共用体(union)类型的字段 S_un,专门用来存储 32 位的 IP 地址。仔细观察共用体的定义可以发现,共用体的三个成员分别如下。

(1) 由 4 个单字节字段组成的结构体变量 S_un_b,使用该成员便于分别处理 IP 地址的 4 个字节;

(2) 由 2 个双字字段组成的结构体变量 S_un_w,使用该成员可将 IP 地址的高 16 位和低 16 位分别作为无符号短整数处理;

(3) 无符号长整数变量 S_addr,使用该成员可将 IP 地址作为一个无符号长整数处理。

由于人们习惯使用点分十进制表示的 IP 地址,因此当直接为该结构类型的变量赋值时通常使用 S_un_b 成员,具体方法可参见如下代码,这段代码将 IP 地址"192.168.1.1"赋值到 in_addr 型变量 add 中。

```
struct in_addr add;
add. S_un. S_un_b. s_b1 = 192;
add. S_un. S_un_b. s_b2 = 168;
add. S_un. S_un_b. s_b3 = 1;
add. S_un. S_un_b. s_b4 = 1;
```

2. sockaddr_in 结构

用于存储 IP 地址、传输协议端口号等信息。该结构对 IP 地址和协议端口号进行了封装。结构定义如下。

```
struct sockaddr_in
{
    short sin_family;              //地址族,IP协议地址对应的值为 AF_INET
    u_short sin_port;              //16 位端口号,需使用网络字节顺序
    struct in_addr sin_addr;       //32 位 IP 地址,需使用网络字节顺序
    char sin_zero[8];              //保留不用
}
```

该结构是专门针对 TCP/IP 协议地址结构的,字段 sin_family 用于存放代表不同协议族地址的代码,TCP/IP 协议族的代码为 AF_INET,该常量在 Winsok2.h 中定义;字段 sin_port 用于存放程序通信使用的 TCP 或 UDP 端口号;sin_addr 用于存放 IP 地址,它是一个 in_addr 结构的变量;最后一个字段 sin_zero 是一个 8 字节大小的字符数组,它在 TCP/IP 协议族地址结构中没有意义,仅仅是为了与通用地址结构兼容而保留的。

3. sockaddr 结构

sockaddr 结构为通用套接字地址结构。当使用 TCP/IP 时,该结构内容与 sockaddr_in 完全相同。结构定义如下。

```
struct sockaddr
{
u_short sa_family;                //协议地址族
char sa_data[14];                 //协议地址
}
```

sockaddr 结构是为了兼容多个不同协议族的地址而设计的。事实上,不管是 BSD Sockets 规范还是 WinSock 规范,并不仅仅针对 TCP/IP 协议族,它们在设计时就考虑了要兼容现存的多个网络通信协议族,例如 IPX、NETBIOS 等,不同协议族的地址格式是完全不同的。当程序使用 TCP/IP 时,sockaddr 结构的第一个域 sa_family 应填写 AF_INET,表示 IP 协议族地址;第二个域 sa_data[14]的前两个字节是端口号,随后 4 个字节是 IP 地址,余下的 8 个字节不用。

不难看出,直接填写第二个字节还是比较复杂的,能不能找到一种简单方法为该地址结构类型的变量赋值? 答案是肯定的。再回头观察一下 sockaddr_in 结构,可以发现这两个结构存储的内容完全一致,因此,在为 sockaddr 结构的变量赋值时,可先利用 C/C++语言的强制类型转换将该结构变量的地址赋给一个 sockaddr_in 类型的指针,然后通过该指针将各项内容填入结构体变量中。具体方法参见如下代码。首先定义一个 sockaddr_in 结构类型的指针变量 p,通过强制类型转换让 p 指向 sockaddr 结构类型的变量,然后通过指针 p 可按 sockaddr_in 类型的各字段完成赋值。

```
struct sockaddr a;
struct sockaddr_in * p;
p = (sockaddr_in * ) &a;
p -> sin_family = AF_INET;
p -> sin_port = 54321;
```

```
p->sin_addr = inet_addr("192.168.1.1");
```

其中,inet_addr()函数的功能是将参数指定的点分十进制表示的IP地址转换为无符号长整型(usigned long)。

当sockaddr结构指针作为函数形参时,可以直接将sockaddr_in结构变量的地址强制转换为struct sockaddr *类型作为实参。由于很多WinSock函数都是以sockaddr结构类型的指针作为参数的,这种方法在以后的例题中会经常使用。

3.4.2　地址转换函数

点分十进制表示的IP地址是一种便于人们书写和记忆的格式,但它并不是计算机内部的IP地址表示方式,计算机内部的IP地址是以无符号长整数方式存储的。因此,在程序中,输入输出IP地址时通常是使用点分十进制表示的IP地址,而程序内部则使用无符号长整型的IP地址,这就导致程序中经常要进行IP地址不同表示形式间的转换。为了编程方便,WinSock提供了一组地址转换函数。

1. inet_addr()函数

函数原型

```
unsigned long inet_addr (const char * cp);
```

函数功能

将参数cp指向的点分十进制字符串表示的IP地址转换为32位的无符号长整型数。

函数参数

cp:指向存放有一个点分十进制表示的IP地址的字符串,当字符串的形式为"a.b.c.d"时,a、b、c、d分别代表IP地址的4个字节;当字符串形式为"a.b.c"时,a、b分别对应IP地址的高位两个字节,c对应于后两个字节;当字符串形式为"a.b"时,a被解释成IP地址的最高一个字节,而b则解释为后面的三个字节24位;当形式为"a"时,a将直接被作为网络字节顺序的二进制表示的IP地址返回。

返回值

函数调用成功后将返回一个无符号长整型数(**unsigned long**),它是以网络字节顺序表示的32位二进制IP地址,如果传入的字符串是一个非法的IP地址,返回值将是INADDR_NONE。

2. inet_aton()函数

函数原型

```
int inet_aton(const char * cp, struct in_addr * inp);
```

函数功能

将参数cp指向的点分十进制字符串表示的IP地址转换为32位的无符号长整型数,并存放于参数inp指向的in_addr结构变量中。

函数参数

- cp:与函数inet_addr的参数cp相同。

- inp：指向 in_addr 结构变量的指针，该结构变量用来保存转换后的 IP 地址。

返回值

如果这个函数成功，函数的返回值非零。如果输入地址不正确则会返回零。

3. inet_ntoa()函数

函数原型

```
char * inet_ntoa (struct in_addr in);
```

函数功能

将一个包含在 in_addr 结构变量中的长整型 IP 地址转换为点分十进制形式。

函数参数

in：是一个保存有 32 位二进制 IP 地址的 in_addr 结构变量。

返回值

函数调用成功返回一个字符指针，该指针指向一个 char 型缓冲区，该缓冲区保存有由参数 in 的值转换而来的点分十进制表示的 IP 地址字符串。如果函数调用失败，则返回一个空指针 NULL。

这三个函数来自于早期的 BSD 套接字规范，并不支持目前已逐渐普及的 IPv6 的地址转换，为了兼容 IPv6 的地址转换，新规范引入了 inet_pton()与 inet_ntop()两个函数来取代上面这三个函数。需要说明的是，这三个函数目前仍被广泛使用，因此读者也应掌握这三个函数的用法。

在 Visual C++ 2017 中使用这三个地址转换函数时，编译器将发出错误警告并停止编译，如果要关闭错误警告继续编译，需要在程序首部添加如下宏定义。

```
#define _WINSOCK_DEPRECATED_NO_WARNINGS
```

或者使用以下预处理命令：

```
#pragma warning(disable : 4996)
```

或者在项目属性中将"配置属性"-"C/C++"-"常规"中的"SDL 检查"的值设置为"否(sdl-)"。

下面介绍已逐渐流行的新的地址转换函数 inet_pton()和 inet_ntop()，需要注意，使用这两个函数时需要包含头文件 WS2tcpip.h。

4. inet_pton()函数

函数原型

```
int inet_pton(int af, const char * src, void * dst);
```

函数功能

参数 af 取值 AF_INET 时，该函数将参数 src 指向的点分十进制表示的 IPv4 地址转换为 32 位的网络字节顺序的无符号长整型数，并存放于参数 dst 指向的 in_addr 结构变量中；参数 af 取值 AF_INET6 时，该函数将参数 src 指向的冒号十六进制表示的 IPv6 地址转换为二进制 IPv6 地址，并存放于参数 dst 指向的 in6_addr 结构变量中。由于篇幅所限，本书暂不考虑 IPv6 网络编程。

函数参数

- af：使用的地址族，目前有两个取值：AF_INET 表示 IPv4，AF_INET6 表示 IPv6。
- src：指向要转换的字符串形式表示的地址。
- dst：指向用于保存转换结果的地址结构变量，IPv4 时该结构变量的类型为 in_addr，IPv6 则是 in6_addr。

返回值

如果函数执行成功将返回 1，出错将返回 -1 并将错误码设置为 EAFNOSUPPORT，如果参数 af 指定的地址族或 src 格式不对，函数将返回 0。

下面的代码是该函数的使用示例，功能是将 IP 地址"192.168.1.1"转换为无符号长整型数存放在 in_addr 型变量 a 中，然后按十六进制输出该地址。

```
in_addr a ;
if (inet_pton(AF_INET, "192.168.1.1", &a) == 1)
{
    cout << hex << ntohl(a.S_un.S_addr) << endl;    //a 中的值是按网络字节顺序存储的
}
```

5. inet_ntop()函数

函数原型

```
const char * inet_ntop(int af, const char * src, char * dst, socklen_t cnt);
```

函数功能

参数 af 取值 AF_INET 时，将参数 src 指向的 32 位的无符号长整型数表示的 IPv4 地址转换为点分十进制，并复制到参数 dst 指向的存储区中；参数 af 取值 AF_INET6 时，该函数将参数 src 指向的 128 位二进制表示的 IPv6 地址转换为冒号十六进制表示的字符串形式的 IPv6 地址，并复制到参数 dst 指向的存储区中。

函数参数

- af：使用的地址族，目前有两个取值：AF_INET 表示 IPv4，AF_INET6 表示 IPv6。
- src：指向要转换的整型数表示的地址。
- dst：指向用于保存转换结果的存储区。
- cnt：dst 所指向的缓存区的大小。

返回值

如果函数执行成功将返回存储转换结果的缓冲区的首地址，否则返回 NULL。

下面的代码演示了 inet_ntop()函数的使用方法。

```
in_addr a ;
char b[20];
a.S_un.S_addr = htonl(0xc0a80101);
if (inet_ntop(AF_INET, &a, b, sizeof(b))!= NULL)
{
    cout << b << endl;
}
```

3.5 WinSock 的错误处理

WinSock 函数在执行结束时都会返回一个值,如果函数执行成功,对那些需要返回函数执行结果的函数通常返回值就是执行结果(该结果一般是用户程序所需要的),而对无执行结果的函数,例如 WSACleanup()函数,则返回 0;如果函数执行不成功,则绝大多数函数都会返回 SOCKET_ERROR,虽然通过该返回值可以知道函数调用不成功,但无法判断函数不能成功执行的原因,此时调用 WinSock 提供的 WSAGetLastError()函数可解决该问题。

使用 WSAGetLastError()函数可获取上一次 WinSock 函数调用时的错误代码。该函数的函数原型如下。

```
int WSAGetLastError(void);
```

函数的返回值是一个整数,它是上一次调用 WinSock 函数出错时所出错误对应的错误代码。由于引起 WinSock 函数调用出错的原因很多,为了便于编写出界面友好的应用程序和方便编程者调试程序,WinSock 规范列举出了所有的出错原因,并给每一种原因定义了一个整数类型(int)的编号,该编号被称作**错误码**。在头文件 Winsok2.h 和 WinSock.h 中对每一个错误码都定义了一个对应的符号常量。例如,当客户程序使用流式套接字试图与远程服务器建立连接,而远程服务器并没有响应(可能是服务器软件没有启动),这时客户程序中的 connect()函数调用将会出错,其错误码为 10061,对应的符号常量为 WSAECONNREFUSED。一些常见的错误码及其含义请参见本书的附录。

WinSock 还允许用户使用 WSASetLastError()自己设置 WSAGetLastError()返回的错误码,该函数原型如下:

```
void WSASetLastError(int iError);
```

该函数无返回值,参数 iError 是用户自己设置的错误码,该错误码将被程序后面调用的 WSAGetLastError()函数返回(如果有的话)。

3.6 网络配置信息查询

在编写网络程序时,有时需要获取计算机的名字、IP 地址以及网络服务或是网络协议的相关信息等,为了实现这一目的,WinSock 提供了一系列函数来帮助应用程序完成相应的信息查询操作。

3.6.1 主机名字与 IP 地址查询

1. gethostname()

该函数用来查询本地计算机主机名字。

函数原型

```
int gethostname(char * name, int namelen)
```

函数参数

- name：指向用于存放主机名字的缓冲区，就是一个字符数组。
- namelen：是缓冲区的大小，也就是字符数组 name 的大小。

返回值

函数调用成功则返回 0；函数调用失败，则返回 SOCKET_ERROR，进一步的出错信息可调用 WSAGetLastError() 获取。

2. gethostbyname()

该函数可根据主机名字(或 DNS 域名)查询主机的 IP 地址等信息，该查询操作就是通常所谓的"域名解析"。

函数原型

```
struct hostent * gethostbyname(const char * name);
```

函数参数

name：指向主机名字的字符指针(字符串)，该名字除了可以是本机的名字外，还可以是网络上任意一台主机的域名(DNS)。

返回值

如果函数调用成功，将返回一个指向 hostent 结构的指针；如果函数调用失败，将返回一个空指针 NULL，调用 WSAGetLastError() 可获取引起函数失败的错误代码。

返回指针指向的 hostent 结构由系统维护，该结构随线程的终结而消亡。应用程序不应该试图修改这个结构或者释放它的任何部分。hostent 结构包含对应给定主机名的 IP 地址等信息，其定义如下。

```
struct hostent
{
    char    * h_name;         //主机的规范名
    char    ** h_aliases;     //指向主机的别名列表
    int     h_addrtype;       //主机 IP 地址的类型(如 AF_INET 表示 IPv4)
    int     h_length;         //主机 IP 地址的长度(4)
    char ** h_addr_list;      //主机 IP 地址列表(网络字节顺序)
};
```

其中，字符指针 h_name 指向主机的正规名字；指向字符数组的指针 h_aliases 指向的是一个以空指针结尾的可选主机名队列；h_addrtype 保存主机地址的类型，对于 Windows Sockets 来说，其值总是 AF_INET；h_length 是每个地址的长度(字节数)，对应于类型 AF_INET 来说，这个域的值为 4；指针 h_addr_list 指向的是一个以空指针结尾的主机地址的列表，列表中的地址是以网络字节顺序排列的。

由于 gethostbyname() 并不支持 IPv6 地址，因此新版规范中引入了该函数的替代版本 getaddrinfo()。同 inet_pton() 与 inet_ntop() 一样，在 Visual C++ 2017 中使用 gethostbyname() 也需要关闭错误警告才能进行编译，关闭方法与使用 inet_aton() 函数时完全一样。

3. getaddrinfo()

该函数用于从主机名字(或 DNS 域名)查询主机的 IP 地址，也可以根据服务名查询端口号,它是协议无关的,既可以用于 IPv4,也可用于 IPv6。与 inet_pton() 和 inet_ntop() 函数一样,程序中使用 getaddrinfo() 函数时也需要包含头文件 WS2tcpip.h。

函数原型

```
unsigned int getaddrinfo( const char * pNodeName, const char * pServiceName,
                          const struct addrinfo * pHints, struct addrinfo * * ppresult );
```

函数参数

- pNodeName:指向主机名字的字符指针(字符串),该名字除了可以是本机的名字外,还可以是网络上任意一台主机的域名(DNS),也可以是 IPv4 的点分十进制地址串或者 IPv6 的十六进制地址串。
- pServiceName:指定要查询端口号的服务名称或字符串形式的端口号,可以是 ASCII 形式的十进制数值表示的端口号,也可以是已定义的服务名称,如 ftp、http 等。
- pHints:指向某个 addrinfo 结构体的指针,该结构用于填写关于期望返回的信息类型的线索。例如,查询服务的端口号时,若指定的服务既使用 TCP 也使用 UDP,把 hints 结构中的 ai_socktype 成员设置成 SOCK_DGRAM 则函数将仅返回数据报套接字的信息。若不需要提供任何线索时,该参数可以为 NULL。
- ppresult:该参数是一个指向 addrinfo 类型的指针变量的指针,它所指向的指针变量用于保存作为函数查询结果的一个 addrinfo 结构体链表的头指针。

返回值

函数调用成功返回 0,函数调用失败将返回一个标识失败原因的 WinSock 错误代码,部分错误码的含义可参见附录。

函数的查询结果保存在一个元素类型为 struct addrinfo 的链表中,该链表由系统维护,函数只返回该链表的头指针保存于参数 ppresult 所指向的指针变量中。struct addrinfo 结构体类型的定义如下。

```
typedef struct addrinfo {
    int ai_flags;
    int ai_family;
    int ai_socktype;
    int ai_protocol;
    size_t ai_addrlen;
    char * ai_canonname;
    struct sockaddr * ai_addr;
    struct addrinfo * ai_next;
} ADDRINFOA, * PADDRINFOA;
```

各成员的含义如下。

- ai_flags:标志。较少使用,在此不做解释,感兴趣的读者可自行查阅相关资料。
- ai_family:地址族,AF_INET 表示 IPv4,AF_INET6 表示 IPv6,AF_UNSPEC 表示协议无关。
- ai_socktype:套接字类型,取值为 SOCK_STREAM、SOCK_DGRAM 等。
- ai_protocol:协议类型,取值为 IPPROTO_IP, IPPROTO_IPV4, IPPROTO_UDP, IPPROTO_TCP 等。

- ai_addrlen：成员 ai_addr 指向的地址缓冲区的长度。
- ai_canonname：主机的规范名。
- ai_addr：指向 sockaddr 结构变量的指针。
- ai_next：addrinfo 结构类型的指针。在一个 addrinfo 结构体变量构成的链表中，ai_next 指向链表中的下一个 addrinfo 结构，链表中最后一个结构变量的 ai_next 应设置为 NULL。

4. gethostbyaddr( )

该函数可根据传入的 IP 地址查询与该 IP 地址相对应的信息。

函数原型

```
struct hostent * gethostbyaddr(const char * addr, int len, int type);
```

函数参数

- addr：指向网络字节顺序 IP 地址的指针。
- len：地址的长度，在 AF_INET 类型地址中为 4。
- type：IPv4 地址对应的类型为 AF_INET。

返回值

如果函数调用成功，则函数返回一个指向 hostent 结构的指针；如果函数调用失败，将返回一个空指针 NULL，调用 WSAGetLastError( )可获取引起函数失败的错误代码。

例 3.1　使用 gethostname( )函数以及 getaddrinfo( )函数查询本机的主机名称及 IPv4 地址。

```cpp
# include < iostream >
# include "WinSock2. h"                      //包含 WinSock 库头文件
# include "ws2tcpip.h"
# pragma comment(lib, "ws2_32.lib")          //链接 WinSock 导入库
using namespace std;
int main(int argc, char ** argv)
{
  / *** 加载 WinSock DLL *** /
  WSADATA wsaData;
  if (WSAStartup(MAKEWORD(2, 2), &wsaData) != 0)
  {
      cout << "加载 WinSock DLL 失败!\n";
      return 0;
  }
  char hostname[256];                        //用于存放获取的本机名称或输入的远程主机域名
  if (gethostname(hostname, sizeof(hostname)))  //获取本机名字
  {
      cout << "获取主机名字失败!\n" << endl;
      WSACleanup();
      return 0;
  }
  cout << "本机名字为: " << hostname << endl;
  / * 根据主机名字查询主机的 IPv4 地址 * /
```

```
struct addrinfo hints, * p_addrinfo, * p;
memset(&hints,0, sizeof(hints));
hints.ai_family = AF_INET;                  //只查询 IPv4 地址
unsigned int retval = getaddrinfo(hostname, NULL, &hints, &p_addrinfo);
if (retval != 0) {
    printf("getaddrinfo failed with error: % d\n", retval);
    WSACleanup();
    return 1;
}
/ *** 输出 IP 地址 *** /
p = p_addrinfo;
cout << "本机 IP 地址: " << endl;
char ipaddr[20];
in_addr addr;
while (p != NULL)
{
    addr = ((sockaddr_in * )(p->ai_addr))->sin_addr;
    cout << inet_ntop(AF_INET, (void * )&addr, ipaddr, 20) << endl;
    p = p->ai_next;
}
WSACleanup();
return 0;
}
```

如果不查询主机地址,而是直接从键盘输入因特网上某网站服务器的域名到字符数组 hostname 中,比如输入山东农业大学的 Web 服务器地址 www.sdau.edu.cn,则可解析出该主机的 IP 地址。作为练习,请读者自己将该程序的功能改为输入主机域名输出相应服务器的 IP 地址。

3.6.2 服务查询

服务器通常都能提供多种不同的服务,比如 Web 服务、FTP 文件服务、Telnet 虚拟终端等,每种服务都要使用 TCP 或是 UDP 在一个知名端口号上侦听客户发来的服务请求。WinSock 提供了一组函数可以查询本机上所提供的服务、协议及端口号,程序中可以使用这些函数来获得服务对应的端口,或者是获得正在使用指定端口的服务。在这里,服务的名称通常是对应服务器程序的名称。

1. getservbyname()

该函数根据给定的服务名和所使用的协议名获取服务的端口号等信息。

函数原型

```
struct servent * getservbyname(const char * name, const char * proto);
```

函数参数

- name:一个指向服务名的指针。
- proto:指向协议名的指针(可选)。如果这个指针为空,getservbyname()返回第一

个 name 与 s_name 或者某一个 s_aliases 匹配的服务条目。否则，getservbyname()
对 name 和 proto 都进行匹配。

返回值

函数调用成功，函数将返回一个指向 servent 结构的指针，该结构由 WinSock 创建并管理，应用程序不能修改或者释放它的任何部分；函数调用不成功，将返回一个空指针 NULL，调用 WSAGetLastError()可获得到引起函数失败的错误所对应的错误码。servent 结构的声明如下：

```
struct servent {
    char  *  s_name;               //服务名
    char  **  s_aliases;           // 一个以空指针结尾的服务别名队列
    Short  s_port;                 //连接该服务所需的端口号，以网络字节顺序排列
    char  *  s_proto;              //连接该服务所用的传输协议名
};
```

该结构中 s_proto 所指向的传输协议名通常为 TCP 的协议名"TCP"或 UDP 的协议名称"UDP"。

2. getservbyport()

该函数根据给定的协议和端口号查询服务名称等信息。

函数原型

```
struct servent  *  getservbyport(int port, const char  *  proto);
```

函数参数

* port：给定的端口号，以网络字节顺序排列。
* proto：指向传输协议名的指针，可以为空指针。传输协议名通常为 TCP 或 UDP。如果为空指针，函数返回第一个端口号与 port 匹配的服务条目。否则返回端口号与 port 以及传输协议名与 proto 都匹配的服务条目。

返回值

如果函数调用成功，将返回一个指向 servent 结构的指针，该结构由 WinSock 创建并管理，应用程序不能修改或者释放它的任何部分；如果函数调用不成功，将返回一个空指针 NULL，调用 WSAGetLastError()可获得引起函数失败的错误所对应的错误码。

例3.2　显示本机上所有的使用 TCP 的服务的名称及端口号。

```
# include "WinSock2.h"
# include "iostream"
# pragma comment(lib, "ws2_32.lib")
using namespace std;
int main(int argc, char ** argv)
{
    /*** 加载 WinSock DLL ***/
    WSADATA wsaData;
    if (WSAStartup(MAKEWORD(2, 2), &wsaData) != 0)
    {
        cout << "加载 WinSock DLL 失败!\n";
```

```
        return 1;
    }
    /***根据 TCP 端口号查询服务***/
    struct servent * pServer;
    cout <<"本机运行的使用 TCP 的服务:"<< endl;
    for(int i = 1;i < 65535;i++)
    {
        pServer = getservbyport(htons(i), "TCP"); //获取使用 TCP 的端口号为 i 的服务信息
        if(pServer!= NULL)                         //输出服务名称及端口号
            cout <<"服务:"<< pServer - > s_name <<" 端口:"<< ntohs(pServer - > s_port)<< endl;
    }
    //注销 WinSock DLL
    WSACleanup();
    return 0;
}
```

3.6.3　协议查询

因特网的每一个协议都有一个正式的名字,比如 IP、ICMP、TCP 等,但在网络内部,协议并不是使用它们的名字标识的,而是使用分配给它们的一个唯一编号来表示的,比如 IP 的编号为 0,ICMP 的编号为 1,TCP 的编号为 6 等。因特网协议的编号是由 IANA 统一管理的,它是一个范围在 0~255 的整数。

协议的名字主要为了便于人们阅读,而协议的编号则有利于计算机处理。WinSock 提供了两个函数 getprotobyname()和 getprotobynumber()来帮助程序完成协议名字和编号之间的转换。

1. getprotobyname()

根据协议的名字查询相应的协议编号等信息。

函数原型

```
struct protoent * getprotobyname(const char * name);
```

函数参数

name:一个指向协议名的指针。

返回值

函数调用成功,将返回一个指向 protoent 结构的指针,该 protoent 结构由 WinSock 创建并管理,应用程序不能修改或者释放它的任何部分;函数调用失败则返回一个空指针,应用程序可以通过 WSAGetLastError()来获取错误代码。

protoent 结构的声明如下:

```
struct protoent {
    char p_name;                    //正规的协议名
    char ** p_aliases;              //一个以空指针结尾的可选协议名队列
    short p_proto;                  //主机字节顺序的协议号
};
```

例如,查询 UDP 的协议号可用如下代码实现。

```
struct protoent * pProto;
pProto = getprotobyname("UDP");
cout << "UDP 的协议编号为: " << pProto->p_proto << endl;
```

2. getprotobynumber()

根据协议号查询协议的名字等信息。

函数原型

```
struct protoent * getprotobynumber(int number);
```

函数参数

number：一个以主机字节顺序排列的协议号。

返回值

函数调用成功,将返回一个指向 protoent 结构的指针,该 protoent 结构由 WinSock 创建并管理,应用程序不能修改或者释放它的任何部分; 函数调用失败则返回一个空指针,应用程序可以通过 WSAGetLastError() 来获取错误代码。

例 3.3　显示本机运行的所有因特网协议的名称及相应的协议号。

```
# include "iostream"
# include "WinSock2.h"
# pragma comment(lib, "ws2_32.lib")
using namespace std;
int main(int argc, char ** argv)
{
    WSADATA wsaData;
    if (WSAStartup(MAKEWORD(2, 2), &wsaData) != 0)
    {
        cout << "加载 WinSock DLL 失败!\n";
        return 1;
    }
    struct protoent * pProto;
    for (int i = 0; i <= 255; i++)
    {
        if ((pProto = getprotobynumber(i)) != NULL)
            cout << "协议名:" << pProto->p_name << " 编号:" << pProto->p_proto << endl;
    }
    WSACleanup();
    return 0;
}
```

3.6.4　异步信息查询函数及其编程方法

前面所介绍的函数都与标准的 Berkeley 套接字函数兼容,当函数调用后,如果函数的功能没有执行完成,函数是不会返回的,紧跟在这些函数调用之后的语句在函数未返回前是无法执行的。如果一个函数要完成其功能需要花费较长时间,则应用程序也只能在这个函数上等待而不能执行其他操作(这种情况称为阻塞),一直到函数完成功能返回或者函数出错返回。套接字函数的这种工作模型被称为同步模型。

与同步模型所对应的是异步模型,这里所谓的"异步",也就是指函数启动了规定的任务后立即返回调用方,并返回一个用来标识所启动任务的异步任务句柄。

为了适应 Windows 的消息驱动机制,同时也可以解决同步模型中那些耗时较多的套接字函数所引起的程序执行效率低的问题,WinSock2 引入 Windows 的消息机制对近二十个套接字函数进行了扩展,就是所谓的异步扩展,扩展后的函数都以"WSA"开头。

在扩展后的"异步"模型中,套接字函数通常只是启动一个任务并向 Windows 系统注册一条消息后就立即返回,尽管所启动的任务还没有完成。函数返回后应用程序可以执行其他操作。当异步函数所启动的任务完成时,Windows 系统就会向应用程序发送那条函数注册的消息,收到消息后,应用程序就可以根据任务完成的结果继续下一步的操作。

下面以 gethostbyname() 函数的异步扩展版本 WSAAsyncGetHostByName() 函数为例,介绍 WinSock2 的异步函数的格式以及编程方法。

与 gethostbyname() 函数一样,WSAAsyncGetHostByName() 函数的功能是根据主机域名获取主机的 IP 地址等主机信息。函数被调用时,如果给定的参数均有效,该函数将初始化并启动查询操作后立即返回,返回值是异步任务句柄。在多数情况下,应用程序应该保存返回的句柄,它主要有两个用途:一是区分不同的查询操作,主要用于应用程序发起了多个查询操作时,可以根据该句柄判断到底是哪一个查询操作完成了;二是要取消该异步任务时使用,如果应用程序成功调用了该函数后,在规定的时间内一直没收到完成的消息,那么可通过该句柄调用 WSACancelAsyncRequest() 取消该操作。

WSAAsyncGetHostByName() 函数的格式如下。

```
HANDLE WSAAsyncGetHostByName(
HWND hWnd,
unsigned int wMsg,
const char FAR * name,
const char FAR * buf,
int buflen
);
```

函数参数

- hWnd:是一个窗口句柄,表示异步请求完成时应该收到本函数发出的消息的窗口。
- wMsg:当异步请求完成时,hWnd 代表窗口将要收到的消息,一般是用户自定义的消息。
- name:指向主机的名字的字符指针(字符串),主机名字既可以是本机的名字,也可以是网络上任意一台主机的域名(DNS)。
- buf:接收 hostent 数据结构的数据区指针,该指针指向的数据区必须要比 hostent 结构所占用的存储空间大,这是因为该缓冲区不仅要容纳一个 hostent 结构,而且 hostent 结构所有成员所引用的所有数据也要保存在该存储区内。建议用户提供一个 MAXGETHOSTSTRUCT 字节大小的缓冲区。
- buflen:buf 所指缓冲区的大小。

返回值

函数返回值为函数所启动的异步查询任务句柄。

如果函数启动的异步查询任务执行成功,则将主机名和地址信息复制到 buf 缓冲区中,同时向句柄为 hWnd 的应用程序窗口发送消息 wMsg。

消息的 wParam 参数包含 WSAAsyncGetHostByName()函数在调用时返回的异步任务句柄。

消息的 lParam 参数的高 16 位包含着错误代码,如果成功该错误代码为 0,若该错误代码为 WSAENOBUFS,则说明 buflen 指出的缓冲区太小了,此时,lParma 的低 16 位为实际所需缓冲区的大小。获取错误代码和 lParma 的低 16 位值可使用如下的宏。

```
WSAGETASYNCERROR(lParma);
WSAGETASYNCBUFLEN(lParma);
```

函数的返回值指出异步操作是否成功启动,但并不能表明异步操作是否成功执行。若操作启动成功,返回该异步请求任务的句柄(一个 HANDLE 类型的非 0 值)。如果启动不成功则返回 0,此时调用 WSAGetLastError()可获取引起启动失败的错误代码。

需要特别说明,WSAAsyncGetHostByName()函数现在已不被提倡使用,在 Visual C++ 2017 中使用该函数时,编译器将发出错误警告并停止编译,如果要关闭错误警告继续编译,可以在项目属性中将"配置属性"-"C/C++"-"常规"中的"SDL 检查"的值设置为"否(sdl-)",或者在主对话框类的头文件中,在类定义之前添加:

```
#pragma warning(disable : 4996)
```

通过上面函数的介绍,可以知道,在使用异步套接字函数编程时:

(1) 程序必须有至少一个窗口,用于接收异步任务完成时发送给程序的消息;

(2) 必须为应用程序添加一条自定义消息,用于函数调用时作为参数与函数所启动的异步任务相关联;

(3) 需要编写该自定义消息的消息处理函数,用于处理任务完成后返回的结果。

下面的例题演示了使用 WSAAsyncGetHostByName()函数编程的方法。

例 3.4　编写程序查询本机的主机名称及 IP 地址。要求使用 WSAAsyncGetHostByName()函数。程序的运行界面如图 3.2 所示。

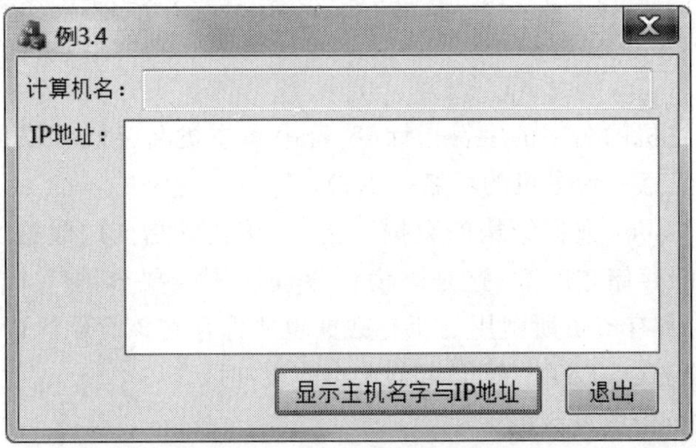

图 3.2　例 3.4 的程序界面

程序编写步骤如下。

(1) 使用 MFC 应用程序向导创建一个基于对话框的应用程序框架,取该项目名称为 "Example3.4";创建项目过程中需要选中"Windows 套接字"复选框,因为该项目中要调用 WinSock 函数。

调整对话框上原有的一个静态文本控件(ID_STATIC1)和两个命令按钮(IDOK、IDCANCLE)的位置,并添加一个静态文本框(ID_STATIC2)、一个编辑框(IDC_EDIT1)和一个列表框 ListBox(IDC_LISTBOX1),调整它们的布局如图 3.2 所示,并按表 3.1 给出的值设置相应控件的 Caption 属性。

表 3.1　例 3.4 各控件的属性设置

控件的 ID	Caption 属性	Read Only 属性
ID_STATIC1	计算机名	无
ID_STATIC2	IP 地址	无
IDC_EDIT1	无	True
IDOK	显示主机名字与 IP 地址	无
IDCANCLE	退出	无

(2) 编辑框(IDC_EDIT1)和列表框 ID_LISTBOX1 添加 Control 类别的控件变量。在主对话框的"对话框资源编辑器"中右击编辑框(IDC_EDIT1),在弹出菜单中单击"添加成员变量"按钮,在弹出的"添加成员变量窗口"中,输入成员变量名称为"m_sName",类别设为默认的 Control,变量类型保持默认值,单击"确定"按钮,成员变量添加完成。

按照同样方法为列表框 ID_LISTBOX1 添加 Control 类别的控件变量 m_CtrListIP。

(3) 由于 WSAAsyncGetHostByName()函数需要一个字符类型的缓冲区存放返回的 hostent 结构及 hostent 结构的成员引用的所有数据,因此调用该函数前需要事先定义该缓冲区。定义该缓冲区可直接在头文件 Example3.4Dlg.h 的类定义中添加如下代码。

```
char buf[MAXGETHOSTSTRUCT];
```

其中,MAXGETHOSTSTRUCT 是一个常量,表示存放 hostent 结构及相关数据最多所需要的存储空间大小。

(4) 如果在使用"应用程序向导"创建该程序框架时,没有在"高级功能"窗口中选择 "Windows 套接字"复选框,则需要手动添加 WinSock 动态链接库的加载代码。在 Example3.4Dlg.cpp 中的类成员函数 BOOL CExample34Dlg::OnInitDialog()中添加如下代码。

```
WORD wVersionRequested;
WSADATA wsaData;
wVersionRequested = MAKEWORD(2,2);          //生成版本号 2.2
if(WSAStartup(wVersionRequested,&wsaData)!= 0) return false ;
```

如果已选中"Windows 套接字"复选框,则不需要该步骤。

(5) 添加命令按钮的消息处理函数。

打开主对话框资源编辑器,双击对话框资源编辑器中的"确定"按钮,在打开的代码资源编辑器中就会看到"确定"按钮的 BN_CLICKED 消息的处理函数已被添加进来了,按如下所示代码添加该函数所要完成的功能。

```
void CExample34Dlg::OnBnClickedOk()
{
    // TODO: 在此添加控件通知处理程序代码
    char hostname[32];
    if( gethostname(hostname,sizeof(hostname))) //获取主机名
    {//如果出错,在窗口中的静态文本框 ID_STATIC2 上显示出错信息
        m_sName.SetWindowTextW(_T("gethostname calling error\n"));
                        //本例使用的是 Unicode 编码,若使用 ANSI 编码需用 SetWindowTextA()方法
    }
    else
    {
        CString a(hostname);
        m_sName.SetWindowTextW(a);          //在静态文本框 ID_STATIC2 上显示计算机名
        WSAAsyncGetHostByName(this->GetSafeHwnd(), MY_MESSAGE, hostname,
                                buf, sizeof(buf)); //启动获取主机信息的异步事件
    }
}
```

该函数首先调用 gethostname()函数获取主机名,然后 WSAAsyncGetHostByName()获取主机的 IP 地址信息并发送自定义消息 MY_MESSAGE。

在上述代码中,WSAAsyncGetHostByName()函数的第二个参数 MY_MESSAGE 是用户自定义的消息,获取主机网络信息的异步任务执行完后将发送该消息,该消息将由第一个参数指定的窗口(在这里为本对话框)处理。在本程序中,希望主对话框即 OnBnClickedOk()所属的对话框捕获并处理 WSAAsyncGetHostByName()函数在获取主机网络信息的异步任务完成后所发送的通知消息 MY_MESSAGE,因此 WSAAsyncGetHostByName()的第一个参数应为 OnBnClickedOk()函数所属的对话框的句柄。获取本对话框的窗口句柄可以用 this->GetSafeHwnd()函数。

(6) 添加自定义消息 MY_MESSAGE 的处理程序。

首先在文件 Example3.4Dlg.h 的类定义前添加如下代码来定义一个消息。

```
#define MY_MESSAGE          WM_USER + 100
```

启动 MFC 类向导,选择类名为 CExample34Dlg,选择"消息"选项卡,单击位于"消息"选项卡下部的"添加自定义消息"按钮,弹出"添加自定义消息"对话框,在"消息"文本框中输入"MY_MESSAGE",消息处理程序名称采用默认的 OnMyMessage。单击"确定"按钮返回。

单击 MFC 类向导中的"编辑代码"按钮,在打开的 Example3.4Dlg.cpp 中的成员函数 afx_msg LRESULT CExample34Dlg::OnMyMessage()中添加相应代码,得到如下函数。

```
afx_msg CExample34Dlg ::OnMyMessage(WPARAM wParam, LPARAM lParam)
{
    struct hostent * hptr;
    CString mtempstr;           //用于临时保存点分十进制表示的 IP 地址的字符串变量
    hptr = (struct hostent * )&buf;
    char ** pptr;
    pptr = hptr->h_addr_list;
    int itemCount = m_CtrListIP.GetCount(); //获取列表框控件显示内容的条数
    for(int i = 0;i < itemCount;i++)
    m_CtrListIP.DeleteString(0);            //清空列表框
```

```
for(; * pptr!= NULL;pptr++)
{    //读取 IP 地址并转换为点分十进制格式后添加到列表框中
     mtempstr = inet_ntoa( * (struct in_addr * )( * pptr));
     m_CtrListIP.AddString(mtempstr) ;
}
return 0;
}
```

该函数在窗口收到自定义消息 MY_MESSAGE 后执行,其主要功能是在窗口的列表框中显示计算机的所有 IP 地址。MY_MESSAGE 消息是由 OnBnClickedOk()函数调用的 WSAAsyncGetHostByName()函数发出的,该函数在发出消息前,已获取了本机的 IP 地址等相关信息并存入了 buf 指向的缓冲区中。因此该函数所做的工作就是从 buf 中读出有关信息,并根据这些信息将 IP 地址显示在列表框中。

由于 WSAAsyncGetHostByName()函数参数类型的要求,buf 被定义成了字符数组类型,直接读取其中的相关信息并不方便。但是,buf 指向的数据区的最前面包含一个 hostent 结构,通过该 hostent 结构的成员就可以访问网络的 IP 地址等信息。因此,函数中先定义一个 struct hostent 类型的指针 hptr,并使该指针指向 buf 的首地址,通过该指针就可以访问 buf 中的 hostent 结构,进而通过 hostent 结构中的 IP 地址列表指针 h_addr_list 就可以读取网络 IP 地址了。

(7) 为了能让 Visual C++ 2017 忽略对 WSAAsyncGetHostByName()函数的警告而顺利编译,在项目属性中将"配置属性"-"C/C++"-"常规"中的"SDL 检查"的值设置为"否(sdl-)"。

至此,该程序就完成了。编译并运行便可显示如图 3.2 所示的程序界面,单击"显示主机名字与 IP 地址"命令按钮,便在文本框中显示本机的计算机名与本机的 IP 地址。

除 了 WSAAsyncGetHostByName ( ) 函 数 外,WinSock 还 包 括 gethostbyaddr ( )、getservbyname()、getservbyport()、getprotobyname()、getprotobynumber()等函数的异步扩展版本,它们的函数原型及使用方法与 WSAAsyncGetHostByName()相似,需要学习的读者可查看 Visual Studio 的帮助文档,这里不再一一举例说明。

习题

1. 选择题

(1) 在 Visual C++程序设计中,通常使用 WinSock 2.2 实现网络通信的功能,则需要引用的头文件为(   )。

    A. Winsock. h   B. winsock2. h   C. winsock22. h   D. winsock2. 2. h

(2) WinSock2 的开发组件不包括(   )。

    A. 头文件是 WinSock2. h   B. 导入库文件 Ws2_32. lib

    C. Windows Sockets 实现文档   D. WinSock 动态链接库

(3) 运行在不同系统平台上的进程间交换数据时,(   )。

    A. 数据中的整数需要转换为网络字节顺序,浮点数和汉字则不需要

B. 数据中整数和汉字需要转换为网络字节顺序,浮点数则不需要

C. 数据中整数和浮点数需要转换为网络字节顺序,汉字则不需要

D. 数据中整数、浮点数和汉字均需要转换为网络字节顺序

(4) 以下叙述错误的是(　　　)。

A. in_addr 结构中的 IP 地址是网络字节顺序存储的

B. in_addr 结构可以同时存储 3 种不同方式表示的 IPv4 地址

C. sockaddr_in 结构变量可以保存地址族、端口号和 IP 地址三种地址信息

D. sockaddr_in 结构变量与 sockaddr 结构变量中存储的内容与顺序完全一致

(5) 一个进程要想将数据发送给网络上的另一进程必须要知道对方的网络进程地址,网络进程地址包括(　　　)。

A. IP 地址、端口号　　　　　　　　　　B. IP 地址、传输层协议、端口号

C. IP 地址、进程号　　　　　　　　　　D. 进程号

(6) 可以将 in_addr 结构中的 IP 地址转换为点分十进制字符串方式的函数是(　　　)。

A. inet_addr()　　　B. inet_aton()　　　C. inet_ntoa()　　　D. ntohs()

(7) 下面能实现把端口号从本机字节顺序转换到网络字节顺序的函数是(　　　)。

A. htons()　　　　B. htonl()　　　　C. ntohl()　　　　D. ntohs()

(8) 为了解决在不同体系结构的主机之间进行数据传递可能会造成歧义的问题,以下常用来对双字节或者四字节数据进行字节顺序转换的函数是(　　　)。

A. htons()/htonl()/ntohs()/ntohl()

B. inet_addr()/inet_aton()/inet_ntoa()

C. gethostbyname()/gethostbyaddr()

D. (struct sockaddr *)&(struct sockaddr_in 类型参数)

(9) 关于 getaddrinfo()函数,下列叙述不正确的是(　　　)。

A. 可以通过本地主机名称或 DNS 域名来查询相应主机的 IP 地址等信息

B. 使用该函数必须包含头文件

C. 可以完全取代 gethostbyname()函数的功能

D. 返回值为保存查询结果的 struct addrinfo 结构变量的指针 WS2tcpip.h

(10) 异步查询函数 WSAAsyncGetHostByName()成功执行并返回后,(　　　)。

A. 会将本地主机的 IP 地址等信息存放在函数参数指定的存储区中

B. 会发送消息给指定窗口,通知窗口处理查询到的结果

C. 会返回一个指向 hostent 结构变量的指针

D. 只是初始化并启动了一个异步查询任务,查询任务并没有完成

2. 填空题

(1) 套接字编程接口源于美国加州大学伯克利分校开发推广的一个包括 TCP/IP 的操作系统_____,它是该操作系统提供给其用户的网络应用程序编程接口。

(2) WinSock API 函数中的 Windows 扩展函数,函数名都以_____为前缀,主要是为了便于程序员充分利用 Windows 的消息驱动机制编程而提供的。

(3) 在程序中链接 WinSock2 导入库 Ws2_32.lib 使用的编译预处理命令是_____。

(4) 当程序使用完 WinSock.dll 提供的服务后,应用程序应调用_____函数,来解除与 WinSock.dll 库的绑定,释放 WinSock 实现分配给应用程序的系统资源。

（5）inet_aton()函数的功能是将其第一个参数指向的点分十进制字符串表示的 IP 地址转换成_____,存放在第二个参数指向的 in_addr 结构中。

（6）函数 inet_addr()的原型为：

```
unsigned long inet_addr(const  char * cp);
```

其参数 cp 指向的是一个点分十进制字符串表示的 IP 地址,该函数如果调用成功,则其返回值是_____。

（7）函数 WSAGetLastError()的返回值是一个整数,该整数是上一次 WinSock 函数调用出错时的_____。

（8）语句 struct hostent * hptr = gethostbyname("www. sdau. edu. cn");的功能是_____。如果使用 getaddrinfo()函数实现该功能,则相应的语句为_____。

（9）执行下列程序代码的输出结果是_____。

```
in_addr a ;
a.S_un.S_addr = htonl(0xc0a8021a);
char ip[20];
cout << inet_ntop(AF_INET, &a, ip, sizeof(ip))<< endl;
```

（10）语句 inet_pton(AF_INET,"192.168.1.1",&a)的功能是_____;其中变量 a 的类型为_____。

3. 简答题

（1）如果系统支持 WinSock2,编程时能否使用头文件 Winsock. h 和导入库 Wsock32. lib? 为什么?

（2）将 WinSock 导入库链接到应用程序有哪两种方式? 如何操作?

（3）sockaddr_in 结构与 sockaddr 结构有何异同? 当使用 TCP/IP 时,如何为 sockaddr 结构变量赋值? 举例说明。

（4）由于网络原因,调试程序时发送数据总是不成功,问采用何种方法可找出发送数据不成功的具体原因?

（5）什么是网络字节顺序? 当网络通信程序在发送整数时为什么应该使用网络字节顺序?

4. 编程题

（1）编写一个控制台应用程序,调用 gethostname()和 gethostbyname()函数,查询并显示本机的主机名称及 IP 地址。

（2）编写一个控制台应用程序,查询并显示 TCP 和 UDP 的协议编号。

实验 2 查询主机网络配置信息

一、实验目的

（1）掌握 WinSock 动态链接库的加载和注销方法;

（2）熟悉并掌握 gethostname()、getaddrinfo()、getservbyname()、getservbyport()、getprotobyname()、getprotobynumber()等函数的功能及用法;

（3）掌握使用异步信息查询函数的编程方法。

二、实验设备及软件

运行 Windows 系统的计算机，Visual Studio 2017（已选择安装 MFC）。

三、实验内容

（1）编写一个控制台应用程序，查询并显示本机运行的所有因特网协议的名称及相应的协议号。

（2）编写一个控制台应用程序，从键盘输入一远程主机的 DNS 域名，使用 getaddrinfo()函数解析该主机的 IP 地址。

（3）编写一个控制台应用程序，调用 getprotobyname()，查询并显示 TCP 和 UDP 的协议编号。

（4）编写一个对话框应用程序，程序界面如图 3.3 所示。程序功能：在文本框中输入域名后，单击"解析域名"命令按钮便可在下面的列表框中显示解析后的域名。要求使用 WSAAsyncGetHostByName()函数实现。

图 3.3　实验 2 实验内容(4)的程序界面

四、实验步骤

实验内容 1、2、3 的步骤请参阅 3.6 节各部分内容。下面简要给出实验内容 4 的步骤。

（1）使用 MFC 应用程序向导创建一个基于对话框的应用程序，注意创建项目过程中需要选中"Windows 套接字"复选框，因为该项目中要调用 WinSock 函数。

（2）按如图 3.3 所示界面为程序添加控件并设置控件的相关属性。

（3）为文本编辑框和列表框添加控件变量，变量名自己指定，编辑框对应的变量类别为 Value，列表框控件变量的类别为 Control。这里分别取为 m_Edit 和 M_List。

（4）为 WSAAsyncGetHostByName()函数定义一个字符类型的缓冲区，该缓冲区用于存放函数返回的 hostent 结构和 hostent 结构的成员所引用的数据。该缓冲区可定义为主对话框类的成员，即可在对话框类的定义中添加类似于下面的代码。

```
char buf[MAXGETHOSTSTRUCT];
```

（5）使用类向导为程序添加一条自定义消息，消息名称由编程者自己指定，这里是 WM_MESSAGE，消息处理函数名称采用默认名。注意，自定义消息的名称需要在 stdax.h 文件或 resource.h 文件中使用编译预处理命令 #define 定义。

（6）编写"解析域名"按钮的 BN_CLICKED 消息的消息处理函数，该函数调用 WSAAsyncGetHostByName()启动获取主机信息的异步事件。具体代码如下。

```
char hostname[256];
UpdateData();
if(!m_Edit.IsEmpty())//如果已输入域名
```

```
{
    strcpy(hostname,m_Edit.GetBuffer());
                                //将 CString 对象 m_Edit 中 D 的字符串复制到字符数组 hostname
    WSAAsyncGetHostByName(this->GetSafeHwnd(),WM_MESSAGE,hostname,buf,sizeof(buf));
                                //启动获取主机信息的异步事件
}
```

（7）编写自定义消息的处理函数，该函数将 WSAAsyncGetHostByName()函数返回的 hostent 结构中的 IP 地址信息显示在列表框中。具体代码如下。

```
struct hostent * hptr;
CString mtempstr;           //用于临时保存点分十进制表示的 IP 地址的字符串变量
hptr = (struct hostent * )&buf;
char ** pptr;
pptr = hptr->h_addr_list;
int itemCount = m_List.GetCount();                    //获取列表框控件显示内容的条数
for(int i = 0;i < itemCount;i++)m_List.DeleteString(0); //清空列表框
for(;* pptr!= NULL;pptr++){   //读取 IP 地址转换为点分十进制格式后添加到列表框中
    mtempstr = inet_ntoa( * (struct in_addr * )( * pptr));
    m_List.AddString(mtempstr) ;
```

（8）在项目属性中将"配置属性"-"C/C++"-"常规"中的"SDL 检查"的值设置为"否（sdl-）"。

（9）编译运行程序，在文本框中输入"www. sdau. edu. cn""www. tup. com. cn"等网址进行验证。

五、思考题

实验内容(4)中，如果不使用 WSAAsyncGetHostByName()函数而是使用 getaddrinfo()函数是否可以？如果可以的话程序应如何实现？

第 **4** 章

TCP程序设计

本章主要介绍基于流式套接字(SOCK_STREAM)的 TCP 通信程序设计,主要内容包括 TCP 客户端程序和服务器端程序的交互流程、基本套接字函数的使用、不同类型的数据传输方法,给出了一个文件传输实例,并介绍了实现文件断点续传的原理和方法。

4.1 简单的 TCP 程序设计

TCP 是网络应用中使用最为广泛的一种传输层协议,例如文件传输协议(FTP)、超文本传输协议(HTTP)、接收邮件的 POP3 协议等,均使用了 TCP。TCP 为应用程序提供可靠的数据传输服务,是操作系统的一个重要组成部分,但是,对程序员来说,TCP 是不可见的,程序员无法直接在程序中使用 TCP,必须通过套接字编程接口才能使用。WinSock 是通过流式套接字(SOCK_STREAM)来提供 TCP 服务的。

4.1.1 TCP 客户端和服务器端的交互过程

TCP 是一种面向连接的协议,在传输数据之前必须先建立连接,通信完成后还需要释放连接。连接的建立和释放是由通信双方相互协作共同完成的。主动发起连接建立的一端被称为"客户",被动接收连接请求的一端被称为"服务器"。

通常,服务器大都可以同时与多个客户保持连接(称为并发服务器),因此在通信过程中,服务器端至少会有两个套接字,一个被称为**监听套接字**或侦听套接字,该套接字由服务器程序调用 socket()函数创建,专用于等待客户连接请求的到来;另一个称为**已连接套接字**,当监听套接字收到一个客户连接请求时,系统便创建一个已连接套接字与客户端建立连接,并且以后与客户之间的数据交换也使用该套接字。

流式套接字程序的服务器和客户工作流程如图 4.1 所示。通常服务器进程首先启动,并等待客户端的连接建立请求,其基本通信过程如下。

(1) 调用 socket()函数建立一个套接字,该套接字用于监听。

(2) 调用 bind()函数为套接字绑定一个端口号和 IP 地址。

(3) 调用 listen()函数,设置套接字处于监听状态。

(4) 如果程序不退出,反复执行:

① 用 accept()函数等待客户机的连接到来。如果有远程计算机的连接请求到来,则用一个新的套接字(已连接套接字)建立起与客户机之间的通信连接。

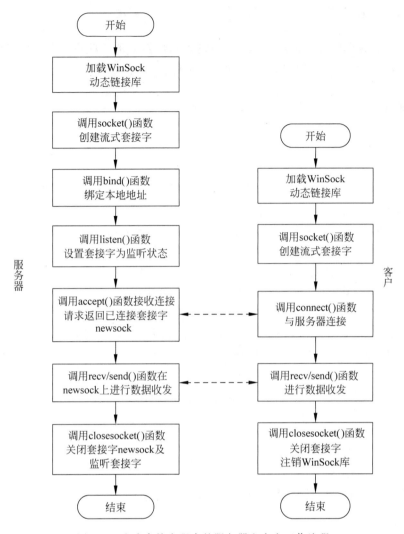

图 4.1 流式套接字程序的服务器和客户工作流程

② 使用 recv() 函数和 send() 函数利用新建的连接与客户端通信。

③ 通信完毕调用 closesocket() 函数关闭连接。

(5) 调用 closesocket() 函数关闭监听套接字,程序结束。

客户端的主要职责就是发起与服务器的通信,它对套接字的使用方式与服务器端相比是有所差别的。客户端程序的流程如下。

(1) 用 socket() 函数建立一个套接字,设定服务器的 IP 和端口。

(2) 调用 connect() 函数连接远程计算机指定的端口。

(3) 使用 recv() 函数和 send() 函数利用新建的连接与服务器通信。

(4) 通信完毕调用 closesocket() 函数关闭连接。

下面对客户程序与服务器程序通信过程中的主要步骤以及实现方法进行详细讲解。

1. 创建套接字

创建套接字的实质就是请求操作系统分配通信所需要的一些系统资源(包括存储空间、网络资源、CPU 时间等),这些资源的总和用一个称为套接字描述符的整数表示。创建套接字需要调用 socket()函数完成。

函数原型

```
SOCKET socket (int af, int type, int protocol);
```

函数参数

- af:标识一个地址家族,该参数的取值通常为表示 TCP/IP 协议地址族的常量 AF_INET。
- type:标识套接字类型,SOCK_STREAM 表示流式套接字;SOCK_DGRAM 表示数据报套接字;SOCK_RAW 表示原始套接字。
- protocol:用于指定套接字所用的传输协议,与第 2 个参数 type 相关。若取值为 0,则表示使用默认的协议,其他取值将在 8.2 节中介绍。

返回值

函数执行成功后,返回新创建的套接字描述符。如果创建套接字出错,则返回 INVALID_SOCKET。进一步的出错信息可通过调用 WSAGetLastError()获取其错误代码来了解。

socket()函数返回的套接字描述符的类型符 SOCKET,它是 WinSock 中专门定义的一种新的数据类型,其定义如下:

```
typedef u_int SOCKET;
```

它是一个无符号整型数。

创建套接字失败返回的常量 INVALID_SOCKET 的定义如下:

```
#define INVALID_SOCKET (SOCKET)~0
```

"~"是 C/C++语言的按位取反运算符,将 0 按位取反的结果就是数的各二进制位都变为 1,因此 INVALID_SOCKET 实际就是各二进制位全为 1 的一个无符号整数。不难看出,合法的套接字描述符的取值可以为 0~INVALID_SOCKET-1 的任何值。

使用 socket()函数创建流式套接字可使用如下代码。

```
/* 创建一个 socket. */
SOCKET sock_server ;                              //定义套接字描述符变量
if ((sock_server = socket(AF_INET,SOCK_STREAM,0)) == INVALID_SOCKET)
{
    std::cout <<"创建套接字失败!错误代码:"<< WSAGetLastError()<< std::endl;
    WSACleanup();                                //注销 WinSock 库
    return 0;
}
```

需要注意的是,服务器程序和客户程序所创建的套接字的用处是不同的,服务器创建的套接字是监听套接字,并不用于数据收发。客户端创建的套接字则有两方面用途,一是向服务器发送连接建立请求,二是用于进行客户端的数据收发。

2. 绑定地址

socket()函数在创建套接字时并没有为创建的套接字分配地址,因此服务器软件在创建了监听套接字之后,还必须要为它分配一个地址,该地址为套接字指定需要监听的 TCP 端口号和 IP 地址。将套接字绑定到一个指定的地址上的套接字函数是 bind()。

函数原型

```
int bind (SOCKET s, const struct sockaddr * name, int namelen);
```

函数参数

- s:是一个套接字。
- name:是一个 sockaddr 结构指针,该结构中包含要绑定的地址和端口号。该结构指针类型在 WinSock 中已被定义为一种新的类型 LPSOCKADDR:

```
typedef sockaddr * LPSOCKADDR;
```

- namelen:确定 name 缓冲区的长度。
- 在定义一个套接字后,需要调用 bind 函数为其指定本机地址、协议和端口号。

返回值

如果函数执行成功,返回值为 0,否则为 SOCKET_ERROR。进一步的出错信息可通过调用 WSAGetLastError()获取其错误代码来了解。

由参数类型可以看到,该函数要绑定的地址是由一个 sockaddr 类型的指针参数指定的,由前面 sockaddr 结构的定义可以看出,直接向该结构的变量中填充地址信息并不方便。事实上,在编程时人们一般先定义一个 sockaddr_in 结构的变量,在填充完地址信息后再将该结构变量的地址强制转换为 sockaddr 类型的指针来使用。

下面回顾一下 sockaddr_in 结构各字段的含义。

sin_family:用于存放代表不同协议族地址的代码,Internet 协议族的代码为 AF_INET。

sin_port:用于存放程序通信使用的 16 位端口号,以网络字节顺序表示。

sin_addr:用于存放网络字节顺序表示的 32 位 IP 地址。

sin_zero:是一个 8 字节大小的字符数组,在 Internet 协议族地址中无意义,一般填 0。

不难看出,sockaddr_in 结构的各字段含义十分简明,便于直接填充地址信息。下面的一段代码演示的是套接字绑定地址的典型方式。

```
…
# define PORT 65432                              //指定本程序监听的 TCP 端口号
…
struct sockaddr_in addr;                          //定义 sockaddr_in 结构变量 addr
memset((void *)&addr, 0 , addr_len);             //将 addr 的各字段值全部置 0
addr.sin_family = AF_INET;                        //协议族为 AF_INET
addr.sin_port = htons(PORT);                      //端口号为常量 PORT
addr.sin_addr.s_addr = htonl(INADDR_ANY);        //监听本机分配的所有 IP 地址
if(bind(sock_server, ( struct sockaddr * )&addr,sizeof(addr))!= 0)   //绑定地址
```

```
{   //绑定失败后处理
    std::cout <<"绑定失败!错误代码:"<< WSAGetLastError()<< std::endl;
    closesocket(sock_server);                    //关闭套接字
    WSACleanup();                                //注销 WinSock 库
    return 0;
}
```

上面代码中将 IP 地址设置为 INADDR_ANY,是表示该套接字的 IP 地址由系统自动指定,如果希望明确指定一个 IP 地址,则只要将 INADDR_ANY 替换为一个无符号整数表示的 IP 地址则可。

如果希望由系统自动分配一个端口号,则只要将 PORT 定义为 0 即可。否则,PORT 应定义为一个用 16 位无符号整数表示的可用端口号。

注意:客户端的套接字可以不用绑定地址,当客户端程序调用 connect()函数与服务器建立连接时,系统会为套接字自动选择一个本机 IP 地址和未使用的端口号。事实上,服务器端的监听套接字不绑定地址也不会出现明显错误,因为当服务器调用 listen()时,系统也会为监听套接字分配 IP 地址和临时 TCP 端口号,不过由于临时端口号很难被客户知晓从而导致客户无法访问服务器,因此服务器端需要绑定指定的地址。

3. 开始监听

服务器端在绑定地址之后,便可调用 listen()函数进入监听状态,等待客户端的连接请求。listen()函数是只能由服务器端使用的函数,而且只适用于流式套接字。

函数原型

```
int listen (SOCKET s, int backlog);
```

函数参数

- s:用来监听客户连接请求的套接字的描述符。
- backlog:表示等待连接队列的最大长度。例如,如果设置 backlog 为 3,此时有 4 个客户端同时发出连接请求,那么前 3 个客户连接请求会放置在等待队列中,第 4 个客户端会得到错误信息。该参数值通常设置为常量 SOMAXCONN,表示将连接等待队列的最大长度值设为一个最大的"合理"值,该值由底层开发者指定,WinSock2 中,该值为 5。

返回值

函数执行成功返回 0,出错返回 SOCKET_ERROR。进一步的出错信息可通过调用 WSAGetLastError()获取其错误代码来了解。

下面的代码是使用 listen()函数的例子。

```
if(listen(sock_server,SOMAXCONN)!= 0)          //监听端口
{   //listen 调用失败的处理代码,示例:
    std::cout <<"listen 调用失败!错误代码:"<< WSAGetLastError()<< std::endl;
    closesocket(sock_server);                    //关闭套接字
    WSACleanup();                                //注销 WinSock 库
    return 0;
}
```

```
else   //调用成功
    std::cout <<"listenning......\n";
```

4. 建立连接

TCP 连接的建立是由客户端和服务器端相互协作共同完成的。服务器端在将监听套接字设置为监听模式后,便可调用 accept()函数接收客户端的连接请求了;客户端则在创建套接字后调用 connect()函数发起连接建立过程。

1) connect()函数

connect()函数最主要的功能就是建立客户端与服务器端的连接。客户端调用 connect()函数发起主动连接,TCP 开始三次握手过程,三次握手完成后 connect()函数返回。connect()函数说明如下。

函数原型

```
int connect (SOCKET s, const struct sockaddr * name, int namelen);
```

函数参数

- s:套接字描述符,客户机通过该套接字向服务器发送连接请求。
- name:指向存储有要连接主机的网络地址的 sockaddr 结构变量。
- namelen:参数 name 所指向的 sockaddr 结构变量占用存储空间的大小。

返回值

若成功则返回 0,否则返回 SOCKET_ERROR。进一步的出错信息可通过调用 WSAGetLastError()获取其错误代码来了解。

下面这段代码是客户端调用 connect()函数与服务器建立连接的示例。

```
SOCKET sock_client;
struct sockaddr_in server_addr;              //用于存放要连接的服务器地址
int addr_len = sizeof(server_addr);          //地址结构占用的字节数
/ *** 填写服务器地址 *** /
memset((void *)&server_addr,0,addr_len);
server_addr.sin_family = AF_INET;
server_addr.sin_port = htons(65432);         //服务器的 TCP 端口号为 65432
in_addr a ;
inet_pton(AF_INET, "127.0.0.1", &a)
server_addr.sin_addr.s_addr = a.S_un.S_addr; //服务器 IP 地址
/ *** 与服务器建立连接 *** /
if(connect(sock_client, (struct sockaddr * )&server_addr,addr_len)!= 0)
{   //连接失败处理代码:
    std::cout <<"连接失败! 错误代码:"<< WSAGetLastError()<< std::endl;
    …
}
```

2) accept()函数

accept()函数只适用于面向连接的套接字,并且跟 listen()函数一样也是只能由服务器端调用,其功能是接收指定的监听套接字上传入的一个连接请求,并尝试与请求方建立连接,连接建立成功则返回为该连接创建的新套接字的套接字描述符。

函数原型

```
SOCKET accept (SOCKET s, struct sockaddr * addr, int FAR * addrlen);
```

函数参数

- s：一个套接字描述符,它应处于监听状态。
- addr：一个 sockaddr_in 结构指针,包含一组客户端的端口号、IP 地址等信息。
- addrlen：用于设置接收参数 addr 的长度。

返回值

返回值是一个新的套接字的描述符。如果发生错误,将返回 INVALID_SOCKET 错误,进一步的出错信息可通过调用 WSAGetLastError()获取其错误代码来了解。

accept()函数返回一个已建立连接的新的套接字的描述符,即**已连接套接字**的描述符,服务器与本连接所对应客户端的所有后续通信,都应使用该套接字。原来的监听套接字仍然处于监听状态,可以继续接收其他客户的连接请求。

默认情况下,如果调用 accept()时还没有客户的连接请求到达,accept()将不会返回,进程将阻塞,直到有客户与服务器建立了连接才会返回。下面是 accept()函数的使用示例,其中监听套接字 sock_server 已处于监听状态。

```
SOCKET newsock;                                 //用于保存 accept()返回的套接字
struct sockaddr_in client_addr;                 //用于存放客户端地址
int addr_len = sizeof(client_addr);             //地址结构占用的字节数
f((newsock = accept (sock_server, (struct sockaddr * )&client_addr, &addr_len)) == INVALID_
SOCKET)
{   // accept 函数调用失败处理
    std::cout <<"accept 函数调用失败!错误代码:"<< WSAGetLastError()<< std::endl;
    …
}
else
{
    //成功接收一个连接后要执行的代码
    …
}
```

5. 发送和接收数据

连接建立后,便可以在已建立连接的套接字上发送和接收数据了,对流式套接字,发送数据通常使用 send()函数,而接收数据则通常使用 recv()函数。

1) send()函数

函数原型

```
int send (SOCKET s, const char * buf, int len, int flags);
```

函数参数

- s：发送数据所使用的套接字的描述符,该套接字必须已建立连接。
- buf：存放要发送数据的缓冲区指针。

- len：缓冲区 buf 中要发送的数据字节数。
- flags：用于控制数据发送的方式，通常取 0，表示正常发送数据；如果取值为宏 MSG_
  DONTROUT，则表示目标主机就在本地网络中，也就是与本机在同一个 IP 网段上，
  数据分组无须路由可直接交付目的主机，如果传输协议的实现不支持该选项则忽略
  该标志；如果该参数取值为宏 MSG_OOB，则表示数据将按带外数据发送。

返回值

若无错误发生，函数返回值是已成功发送的字节数，该字节数有可能小于 len；如果连
接已关闭，则返回 0；若发生错误，则返回 SOCKET_ERROR，进一步的出错信息可通过调
用 WSAGetLastError()获取其错误代码来了解。

带外数据(Out Of Band，OOB)本意是指那些使用与普通数据不同的另外的信道传送
的一些特殊数据。带外数据一般都是一些重要的数据，通信协议通常能将这些数据快速地
发送到对方。TCP 试图通过紧急数据机制来实现带外数据的功能，但紧急数据并不是真正
意义上的带外数据，因为 TCP 并没有真正开辟一个新的信道进行数据传输，而是将这些数
据放在普通的数据流中一起传输。现在，TCP 的带外数据功能基本已经是废弃的功能了。
2011 年发表的有关 TCP 的紧急数据的因特网标准 RFC6093 就强烈建议，新的应用不要再
使用紧急数据机制。

下面是调用 send()发送数据的例子，s 是一个已建立连接的套接字。

```
char msgbuf[ ] = "The message to be sent.";
int size;
if((size = send(s,msgbuf, sizeof(msgbuf), 0)) == SOCKET_ERROR)
{  //失败处理
    std::cout <<"发送信息失败!错误代码:"<< WSAGetLastError()<< std::endl;
    …
}
```

2）recv()函数

函数原型

```
int recv (SOCKET s, char * buf, int len, int flags);
```

函数参数

- s：用于接收数据的套接字描述符，该套接字必须已建立连接。
- buf：接收数据的缓冲区指针。
- len：buf 的长度。
- flags：表示函数的调用方式，一般取值 0，表示接收正常数据；如果设置为 MSG_
  PEEK，表示将缓冲区中的数据复制到 buf 指向的数据缓冲区中，但并不将已接收的
  数据从系统缓冲区中删除；如果设为 MSG_OOB 则表示接收带外数据。

返回值

若函数执行成功，则返回实际从套接字 s 读入到 buf 中的字节数，若连接已关闭则返回 0；
否则返回 SOCKET_ERROR，进一步的出错信息可通过调用 WSAGetLastError()获取其
错误代码来了解。

下面是调用 recv()从已建立连接的套接字 s 上接收数据的例子。

```
char msgbuffer[1000];                              //定义用于保存接收到的数据的缓存区
int size;
if((size = recv(s, msgbuffer, sizeof(msgbuffer),0)) == SOCKET_ERROR) //接收信息
{   //失败处理
    std::cout <<"接收信息失败!错误代码:"<< WSAGetLastError()<< std::endl;
    …
}
else
    std::cout <<"The message from client:\n"<< msgbuffer << endl; //输出收到的信息
```

6. 关闭套接字

通信完成后,程序退出前应调用 closesocket()函数关闭套接字。

函数原型

```
int closesocket (SOCKET s );
```

函数参数

s:要被关闭的套接字接口描述符。

返回值

函数执行成功返回 0;否则返回 SOCKET_ERROR 错,进一步的出错信息可通过调用 WSAGetLastError()获取其错误代码来了解。

应用程序完成通信后应调用 closesocket()以释放占用的资源。套接字一旦被关闭,应用程序就不能再使用这个套接字了,如果仍将它作为 send()或 recv()函数的参数,函数调用将会出错,对应错误代码是 WSAENOTSOCK,意思是参数指定的套接字描述符不是一个套接字。

4.1.2　一个简单的 TCP 通信程序

本节实现简单的客户端和服务器端的通信程序,通过该程序可以进一步加深对网络通信程序的结构、socket API 函数的使用以及通信程序的工作过程的了解。

例 4.1　分别编写一个字符界面的服务器端程序和客户端程序。要求服务器端程序与客户端程序建立连接后首先向客户端发送一条内容为"Connect succeed. Please send a message to me."的信息,然后等待接收客户端发送来的一条消息,收到后显示该消息并关闭与客户端的连接,然后继续等待其他客户的连接请求。客户端程序在与服务器端建立连接后首先接收并显示从服务器端发来的信息,然后从键盘输入一行信息发送给服务器端,完成后关闭连接并退出。

服务器端程序需要依次为多个客户提供服务,因此需要循环执行以下步骤:①调用 accept()函数接收客户端的连接请求;②使用 accept()返回的已连接套接字与客户端完成通信;③关闭已连接套接字。

服务器端程序依次为到达的连接请求提供服务,与一个客户端通信完成后才会与另一个客户端连接,如果各步操作都不发生错误,服务器端程序将不会结束。这种服务器被称为**"循环服务器"**。

程序流程图如图 4.2 所示。服务器端依次完成如下工作。

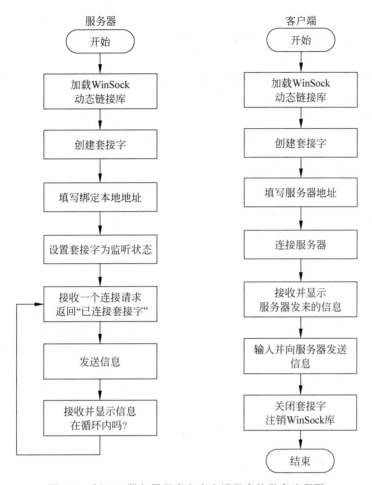

图 4.2　例 4.1 服务器程序和客户端程序的程序流程图

（1）初始化 WinSock 库；

（2）创建监听套接字；

（3）填写要绑定的本地地址结构；

（4）给监听套接字绑定本地地址；

（5）让监听套接字开始监听；

（6）循环执行：调用 accept（）函数接收连接请求，如果 accept（）成功返回，则使用 accept（）函数返回的已连接套接字向客户端发送一条信息，接收客户端返回的信息并显示，关闭已连接套接字。

客户端程序需要完成的主要工作如下。

（1）初始化 WinSock 库；

（2）创建通信套接字；

（3）填写要连接的服务器的地址结构；

（4）与服务器建立连接；

（5）根据题目要求，连接成功后接收一条服务器发来的信息并显示，然后向服务器发送一条信息；

(6) 关闭套接字，卸载 WinSock 库，结束程序。

图中的每步操作在完成后都应该判断是否操作成功，若成功则继续执行，若不成功，则后续步骤无法执行，因此必须结束程序。为简便起见，这些操作在流程图中都没有画出，但在编码时不能忽略。以下是服务器端程序的完整代码。

注意，程序中调用 send()函数时，指定发送的字节数用了 strlen(…)+1，这是因为strlen()的返回值只是字符串的长度，并不包含最后的字符串结束符，加 1 后就连字符串结束符也一块发送了，这样方便了接收端的输出。

```cpp
# include "iostream"
# include "winsock2.h"
# define PORT 65432                              //定义端口号常量
# pragma comment(lib, "ws2_32.lib")
using namespace std;
int main(int argc, char ** argv)
{
    /*** 定义相关的变量 ***/
    SOCKET sock_server, newsock;                //定义保存监听套接字及已连接套接字的变量
    struct sockaddr_in addr;                    //用于填写绑定地址的结构变量
    struct sockaddr_in client_addr;             //存放客户端地址的 sockaddr_in 结构变量
    char msgbuffer[256];                        //定义用于接收客户端发来信息的缓冲区
    char msg[] = "Connect succeed. \n";         //发给客户端的信息
    /*** 初始化 winsock2.DLL ***/
    WSADATA wsaData;
    if (WSAStartup(MAKEWORD(2, 2), &wsaData) != 0)
    {
        cout << "加载 winsock.dll 失败!\n";
        return 0;
    }
    /*** 创建套接字 ***/
    if ((sock_server = socket(AF_INET, SOCK_STREAM, 0)) == SOCKET_ERROR)
    {
        cout <<"创建套接字失败!错误代码:"<< WSAGetLastError()<< endl;
        WSACleanup();
        return 0;
    }
    /*** 填写要绑定的本地地址 ***/
    int addr_len = sizeof(struct sockaddr_in);
    memset((void * )&addr, 0, addr_len);        //将地址结构变量清 0
    addr.sin_family = AF_INET;
    addr.sin_port = htons(PORT);
    addr.sin_addr.s_addr = htonl(INADDR_ANY);   //允许使用本机的任何 IP 地址
    /*** 给监听套接字绑定地址 ***/
    if (bind(sock_server, (struct sockaddr * )&addr, sizeof(addr)) != 0)
    {
        cout << "地址绑定失败!错误代码:" << WSAGetLastError() << endl;
        closesocket(sock_server);
        WSACleanup();
        return 0;
```

```
}
/***将套接字设为监听状态****/
if (listen(sock_server, 0) != 0)
{
    cout << "listen 函数调用失败!错误代码:" << WSAGetLastError() << endl;
    closesocket(sock_server);
    WSACleanup();
    return 0;
}
else
    cout << "listenning......\n";
/***循环: 接收连接请求并收发数据***/
int size;
while (true)
{
    if ((newsock = accept(sock_server, (struct sockaddr *)&client_addr,
        &addr_len)) == INVALID_SOCKET)
    {
        cout << "accept 函数调用失败!错误代码:" << WSAGetLastError() << endl;
        break;                              //终止循环
    }
    else
        cout << "成功接收一个连接请求!\n";
    /***成功接收一个连接后先发送信息,再接收信息***/
    size = send(newsock, msg, strlen(msg) + 1, 0); //给客户端发送信息
    if (size == SOCKET_ERROR)
    {
        cout << "发送信息失败!错误代码:" << WSAGetLastError() << endl;
        closesocket(newsock);               //关闭已连接套接字
        continue;                           //继续接收其他连接请求
    }
    else if (size == 0)
    {
        cout << "对方已关闭连接!\n";
        closesocket(newsock);               //关闭已连接套接字
        continue;                           //继续接收其他连接请求
    }
    else
        cout << "信息发送成功!\n";
    if ((size = recv(newsock, msgbuffer, sizeof(msgbuffer), 0)) < 0)//接收信息
    {
        cout << "接收信息失败!错误代码:" << WSAGetLastError() << endl;
        closesocket(newsock);               //关闭已连接套接字
        continue;                           //继续接收其他连接请求
    }
    else if (size == 0)
    {
        cout << "对方已关闭连接!\n";
        closesocket(newsock);               //关闭已连接套接字
        continue;                           //继续接收其他连接请求
    }
```

```
        else
            cout << "收到的信息为:" << msgbuffer << endl;
        closesocket(newsock);                   //通信完毕关闭"已连接套接字"
    }
    /*** 结束处理 ***/
    closesocket(sock_server);                   //关闭监听套接字
    WSACleanup();                               //注销 WinSock 动态链接库
    return 0;
}
```

由于服务器端程序中接收客户端连接请求并与客户端通信的代码是一个无限循环,并且循环体内部也没有退出循环的语句,因此该程序是无法正常退出的。读者可以自己考虑,有没有办法使这个程序既可以依次循环处理用户端发来的连接请求,又可以在希望关闭该程序时正常退出循环。

客户端程序的完整代码如下。

```
#include "iostream"
#include "winsock2.h"
#include "WS2tcpip.h" //本程序用到地址转换函数 inet_pton(),所以要包含该头文件
#define PORT 65432                              //定义要访问的服务器端口常量
#pragma comment(lib, "ws2_32.lib")
using namespace std;
int main(int argc, char ** argv)
{
    /*** 定义相关的变量 ***/
    int sock_client;                            //定义客户端套接字
    struct sockaddr_in server_addr;             //定义存放服务器端地址的结构变量
    int addr_len = sizeof(struct sockaddr_in);//地址结构变量长度
    char msgbuffer[1000];                       //接收/发送信息的缓冲区
    /*** 初始化 winsock2.DLL ***/
    WSADATA wsaData;
    if (WSAStartup(MAKEWORD(2, 2), &wsaData) != 0)
    {
        cout << "加载 winsock.dll 失败!\n";
        return 0;
    }
    /*** 创建套接字 ***/
    if ((sock_client = socket(AF_INET, SOCK_STREAM, 0)) == SOCKET_ERROR)
    {
        cout << "创建套接字失败!错误代码:" << WSAGetLastError() << endl;
        WSACleanup();
        return 0;
    }
    /*** 输入服务器 IP 地址并填写服务器地址结构 ***/
    char IP[20];
    cout << "请输入服务器 IP 地址: ";
    cin >> IP;
    memset((void *)&server_addr, 0, addr_len);  //地址结构清 0
    server_addr.sin_family = AF_INET;
    server_addr.sin_port = htons(PORT);
```

```
    in_addr a;
    inet_pton(AF_INET, IP, &a);
    server_addr.sin_addr.s_addr = a.S_un.S_addr;  //服务器 IP 地址
    /*** 与服务器建立连接 ***/
    if (connect(sock_client, (struct sockaddr * )&server_addr, addr_len) != 0)
    {
        cout << "连接失败!错误代码:" << WSAGetLastError() << endl;
        closesocket(sock_client);
        WSACleanup();
        return 0;
    }
    /*** 接收信息并显示 ***/
    int size;
    if ((size = recv(sock_client, msgbuffer, sizeof(msgbuffer), 0)) < 0)
    {
        cout << "接收信息失败!错误代码:" << WSAGetLastError() << endl;
        closesocket(sock_client);              //关闭已连接套接字
        WSACleanup();                          //注销 WinSock 动态链接库
        return 0;
    }
    else if (size == 0)
    {
        cout << "对方已关闭连接!\n";
        closesocket(sock_client);              //关闭已连接套接字
        WSACleanup();                          //注销 WinSock 动态链接库
        return 0;
    }
    else
        cout << "The message from Server: " << msgbuffer << endl;
    /*** 从键盘输入一行文字发送给服务器 ***/
    cout << "从键盘输入发给服务器的信息!\n";
    cin >> msgbuffer;
    if ((size = send(sock_client, msgbuffer, strlen(msgbuffer) + 1, 0)) < 0)
        cout << "发送信息失败!错误代码:" << WSAGetLastError() << endl;
    else if (size == 0)
        cout << "对方已关闭连接!\n";
    else
        cout << "信息发送成功!\n";
    /*** 结束处理 ***/
    closesocket(sock_client);                  //关闭 socket
    WSACleanup();                              //注销 WinSock 动态链接库
    return 0;
}
```

　　调试程序时,如果服务器端程序和客户端程序运行在同一台计算机上,输入的服务器 IP 地址可使用环回地址"127.0.0.1",也可以使用本计算机所配置的 IP 地址。

4.2　获取与套接字关联的地址

　　在程序中,常常会需要获取一个套接字所绑定的 IP 地址和端口号,WinSock 提供了 getsockname()函数完成这一任务,该函数也是从 BSD Socket 继承来的。

函数原型

```
int getsockname(SOCKET s, struct sockaddr * name, int * namelen);
```

函数参数

- s：标识一个已捆绑套接字的描述字。
- name：指向用于存放返回的本地套接字 s 的协议地址的 sockaddr 结构变量。
- namelen：指向一个用于存放本地套接字协议地址长度的整型变量。

返回值

函数执行成功则返回 0,否则返回 SOCKET_ERROR,进一步的出错信息可通过调用
WSAGetLastError()获取错误代码来了解。

该函数常用于查询客户端调用 connect()与服务器连接后,系统给本地套接字指定的本
地协议地址。

例如,在例 4.1 的客户端程序中,在使用 connect()与服务器连接后,调用 getsockname()
函数就可获得系统分配给本地套接字 sock_client 的协议地址(包括 IP 地址和 TCP 端口
号)。具体方法是在 connect()调用语句后添加如下代码。

```
int namelen;
struct sockaddr_in client_addr;
int n = getsockname(sock_client, (struct sockaddr * )&client_addr, &namelen);
if(n == SOCKET_ERROR)
    cout <<" getsockname error! ";
else
    cout <<"本地套接字端口号为: " << client_addr.sin_port <<
                        "IP 地址是: "<< inet_ntoa(client_addr.sin_addr.s_addr)<< endl;
```

若一个套接字与 INADDR_ANY 捆绑,也就是说,该套接字可以使用分配给本主机的
任意地址,此时除非已调用 connect()或 accept()建立了连接,否则针对该套接字,
getsockname()将不会返回关于 IP 地址的任何信息。

建立连接后,要获取与本地套接字相连的对端套接字的协议地址,可使用 getpeername()
函数,该函数原型如下。

```
int getpeername( SOCKET s, struct sockaddr FAR * name, int FAR * namelen);
```

函数参数

- s：标识一个已建立连接的本地套接字的描述字。
- name：传出参数,指向用于存放返回的远程协议地址的 sockaddr 结构变量。
- namelen：传出参数,指向一个用于存放远程协议地址长度的整型变量。

返回值

函数执行成功则返回 0,否则返回 SOCKET_ERROR,进一步的出错信息可通过调用
WSAGetLastError()获取错误代码来了解。

getpeername()函数用于从端口 s 中获取与它捆绑的端口名,并把它存放在 sockaddr
类型的 name 结构中。它适用于数据报或流式套接字,只能用于已建立连接的套接字。

4.3　数据发送和接收

4.3.1　发送缓冲区与接收缓冲区

　　缓冲区是指内存中用于临时存放数据的一片连续的存储空间。使用 send() 函数发送数据时,应用程序必须事先申请一块内存空间作为缓冲区,并将要发送的数据存放到该缓冲区中,这个缓冲区称为**应用程序发送缓冲区**,该缓冲区的首地址是作为参数传递给 send() 函数的。在使用 recv() 接收数据时,应用程序也必须事先申请一块内存空间用于存放从网络上收到的数据,该缓冲区被称为**应用程序接收缓冲区**,接收缓冲区的首地址和缓冲区大小也是作为参数传递给 recv() 函数的。

　　除了应用程序中的发送缓冲区和接收缓冲区外,每一个套接字也都有自己的发送缓冲区和接收缓冲区,如图 4.3 所示。套接字自己的收发缓冲区是创建套接字时由系统自动分配的,其默认大小为 8KB,程序员可以通过调用 setsockopt() 函数来改变套接字内部收发缓冲区的大小。

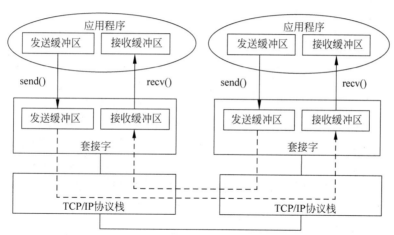

图 4.3　应用程序缓冲区与 send()/recv() 函数的缓冲区

　　除 send 以外,任意一个 WinSock 函数在开始执行时,如果套接字的发送缓存中还有数据没有被发送出去,则该函数必须要先等待套接字的发送缓冲区中的数据被协议传送完毕才能继续,如果在等待时出现网络错误,那么该 WinSock 函数就返回 SOCKET_ERROR。

　　事实上,当应用进程调用 send() 函数发送数据时,send() 函数所做的工作仅仅是将要发送的数据从应用程序缓冲区中复制到套接字的发送缓冲区,而调用 recv() 函数接收数据时,其所做的工作也仅仅是将套接字的接收缓冲区中的数据复制到应用程序接收缓冲区中。实际的数据发送和接收工作都是由下层的 TCP/IP 自动完成的。

4.3.2　对 send() 函数和 recv() 函数的进一步说明

　　在 4.1.1 节已简单介绍了 send() 函数和 recv() 的功能和用法,为了便于读者加深理解,这里简单回顾一下并做进一步说明。

1．send()函数

send()函数的原型如下：

```
int send (SOCKET s, const char * buf, int len, int flag);
```

其功能是通过已建立连接套接字 s 向对端发送 buf 中的若干数据，发送的数据的字节数由参数 len 给出。flag 用于控制数据发送的方式，通常取 0，表示正常发送数据。如果发送成功，函数将返回已成功发送的字节数，如果发送出错，则返回 SOCKET_ERROR。

默认情况下，send()函数在执行时，将首先比较待发送的数据的长度 len 和套接字 s 的发送缓冲区的大小，如果 len 大于 s 发送缓冲区的大小，send()函数将返回 SOCKET_ERROR。

需要注意，由于 send()的功能仅仅是把 buf 中的数据复制到 s 的发送缓冲区中，因此，调用 send()函数成功仅仅表示数据由应用进程的发送缓冲区 buf 到套接字的发送缓冲区的复制成功，并不代表接收方已收到数据。如果在后续的传送过程中出现网络错误的话，那么下一个 socket()函数就会返回 SOCKET_ERROR，所以说，即使 send()函数成功返回，要发送的数据也存在不能被对方完全正确收到的可能。

2．recv()函数

recv()函数的原型如下：

```
int recv (SOCKET s, char * buf, int len, int flags);
```

recv()函数的功能是从已建立连接的套接字 s 接收若干数据，收到的数据保存到缓冲区 buf 中。参数 len 给出的是缓冲区的 buf 的大小，接收到的数据的字节数不超过 len。函数执行成功将返回复制到 buf 中的字节数，执行失败将返回 SOCKET_ERROR。

默认情况下，调用 recv()函数时，如果套接字 s 还没有收到数据，也就是 s 的接收缓冲区为空，recv()函数将暂停运行并等待，直到 s 收到数据并完成接收为止；若在等待过程中，连接被通信对端关闭，recv()返回 0。

套接字 s 的接收缓冲区中的数据量可能大于应用程序接收缓冲区的长度 len，这时 recv()函数只能复制 len 个字节的数据，若要将套接字接收缓冲区中的数据全部读取，则需要多次调用 recv()函数。因此，在发送端通过一次 send()调用发送的数据在接收端可能需要多次调用 recv()函数获取；而接收端调用一次 recv()获得的数据也很可能是发送端多次调用 send()发送的数据。

为了能正确接收数据，在很多应用中，尤其是数据传送量较大的应用中，通常使用如下函数 TCPrecv 所采用的方法接收数据。

```
/*** 参数 s 为套接字,buf 是接收数据的缓冲区指针,len 是希望收到的字节数. ***/
int TCPrecv(SOCKET s, char * buf, int len)
{
  int nRev = 0, recvCount = 0, length = len;
  if(buf == NULL) return 0;
  /*** 循环接收数据 ***/
  while(length > 0)     //利用循环多次调用 recv()函数接收数据,直到希望接收的数据全部收到
  {
```

```
        nRev = recv(s, buf + recvCount, length, 0);
        if(nRev == SOCKET_ERROR)                   //网络出现异常
        {
            cout <<"recv()调用失败,错误码: ",WSAGetLastError()<< std::endl;
            break;
        }
        length -= nRev;
        recvCount += nRev;
    }
    return recvCount;                              //返回实际接收到的字节数
}
```

需要说明,由于本书的许多例题传输的数据量不大,因此没有采用这种方法也能实现正确的数据通信。

4.3.3　数据的传输格式

TCP 将应用程序要传输的数据看成是一个字节流,对数据的格式无任何要求,因此,使用 TCP 可以传送任何格式的数据。但是,由于通信两端的系统有时并不相同,而不同的系统对相同数据的表示或存储格式有时是不相同的,所以,在不同的系统平台间交换数据时需要考虑数据的格式问题。

对于整型数据,在 3.4 节已经介绍过,由于存在使用大端和小端两种不同的字节顺序的计算机系统,为了保证不同系统间整型数据格式的兼容性,要求发送端在发送整型数据前必须先将整型数据转换为网络字节顺序,接收端接收到整型数据后必须将整型数据转换为主机字节顺序。对其他数据则需要注意:

(1) 设置或读取协议首部中的以字或双字表示的字段时必须要转换它们的字节顺序,例如,TCP 中的端口、序号等,但 IP 地址不用转换。

(2) 由于目前最常使用的计算机系统——PC 大都是 X86 系统架构的,忘记字节顺序转换通常不会有问题产生,但是,现实中也还存在很多基于不同系统平台上的计算机,因此在编写网络通信程序时转换字节顺序是一种好的编程习惯。

(3) 对 char 类型的数据来说,由于每个 char 类型的字符仅占用一字节的存储空间,因此不存在字节顺序问题,所以在发送和接收 char 类型的数据时不需要字节顺序转换。

(4) 对于汉字来说,不论采用哪种编码格式,汉字的编码长度都是大于 1 字节的,但是只要使用同一种汉字编码,无论在何种系统上的汉字编码其字节的顺序是固定不变的,与硬件系统平台无关,因此在传输汉字时也无须进行字节顺序转换。

(5) float 或是 double 类型的浮点数也是多字节的数值数据,但它们的字节顺序是由 IEEE 标准规定的,同样与系统无关。一般情况下,C/C++语言编译器会根据 IEEE 标准的规定,把 float 和 double 类型的数据分别看作 4 个和 8 个 char 类型的数组进行解释转换,因此也不需要考虑字节顺序。

(6) 结构数据中不同成员的数据类型往往是不同的,运行在不同计算机上的两个进程在通过网络传输结构类型的数据时,通常的做法是将结构数据作为一个整体来进行传输,也就是将存放结构数据的存储空间看成是一片存放单字节数据的存储区,直接将存储区中的这些字节原样发给通信对端。但是,如果结构数据中存在整数成员,则在发送端和接收端就需要单独对整型成员进行字节顺序转换。具体的做法见下面的例子。

例4.2　编写一个客户端程序和服务器端程序,客户端将多个学生的姓名、学号、计算机网络和程序设计两门课的成绩输入并发送给服务器端,服务器端接收这些信息并在屏幕上显示。

程序中学生信息可使用如下结构保存。

```
struct Student {
    char sName[20];                    //学生姓名
    char sStID[10];                    //学生学号
    int nComputerNetwork;              //计算机网络成绩
    int nCProg;                        //程序设计成绩
};
```

需要注意,由于计算机网络成绩(nComputerNetwork)和程序设计成绩(nCProg)均为int型变量,因此客户端程序在发送数据时需要先将它们转换成网络字节顺序,服务器端收到数据后需要再将它们转换成主机字节顺序。

程序流程如图4.4所示。客户端每输入完一个学生的信息就立刻发送给服务器端,由于需要输入并发送多个同学的信息,因此需要用到循环结构。由于学生人数不能确定,所以输入是否完成必须采取某种方法来判断并终止循环。这里采用的方法是,要求所有学生的信息输入完成后输入"end",该单词当作学生的名字存储。每次输入学生姓名后都要检查是否为"end",是则终止循环,否则继续循环。

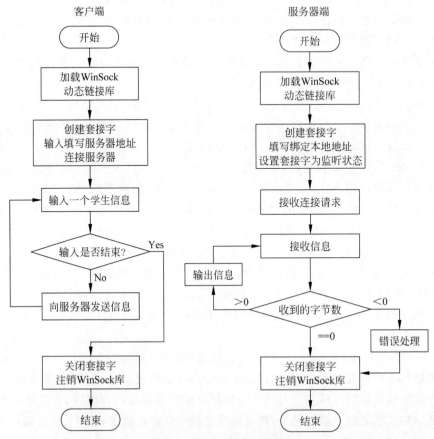

图4.4　例4.2程序流程图

　　服务器端循环接收并显示每个同学的信息,由于学生人数不定服务器端也必须有某种机制来判断对方是否已发送完成,从而结束数据接收。注意,在调用 recv()函数时,如果对方关闭连接的话,recv()将立刻返回,并且返回值为 0,因此可以将此作为循环结束的判断依据,当然,这要求客户端在发送完数据后立刻关闭套接字。具体实现参见下面的客户端和服务器端的完整代码。

　　客户端程序的完整代码如下。

```cpp
# include < iostream >
# include "winsock2.h"
# include "WS2tcpip.h" //本程序用到地址转换函数 inet_pton(),所以要包含该头文件
# define PORT 65432                              //定义要访问的服务器端口常量
# pragma comment(lib, "ws2_32.lib")
using namespace std;
//定义用于存放学生信息的结构体
struct Student {
    char sName[20];
    char sStID[10];
    int nComputerNetwork;
    int nCProg;
};
int main(int argc, char ** argv)
{
    /*** 定义相关的变量 ***/
    int sock_client;                        //定义客户端套接字
    struct sockaddr_in server_addr;         //定义存放服务器端地址的结构变量
    int addr_len = sizeof(struct sockaddr_in);//地址结构变量长度
    /*** 初始化 winsock DLL ***/
    WSADATA wsaData;
    if (WSAStartup(MAKEWORD(2, 2), &wsaData) != 0)
    {
        cout << "加载 winsock.dll 失败!\n";
        return 0;
    }
    /*** 创建套接字 ***/
    if ((sock_client = socket(AF_INET, SOCK_STREAM, 0)) < 0)
    {
        cout << "创建套接字失败!错误代码:" << WSAGetLastError() << endl;
        WSACleanup();
        return 0;
    }
    /*** 输入服务器 IP 地址并填写服务器地址结构 ***/
    char IP[20];
    cout << "请输入服务器 IP 地址: ";
    cin >> IP;
    memset((void *)&server_addr, 0, addr_len);    //地址结构清 0
    server_addr.sin_family = AF_INET;
    server_addr.sin_port = htons(PORT);
    in_addr a;
    inet_pton(AF_INET, IP, &a);
```

```
    server_addr.sin_addr.s_addr = a.S_un.S_addr;    //服务器 IP 地址
    /*** 与服务器建立连接 ***/
    if (connect(sock_client, (struct sockaddr * )&server_addr, addr_len) != 0)
    {
        cout << "连接失败!错误代码:" << WSAGetLastError() << endl;
        closesocket(sock_client);
        WSACleanup();
        return 0;
    }
    /***** 输入并发送数据 ******/
    struct Student stud ;
    cout << "请输入学生的姓名、学号、计算机网络成绩、程序设计成绩: \n";
    while (true)
    {
        cin >> stud.sName;
        if (strcmp(stud.sName, "end") == 0)
        {
            cout << "输入结束." << endl;
            break;
        }

        cin >> stud.sStID >> stud.nComputerNetwork >> stud.nCProg;
        /* 将结构中的整型数据字段的值由主机字节顺序转换为网络字节顺序 */
        stud.nComputerNetwork = htonl(stud.nComputerNetwork);
        stud.nCProg = htonl(stud.nCProg);
        if (send(sock_client, (char * )&stud, sizeof(struct Student), 0) <= 0)
        {
            cout << "信息发送失败!错误代码: " << WSAGetLastError()<< endl;
            break;
        }
    }
    /*** 结束处理 ***/
    closesocket(sock_client); //关闭 socket
    WSACleanup(); //注销 WinSock 动态链接库
    return 0;
}
```

服务器端程序的完整代码如下。

```
# include < iostream >
# include "winsock2. h"
# define PORT 65432                              //定义端口号常量
# pragma comment(lib, "ws2_32.lib")
using namespace std;
//定义用于存放学生信息的结构体
struct Student {
    char sName[20];
    char sStID[10];
    int nComputerNetwork;
    int nCProg;
};
```

```
int main(int argc, char ** argv)
{
    /*** 定义相关的变量 ***/
    SOCKET sock_server, newsock;                //保存监听套接字及已连接套接字
    struct sockaddr_in addr;                    //用于填写绑定地址的结构变量
    struct sockaddr_in client_addr;             //存放客户端地址
    /*** 初始化 winsock2.DLL ***/
    WSADATA wsaData;
    if (WSAStartup(MAKEWORD(2, 2), &wsaData) != 0)
    {
        cout << "加载 winsock.dll 失败!\n";
        return 0;
    }
    /*** 创建套接字 ***/
    if ((sock_server = socket(AF_INET, SOCK_STREAM, 0)) == SOCKET_ERROR)
    {
        cout << "创建套接字失败!错误代码:" << WSAGetLastError() << endl;
        WSACleanup();
        return 0;
    }
    /*** 填写要绑定的本地地址 ***/
    int addr_len = sizeof(struct sockaddr_in);
    memset((void *)&addr, 0, addr_len);         //将地址结构变量清 0
    addr.sin_family = AF_INET;
    addr.sin_port = htons(PORT);
    addr.sin_addr.s_addr = htonl(INADDR_ANY);   //允许使用本机的任何 IP 地址
    /*** 给监听套接字绑定地址 ***/
    if (bind(sock_server, (struct sockaddr *)&addr, sizeof(addr)) != 0)
    {
        cout << "地址绑定失败!错误代码:" << WSAGetLastError() << endl;
        closesocket(sock_server);
        WSACleanup();
        return 0;
    }
    /*** 将套接字设为监听状态 ****/
    if (listen(sock_server, 0) != 0)
    {
        cout << "listen 函数调用失败!错误代码:" << WSAGetLastError() << endl;
        closesocket(sock_server);
        WSACleanup();
        return 0;
    }
    else
        cout << "listenning......\n";
    /*** 接收连接请求并接收数据 ***/
    struct Student stud;                        //用于接收客户端发来数据的结构变量
    newsock = accept(sock_server, (struct sockaddr *)&client_addr, &addr_len);
    if(newsock == INVALID_SOCKET)
    {
        cout << "accept 函数调用失败!错误代码:" << WSAGetLastError() << endl;
        closesocket(sock_server);               //关闭监听套接字
```

```
        WSACleanup();                        //注销 WinSock 动态链接库
        return 0;
    }
    /*** 接收数据 ***/
    int size;
    while(true)
    {

        if ((size = recv(newsock,(char * )&stud,sizeof(struct Student),0))< 0)
        {
            cout << "接收信息失败,错误码: " << WSAGetLastError() << endl;
            break;
        }
        else if (size == 0)
        {
            cout << "数据传输完成" << endl;
            break;
        }
        else                                //输出收到的数据
        {
            //将结构中的整型数据字段的值由网络字节顺序转换为主机字节顺序
            stud.nComputerNetwork = htonl(stud.nComputerNetwork);
            stud.nCProg = htonl(stud.nCProg);

            cout << "收到的学生信息为: \n";
            cout << stud. sName <<" "<< stud. sStID <<" "
                                << stud. nComputerNetwork <<" "<< stud. nCProg << endl;
        }
    }
    closesocket(newsock);                    //通信完毕关闭"已连接套接字"
    closesocket(sock_server);                //关闭监听套接字
    WSACleanup();                            //注销 WinSock 动态链接库
    return 0;
}
```

例 4.2 的服务器端程序只能和一个客户端程序建立连接并接收数据,如果要使它能够顺序接收多个客户端程序发来的数据,读者可参考例 4.1 的服务器端程序对其进行适当修改。

4.4 文件传输程序设计

4.4.1 简单的文件传输

文件传输是计算机网络最早最基本的应用之一。因特网上使用得最广泛的文件传送协议(File Transfer Protocol,FTP)就是一个典型的例子,它以客户/服务器模式工作,专门提供客户到服务器的文件上传和文件下载等服务,它的实现使用了 TCP。除此之外,后来出现的许多网络应用都具有文件传输功能,专门用于下载的迅雷、网际快车等自不必说,就连QQ 这样的聊天工具都提供文件传输功能。由此可见,实现文件传输是网络编程的一项最基本的工作。

文件是一种数据存储的形式,因此文件传输的实质就是数据的传输。在文件传输程序中,发送方首先打开文件将文件数据读入应用程序的发送缓冲区,然后调用 send()函数将数据发送给接收端,接收方则调用 recv()函数接收数据,并将接收到的数据写入文件。下面先通过一个简单的文件传输实例,详细介绍利用流式套接字进行文件传输时所面临的问题以及解决这些问题的基本方法。

例 4.3 利用流式套接字编写一个简单的文件传输程序。要求:

(1) 服务器程序和客户端程序均为控制台应用程序。

(2) 服务器程序是文件端的发送方,服务器程序启动后要求从键盘输入要发送的文件的存放位置及文件名,然后等待客户端下载该文件。

(3) 客户端程序是文件的接收方,客户端程序启动后要求输入服务器的 IP 地址及所使用的 TCP 端口号,然后与服务器建立连接并下载服务器提供的文件,文件保存在 C 盘根目录下。

先分析程序要完成的功能及相应的实现技术。

(1) 文件位置的表示。

服务器程序要完成的第一件事情是输入文件位置及文件名,Windows 系统使用"文件路径"的概念来指定文件在磁盘上的存放位置,文件路径通常是一个由盘符、文件夹名、子文件夹名和文件名组成的字符串,各项之间用反斜线"\"隔开。例如,存储在 D 盘"C++程序"文件夹中的"LX1"子文件夹中的文件"readme.txt"的路径如下:

```
D:\ C++程序\LX1\readme.txt
```

在 C/C++程序中,反斜线"\"由于是转义字符的标志,因此反斜线本身需要用"\\"表示,因此程序代码中的文件路径应该表示成如下形式:

```
"D:\\ C++程序\\LX1\\readme.txt"
```

但是程序运行时键盘输入的文件路径仍是正常表示,即反斜线仍是其自身"\"。

(2) C++中的文件基本操作。

服务器端和客户端程序都需要用到文件操作,在控制台应用程序中通常应使用 C/C++的文件操作语句。C++中的文件处理功能是由输入文件流 ifstream 和输出文件流 ofstream 提供的,这两个流在头文件 fstream 中定义。C++中的文件操作过程应包括以下 5 个步骤。

① 在程序中包含头文件 fstream。

```
# include"fstream"
```

② 定义文件流变量。

```
ifstream inFile;                      //定义输入文件流对象
ofstream outFile;                     //定义输出文件流对象
```

③ 打开文件。

```
inFile.open( filename, inmode);
outFile.open( filename, outmode);
```

inFile 和 outFile 是步骤②中定义的流对象,filename 是要打开的文件名,可以包含文件路径,inmode 和 outmode 则是打开或建立文件的方式,该参数有默认值。对 inmode 和 outmode 可以取如下值。

- ios:in——打开输入文件,是 ifstream 流的默认方式。
- ios:out——打开输出文件,是 ofstream 流的默认方式,若文件不存在,则创建文件。
- ios:app——以追加方式打开,文件存在则在文件尾追加数据,不存在则创建文件。
- ios::ate——文件打开后,位置指针在文件最后,常和 in、out 联合使用。
- ios:trunk——文件存在则文件已有内容被清除。
- ios::binary——打开二进制文件。

这些值可以联合使用,当同时以两种或两种以上方式打开文件时需要使用"或"运算符"|"连接,例如:

```
fstream f("d:\\12.dat", ios::in | ios::out | ios::binary); //以读写方式打开二进制文件
```

注意:步骤②和步骤③也可以合并成一个语句:

```
ifstream inFile( filename, inmode);      //定义输入文件流对象并打开文件
ofstream outFile( filename, inmode);     //定义输出文件流对象并打开文件
```

流对象提供 is_open()方法来判断文件是否成功打开,如果打开成功该方法返回 true,打开失败则返回 false。

④ 读写文件。

对文本文件可使用"<<"或">>"连接文件流变量进行读写,输入文件流变量与"std::cin"用法完全相同,输出文件流变量与"std::cout"用法完全相同。

对二进制文件使用 get()方法可以从输入流中读取一个字符,put()方法则用于向输出流中写入一个字节。具体使用方法参见下面的例子。

```
char ch1,ch2 = 'A';        //定义两个字符变量
inFile.get(ch1);           //从输入文件流中读取一个字符存入变量 ch1
outFile.put(ch2);          //将变量 ch2 中的一个字符写入输出文件流
```

如果要一次读写多个字节的数据,则需要使用 read()方法和 write()方法,这两个方法的格式如下。

```
read ( char * buffer, streamsize size );
write ( char * buffer, streamsize size );
```

其中,参数 buffer 指向的存储区用来存储读出的或要写入流中的数据,参数 size 是一个整数值,表示要从缓存(buffer)中读出或写入的字节数。

使用 read()方法读取文件数据时,应使用 eof()方法检测文件是否读结束,使用 gcount()方法获得实际读取的字节数。

需要注意,对以二进制方式打开的文件不能使用"<<"或">>"进行输入输出操作。

⑤ 关闭文件。

文件操作完成后必须关闭文件,关闭文件时系统会立即将文件缓冲区的数据存入磁盘并且断开文件与流变量之间的关联。关闭文件方法如下。

```
inFile.close();
outFile.close();
```

(3) 文件名字和文件内容的传输。

传输一个文件需要传输两部分内容：一是文件的名字，二是文件的内容。收发双方必须约定何时发送文件名以及何时发送文件内容。一般的做法是发送方先发送文件名给接收方，接收方收到文件名后以输出方式(ios:out)打开文件，然后通知发送方"可以发送文件内容了"，发送方收到允许发送文件内容的通知后，就开始从文件中读取文件内容并发送给接收方。该交互过程如图 4.5 所示，其中，发送方已事先打开要发送的文件，并且收发双方约定用字符串"OK"表示接收方允许发送方发送文件内容的通知。

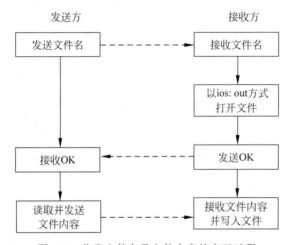

图 4.5　收发文件名及文件内容的交互过程

(4) 应用程序发送缓冲区和接收缓冲区的大小问题。

通常在编写程序时，被传输的文件大小是不可预知的，可能不足 1KB，也可能达到几GB，因此发送端不可能事先定义一个较大的数据缓冲区一次性将文件中的所有数据都读出来再发送，而只能是定义一个大小适当的缓冲区，利用循环进行多次读取多次发送，直到文件结束。接收方也不可能事先定义一个较大的接收缓冲区来容纳整个文件，也必须定义一个适当大小的缓冲区进行多次接收多次写入文件直到文件传输结束。

(5) 接收方判断文件传输结束的方法。

发送方将文件中的所有数据读出（读到文件尾）发送完成，就可以停止文件内容的读取与发送工作，转而进行其他处理。接收方如何知道文件传输已经结束进而停止接收呢？

一种方法是在文件数据传输之前，先由发送方将文件的大小发送给接收方，数据传输开始后，接收方对收到的数据字节数进行累计，当累计收到的数据量等于文件的大小时便可停止接收。在本例中所采用的就是这种方法。

还有一种常见的比较简单的方法是利用 recv() 函数返回值，如果用于传送数据的套接字已关闭 recv() 函数将返回 0，其他情况要么返回实际接收到的数据量，要么返回SOCKET_ERROR。因此，文件发送方在文件数据传输完成后将所用的套接字直接关闭，接收方接收完数据后再次调用 recv()，函数的返回值将为零，此时就可以知道文件传输已结束。

（6）获取文件长度的方法。

接收端判断文件传输是否结束需要使用文件长度，但 C/C++并不提供直接获取文件长度的函数。有很多方法可以获取文件长度，这里只介绍一种常用的简单方法。这种方法的原理是基于这样一个事实，就是当文件的读写位置指针位于文件结束时，其值就等于文件长度。具体实现方法参见如下函数 getfilesize（）。

```
long getfilesize(const char * filename)
{
    ifstream inFile(filename);              //定义流变量并打开文件
    inFile.seekg(0, ios::end);              //设置文件指针到文件流的尾部
    streampos ps = inFile.tellg();          //读取文件指针的位置
    inFile.close();                         //关闭文件流
    return ps;
}
```

函数中出现的 streampos 是文件流中专门用于表示文件读写指针位置的一种类型，一般可把它看成是 long int 型或 long long int 类型，当以二进制方式打开文件时，其单位为字节。

seekg（）是文件流提供的移动文件读位置指针的方法，tellg（）则是读取文件读位置指针的方法。C++的文件流维持有两个文件位置指针：一个是读位置指针，一个是写位置指针。seekg（）和 tellg（）只可用来控制读指针，专用于控制写位置指针的方法是 seekp（）和 tellp（）。tellg（）和 tellp（）无参数，seekg（）和 seekp（）的使用方法完全相同，下面是这两个方法的原型。

```
seekg(off_type offset, seekdir direction );
seekp(off_type offset, seekdir direction );
```

第一个参数是偏移量，通常是以字节为单位的整数，可以是正负数值，正的表示向后偏移，负的表示向前偏移。

第二个参数是基地址，可以是：

ios::beg——表示输入流的开始位置；

ios::cur——表示输入流的当前位置；

ios::end——表示输入流的结束位置。

例如，inFile.seekg（-100，ios::end）；表示从文件末尾向前移 100 字节。

文件传输程序发送端和接收端的完整工作流程如图 4.6 所示。服务器初始化 WinSock 库后，创建套接字并绑定服务器地址，然后调用 listen 函数设置套接字为监听套接字，并调用 accept 函数等待客户端的连接。

客户端软件则初始化 WinSock 库、创建套接字、填写客户地址和服务器地址的地址结构，调用 connect（）函数与服务器进行连接，连接成功后双方就可以进行文件传输了。

服务器端文件传输前，首先要打开文件、获取文件长度并将文件名和文件长度发送给客户端，客户端收到后则打开文件为写入数据做好准备，并向服务器端发送"准备好接收文件内容"的确认信息。服务器端在收到客户端发来的确认信息后，就通过循环多次读取文件内容并发送给客户端，直到读取到文件结束。接收方则循环调用 recv 函数接收数据并将数据写入文件，直到文件传输完成。文件传输完成后客户端和服务器端各自关闭打开的文件和套接字并卸载套接字库。

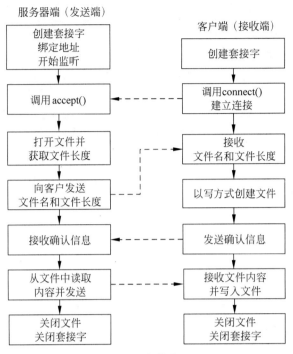

服务器端（发送端）

创建套接字
绑定地址
开始监听

调用accept()

打开文件并
获取文件长度

向客户发送
文件名和文件长度

接收确认信息

从文件中读取
内容并发送

关闭文件
关闭套接字

客户端（接收端）

创建套接字

调用connect()
建立连接

接收
文件名和文件长度

以写方式创建文件

发送确认信息

接收文件内容
并写入文件

关闭文件
关闭套接字

图 4.6　文件传输流程

以下是服务器端程序的完整实现代码。

```cpp
#include <iostream>
#include "fstream"
#include "winsock2.h"
#pragma comment(lib,"ws2_32.lib")
using namespace std;
struct fileMessage {                    //定义存储文件信息的结构体
    char fileName[256];
    long int fileSize;
};
int main()
{
    SOCKET sock_server;                 //定义监听套接字
    struct sockaddr_in addr, client_addr;  //存放本地地址和客户地址的变量
    SOCKET newsock;                     //存储 accept()返回的套接字描述符
    /*** 初始化 winsock DLL *** /
    WSADATA wsaData;
    if (WSAStartup(MAKEWORD(2, 2), &wsaData) != 0)
    {
        cout << "加载 WinSock 动态链接库失败!\n";
        return 0;
    }
    char filename[500];                 //用于存储要传输的文件的文件路径
    cout << "输入要传输的文件路径: ";
    cin.getline(filename, 500);
```

```
/***创建监听套接字***/
if ((sock_server = socket(AF_INET, SOCK_STREAM, 0)) < 0)
{
    cout << "创建套接字失败!\n";
    WSACleanup();
    return 0;
}
/***绑定IP地址与端口***/
memset((void *)&addr, 0, sizeof(addr));      //地址长度
addr.sin_family = AF_INET;
addr.sin_port = htons(65432);                //端口号,也可选用其他值
addr.sin_addr.s_addr = htonl(INADDR_ANY);//允许使用本机的任何IP地址
if (bind(sock_server, (struct sockaddr *)&addr, sizeof(addr)) != 0)
{
    cout << "绑定失败!\n";
    closesocket(sock_server);                //关闭套接字
    WSACleanup();                            //注销WinSock动态链接库
    return 0;                                //结束程序
}
if (listen(sock_server, 5) != 0)             //开始监听
{
    cout << "listen函数调用失败!\n";
    closesocket(sock_server);
    WSACleanup();
    return 0;
}
else
    cout << "listenning......\n";

/***接收客户连接请求***/
int addr_len = sizeof(struct sockaddr_in);
if ((newsock = accept(sock_server, (struct sockaddr *)&client_addr,&addr_len)) ==
INVALID_SOCKET)
{
    cout << "accept函数调用失败!\n";
    closesocket(sock_server);
    WSACleanup();
    return 0;
}
cout << "客户连接成功!" << endl;
char OK[3], fileBuffer[1000];                //定义接收"OK"的缓冲区和发送缓冲区
struct fileMessage fileMsg;                  //定义保存文件名及文件长度的结构变量
ifstream inFile(filename, ios::in | ios::binary);  //定义文件对象并打开文件
if (!inFile.is_open())
{
    cout << "Cannot open " << filename << endl;
    closesocket(newsock);
    closesocket(sock_server);
    WSACleanup();
    return 0;                                //文件打开失败则退出
}
```

```
/*** 从文件路径中提取文件名保存到结构变量 fileMsg 中 *** /
unsigned int size = strlen(filename);
while (filename[size] != '\\'&& size > 0)size--;
strcpy_s(fileMsg.fileName, filename + size);
/*** 获取文件长度并存入结构变量 fileMsg 中 *** /
inFile.seekg(0, ios::end);               //将文件的位置指针移到文件末尾
size = inFile.tellg();                   //获取当前文件位置指针值,该值即为文件长度
fileMsg.fileSize = htonl(size);          //将文件长度存入结构变量 fileMsg
send(newsock, (char * )&fileMsg, sizeof(fileMsg), 0); //发送 fileMsg
if (recv(newsock, OK, sizeof(OK), 0) <= 0)//接收对方发送来的 OK 信息
{
    cout << "接收 OK 失败,程序退出!\n";
    closesocket(newsock);
    closesocket(sock_server);
    WSACleanup();
    return 0;
}
if (strcmp(OK, "OK") == 0)                //如果对方已准备好接收则发送文件内容
{
    inFile.seekg(0, ios::beg);           //将文件的位置指针返回到文件头
    while (!inFile.eof())
    {
        inFile.read(fileBuffer, sizeof(fileBuffer));
        size = inFile.gcount();          //获取实际读取的字节数
        send(newsock, fileBuffer, size, 0);
    }
    cout << "File Transfer Finished!\n";
    inFile.close();                      //关闭文件
}
else
    cout << "对方无法接收文件! ";
closesocket(newsock);
closesocket(sock_server);
WSACleanup();
return 0;
}
```

客户端程序代码如下。

```
#include <iostream>
#include "fstream"
#include "winsock2.h"
#include "WS2tcpip.h" //本程序用到地址转换函数 inet_pton(),所以要包含该头文件
#include "direct.h"
#pragma comment(lib,"ws2_32.lib")
using namespace std;
struct fileMessage {                     //定义存储文件信息的结构体
    char fileName[256];
    long int fileSize;
};
int main()
```

```
{
    /*** 定义网络连接的相关变量 ***/
    int sock_client;                          //定义套接字
    struct sockaddr_in server_addr;           //用于存放服务器地址的变量
    int addr_len = sizeof(struct sockaddr_in); //地址长度
    /*** 初始化 winsock DLL ***/
    WSADATA wsaData;
    if (WSAStartup(MAKEWORD(2, 2), &wsaData) != 0)
    {
        cout << "加载 WinSock 动态链接库失败!\n";
        return 0;
    }
    /*** 创建套接字 ***/
    if ((sock_client = socket(AF_INET, SOCK_STREAM, 0)) < 0)
    {
        cout << "创建套接字失败!\n";
        WSACleanup();
        return 0;
    }
    /*** 输入服务器 IP 地址及端口号 ***/
    char IP[20];
    unsigned short port;
    in_addr a;
    cout << "请输入服务器 IP 地址: ";
    cin >> IP >> port;
    inet_pton(AF_INET, IP, &a);
    memset((void *)&server_addr, 0, addr_len);
    server_addr.sin_family = AF_INET;
    server_addr.sin_port = htons(port);
    server_addr.sin_addr.s_addr = a.S_un.S_addr;
    if(connect(sock_client,(struct sockaddr *)&server_addr,addr_len)!= 0)
    {
        cout << "连接失败!\n";
        closesocket(sock_client);
        WSACleanup();
        return 0;
    }
    /*** 定义文件传输所需变量 ***/
    struct fileMessage fileMsg;
    long int filelen;
    char filename[500] = "D:\\LXDownLoadTemp\\";   //指定文件的保存目录
    char ok[3] = "OK";
    char fileBuffer[1000];                      //接收文件数据的缓冲区
    _mkdir(filename); //_mkdir()用于创建文件夹,其声明包含在 direct.h 中
    /*** 接收文件名及文件长度信息 ***/
    if ((filelen = recv(sock_client,(char *)&fileMsg,sizeof(fileMsg),0))<= 0)
    {
        cout << "未接收到文件名及文件长度!\n";
        closesocket(sock_client);
        WSACleanup();
        return 0;
```

```
    }
    filelen = ntohl(fileMsg.fileSize);
    strcat_s(filename, fileMsg.fileName);
    ofstream outFile(filename, ios::out | ios::binary);    //创建文件对象
    if (!outFile.is_open())
    {
        cout << "Cannot open " << filename << endl;
        closesocket(sock_client);
        WSACleanup();
        return 0;                                 //文件打开失败则退出
    }
    send(sock_client, ok, sizeof(ok), 0);         //发送接收文件数据的确认信息
    int size = 0; //接收到的数据长度
    do //接收文件内容并保存
    {
        size = recv(sock_client, fileBuffer, sizeof(fileBuffer), 0);
        if (size <= 0)break;
        outFile.write(fileBuffer, size);
        filelen -= size;
    } while (filelen > 0);
    if (filelen == 0)
        cout << "Transfer finished!\n";
    else
        cout << "Transfer Failed!\n";
    outFile.close();
    closesocket(sock_client);
    WSACleanup();
    return 0;
}
```

4.4.2　文件的断点续传与多点下载

在例 4.3 中,文件发送方分多次从文件中读取数据并调用 send()函数发送数据,接收方则多次调用 recv()函数接收数据并写入文件。在这个过程中,如果网络突发异常导致数据发送或接收失败,则整个文件的传输都将归于失败,要想完成传输,必须要重新开始。这不仅浪费网络资源,而且会花费更多的时间,这往往是很多用户难以忍受的,尤其是大文件的传输。为了解决这一问题,目前多数的文件传输程序都采用了"断点续传"技术。

"断点续传"就是指在文件传输过程中,如果由于某种原因造成了文件传输的意外中止,当重新启动传输过程时,将从文件传输中断的地方开始接着传输,只是传输中断前还没传输的数据,而中断前已传输的数据则不再重传。有很多方法可以实现文件的断点续传,下面先介绍一种在采用流式套接字的一对一的文件传输中实现断点续传的方法。

在采用 TCP 进行一对一文件传输时,文件数据的读取与发送顺序完全是严格按照数据在文件中的先后顺序进行的,接收方接收到的数据的顺序同发送顺序也是完全一致的。由此可知,如果文件传输过程中被意外中止,接收方接收到的部分文件数据必定是从文件首部开始的连续数据。利用这一点就可以很容易地实现断点续传,只要要求接收方在每次开始下载一个文件时,先检查一下是否已下载过该文件,如果已下载过,通过检查该文件的长度

便可知道已经下载到的断点位置,将该断点位置值发送给发送方,发送方从断点位置继续发送数据,接收方将收到的新数据直接追加到文件末尾就可以了。

若要在例4.3的程序代码基础上增加断点续传功能,需要解决以下两个问题。

(1)接收方在收到文件名和文件长度后如何判断是否已下载过该文件的部分数据。

要想精确知道是否已下载过某文件的部分数据,而不是碰巧有重名的另一个文件,通常除文件名外还需要知道其他一些更详尽的信息,为了维护这些信息,下载程序通常要在保存下载文件的目录中创建一个按特殊规则命名的临时文件,用以记录已下载文件的信息。临时文件的名字通常可由文件发送者的地址以及文件名称等信息唯一确定,已下载的文件内容则保存在另外的临时文件中。当一个文件完全下载完后,则将文件数据复制到与原文件名相同的一个文件中,临时文件则被删除。要实现这一功能虽不是很难,但比较烦琐。

(2)接收方如何向发送方报告已下载的字节数。

在例4.3中,接收方在收到文件名及文件长度后首先要创建文件,文件创建成功后需要向发送方发送"准备好接收数据"的确认信息"OK"。显然,在这里只要将已下载的文件字节数与OK一起发送给发送方就可以了。

为了将OK信号与文件指针的值一块儿发送给文件发送方,可定义如下结构。

```
/*** 存储 OK 与文件指针的结构体 *** /
struct ArckMessage{
    char ok[3]; //是否准备好接收文件
    unsigned long fileOffset; //文件指针
};
```

事实上,在本例中的OK消息是可以省略的,因为发送方只收到文件位置指针的值就可以判断接收方已准备好接收数据了。但为了便于理解,同时也考虑到用结构体封装多个数据一起发送是编写通信程序时经常使用的方法,作为一个例子本程序仍连同OK一起发送。

在例4.3的程序代码基础上增加断点续传功能后,收发双方的交互过程如图4.7所示。接收方收到文件名及文件长度后,以二进制追加方式打开文件,并把写位置指针移到文件末尾,读取文件位置指针,将该值连同"OK"信息一起发给发送方,发送方收到后将要发送文件的读位置指针设置成与接收方文件的写位置相同,然后开始读取文件内容并发送给接收方,接收方则将收到的内容追加到文件中。由于篇幅所限,具体的程序代码这里不再给出,请读者自己试着完成。

上面介绍的断点续传方法仅用于演示断点续传的原理,实际应用的断点续传方法大都是基于文件分片的,这种方法的基本原理是:首先将要发送的文件按照一定的规则分成若干片段,发送方将每片数据以及该片数据在原文件中的位置作为一个独立的数据单元发送给接收方,接收方每接收到一个这样的数据片都将该数据片保存到一个临时文件中,等收到文件的所有片段后再将各片数据组装成原来的文件。如果在传输过程中因某种原因而中止传输,再次重新开始传输时,接收方将通知发送方只发送还未收到的数据片段。

采用分片策略传输文件,既可以使用流式套接字,也可以采用数据报套接字,不仅可以实现断点续传,还可以实现"多点下载"。多点下载是指:如果一个文件在多台机器上都保存有副本(或部分片段的副本),则接收方可以同时从不同机器上下载该文件的不同片段,这

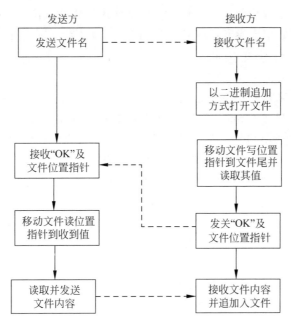

图 4.7 收发文件名、文件位置指针及文件内容的交互过程

样可以极大地提高文件的下载速度,提高网络的利用率。目前因特网上流行的下载软件大都采用了类似的技术。

实现多点下载技术还需要解决诸如接收方如何获取存储有文件副本的计算机的地址,文件如何分片,如何决定哪些片段从哪台计算机上下载等问题,实现较为复杂,在一对一的文件传输中,基于分片策略实现"断点续传"则相对较为简单,具体需要考虑解决以下问题。

(1)如何将文件分片?每片的大小为多少才算合适?是采用等长划分还是其他方法?

(2)如何将每片的数据及其在文件中的位置一同传输?

(3)发送方和接收方的工作流程如何规划?

(4)接收方如何判断是否接收到了文件的所有片段?

(5)接收方在收到文件的所有片段后如何将文件重组?

习题

1. 选择题

(1)在实现基于 TCP 的网络应用程序时,服务器端正确的处理流程是( )。

    A. socket()-> bind()-> listen()-> connect()-> send()/recv()-> closesocket()

    B. socket()-> bind()-> listen()-> send()/recv()-> closesocket

    C. socket()-> bind()-> listen()-> accept()-> send()/recv()-> closesocket()

    D. socket()-> connect()-> send()/recv()-> closesocket()

(2)关于 socket()函数下列叙述错误的是( )。

    A. 调用成功返回新创建的套接字描述符

    B. 调用不成功返回 INVALID_SOCKET

　　C. 最后一个参数用于指定所创建套接字使用的传输层协议

　　D. 第一个参数用于指定套接字所使用的协议地址族,它必须取值为常量 AF_INET

(3) 下面对 bind()函数的功能描述错误的是(　　　)。

　　A. 该函数仅适用于流式套接字

　　B. 该函数用来将套接字绑定到指定的网络地址上

　　C. 该函数一般在 connect()或 listen()函数调用前使用

　　D. 在客户端使用的套接字一般不必绑定,除非要指定它使用特定的网络地址

(4) 调用 bind()函数为服务器端的监听套接字绑定地址时,以下描述错误的是(　　　)。

　　A. IP 地址设置为 INADDR_ANY,表示该套接字的 IP 地址由系统自动指定

　　B. 可将 PORT 定义为 0,这时系统会自动为其分配一个端口号

　　C. 不绑定地址也不会出现明显错误,当调用 listen()时系统会为其自动分配

　　D. bind()函数执行成功将返回 True,否则返回 SOCKET_ERROR

(5) 在流式套接字编程中,服务器端每成功调用一次 accept()函数,该函数都会返回一个用于与客户端通信的已连接套接字,该已连接套接字(　　　)。

　　A. 没有绑定 IP 地址,端口号与监听套接字相同

　　B. 绑定的 IP 地址与监听套接字的相同,端口号由系统随机分配

　　C. 绑定的 IP 地址与端口号均与监听套接字的相同

　　D. 没有绑定 IP 地址,端口号由系统随机分配

(6) 关于 accept()函数,以下叙述错误的是(　　　)。

　　A. 只适用于面向连接的套接字,只能由服务器端调用

　　B. 功能是接收指定的监听套接字上传入的一个连接请求,并与请求方建立连接

　　C. 执行成功则返回一个已连接套接字的描述符

　　D. 若连接失败则返回 SOCKET_ERROR

(7) 要获取一个套接字绑定的 IP 地址和端口号,需要调用函数(　　　)。

　　A. getsockname()　　　　　　　　　　　B. getpeername()

　　C. getsockbyname()　　　　　　　　　　D. getpeerbyname()

(8) 在流式套接字编程中,客户端建立连接用的套接字(　　　)。

　　A. 必须调用 bind()函数绑本地定 IP 地址和端口号

　　B. 不必调用 bind()函数绑定本地 IP 地址和端口号,系统会自动为其分配

　　C. 不必调用 bind()函数绑定本地 IP 地址和端口号,因为它根本不需要

　　D. 不必调用 bind()函数绑定本地 IP 地址和端口号,它由 connect()函数的参数指定

(9) 调用 recv()函数接收数据时,如果其返回值为 0,则说明(　　　)。

　　A. 收到 0 个字节,需再次调用 recv()继续接收数据

　　B. 连接已关闭

　　C. 收到与指定的缓冲区大小相同字节数的数据

　　D. 执行过程中出错

(10) 关于 recv()函数,以下叙述错误的是(　　　)。

　　A. 函数执行成功则返回成功收到的字节数,该字节数必定小于或等于 len

　　B. 如果函数返回 0,说明连接对端已关闭该连接

  C. 将参数 flags 设置为 MSG_PEEK,再次调用 recv()时会收到与本次调用相同的数据

  D. 参数 len 指定的是希望接收的数据的字节数

（11）send()函数调用成功时,要发送的数据( )。

  A. 被复制到了套接字的系统缓冲区中

  B. 被直接发送到了网上

  C. 被全部封装到一个 TCP 报文段中将被 IP 发送

  D. 已被接收端成功接收

（12）若收发双方已成功建立连接,则( )。

  A. 发送方调用 send()函数的次数必须大于等于接收方调用 recv()函数的次数

  B. 发送方调用一次 send()函数,接收方必须调用一次 recv()函数

  C. 发送方调用 send()函数的次数必须小于等于接收方调用 recv()函数的次数

  D. 以上说法都不对

2. 填空题

（1）socket(AF_INET,SOCK_STREAM,0);函数的功能是_____。

（2）监听函数调用 listen(s,4),其中,参数 4 的含义是_____。

（3）在使用 TCP 通信时,由 accept()函数返回的已连接套接字所绑定的 IP 地址来自于监听套接字,端口号_____。

（4）除了应用程序中的发送缓冲区和接收缓冲区外,每一个套接字也都有自己的发送缓冲区和接收缓冲区,这两个缓冲区被称为系统缓冲区,它们是创建套接字时由系统自动分配的,其默认大小为 8KB,程序员可以通过调用_____函数来改变其大小。

（5）socket()函数调用失败时,其返回值为_____。

（6）connect()函数调用成功时返回值为 0,调用失败则返回_____。

（7）默认情况下,调用 accept()时如果没有客户连接请求到达,accept()将_____。

（8）假设下面程序代码中的所有变量都已正确定义且赋值,则该语句成功执行后变量 client_addr 中的值代表的是_____。

```
newsock = accept (sock_server, (struct sockaddr * )&client_addr, &addr_len);
```

（9）调用 recv()函数接收数据时,正常情况下其返回值为_____。

3. 编程题

（1）编写一个服务器程序和一个客户程序,双方互发送一条信息,显示收到的信息后退出。

（2）编写一个简单的点对点聊天程序（字符界面）,客户端请求连接成功后首先从键盘输入一句话发送给服务器端,服务器显示收到的信息后从键盘输入一句话再发送给客户机,如此交互,一人一句,直到某一方从键盘输入"end"后双方均关闭套接字并退出程序。

（3）主机端口扫描是网络安全检测的重要手段,目的是确定目的主机中已有哪些端口被打开。使用 connect()函数依次与目标主机的所有 TCP 端口号进行连接,如果连接建立成功说明该端口已被打开,否则该端口未被打开。请利用这一原理编写一个 TCP 端口扫描程序。

实验 3　使用流式套接字传输数据

一、实验目的

（1）掌握使用流式套接字编写通信程序的流程，熟悉 socket()、bind()、send()、recv() 等相关套接字函数的功能及使用方法；

（2）掌握使用流式套接字传输文件的基本编程方法。

二、实验设备及软件

已联网的运行 Windows 系统的计算机，Visual Studio 2017（已选择安装 MFC）。

三、实验内容

（1）使用流式套接字编写一字符界面的通信程序，客户端在与服务器连接成功后，从键盘依次输入若干同学的姓名、学号、性别和考试成绩并发送给服务器端，要求使用结构体调用一次 send() 函数将同一同学的所有数据项发送到服务器，当输入的姓名为"end"时结束程序；服务器端显示连接成功的客户端的 IP 地址，然后接收并显示客户端发来的每个同学的姓名、学号、性别、考试成绩，收到"end"后结束。

（2）编写一个文件上传程序。服务器端为控制台应用程序，可接收客户发来的多个文件并保存在一个指定的文件夹中。客户端为对话框应用程序，界面如图 4.8 所示。在 IP 地址控件中输入服务器端的 IP 地址；单击"打开"按钮则弹出"打开文件"对话框，该对话框用于选择要上传的文件，选中的文件的路径显示在"打开"按钮左侧的文本编辑框中；单击"发送"按钮，则将选中的文件发送给服务器端。

说明：程序所使用的 TCP 端口号由编程者在编写程序时指定。

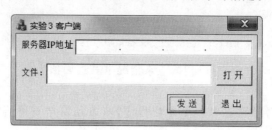

图 4.8　实验 3 文件上传程序客户端界面

四、实验步骤

实验内容（1）和实验内容（2）服务器端程序的编程方法和步骤请参阅本章相关内容。下面简要给出的主要是实验内容（2）客户端程序的实现步骤。

（1）使用 MFC 应用程序向导创建一个基于对话框应用程序，注意创建过程中需要选中 "Windows 套接字"复选框，因为该项目中要调用 WinSock 函数。

（2）按如图 4.8 所示界面为程序添加控件并设置控件的相关属性。

（3）为文本编辑框添加控件变量，变量名自己指定，变量类别为 Value；为 IP 地址控件添加控件变量，变量名自己指定，变量类别为 Control。

（4）作为主对话框类的成员变量，添加通信所使用的套接字变量及地址变量。

（5）在主对话框类的 OnInitDialog() 成员函数中添加创建发送文件的流式套接字的代码。

（6）编写"打开"按钮的 BN_CLICKED 消息的消息处理函数，该函数显示"打开文件"对话框，将选中的文件路径显示在文本框中，并以"只读"方式打开选中文件。有关 CFile 类以及"打开文件"对话框的内容请参见 2.9 节。该函数的示例代码如下（注意，以下代码要求该项目使用"多字节字符集"而非"Unicode 字符集"）。

```
void CShiYan3Dlg::OnBnClickedButton1()        //假设工程名为 ShiYan3
{
    char szFilter[] = "All Files( * . * )| * . * ||";
    CFileDialog OpenDlg(true,0,0,0,szFilter);    //创建"打开文件"对话框对象
    int x = OpenDlg.DoModal();                   //显示"打开文件"对话框
    if(x == IDOK)
    {
        m_Edit = OpenDlg.GetPathName();          //m_Edit 为文本编辑框的控件变量
        UpdateData(false);
    }
}
```

（7）编写"发送"按钮的 BN_CLICKED 消息的消息处理函数，该函数首先获取 IP 地址控件中的服务器端 IP 地址，建立与服务器的连接，然后打开选中的文件，将文件名及文件内容发送给服务器，最后关闭文件并关闭与服务器的连接。

（8）完成服务器端程序。

（9）先在同一台计算机上运行调试自己编写的程序，然后与同学配合，用自己的客户端程序向同学的服务器程序发送文件，同时也启动自己的服务器程序，接收同学的客户程序发来的文件。

五、思考题

到目前为止，我们编写的 TCP 服务器虽然能为多个客户服务，但只能依次为它们提供服务，即结束与一个客户的连接后才能再接收另一个客户的连接请求。能否同时保持与多个客户端的连接？如何实现？

第5章

Visual C++中的多线程编程

本章主要介绍 Visual C++中的多线程编程技术以及多线程技术在 WinSock 编程中的应用。主要内容包括进程和线程的相关概念、Visual C++中的多线程技术、TCP 服务器端程序的多线程编程、线程间的通信、线程的同步与互斥等。

5.1 进程和线程的概念

进程是现代操作系统理论的核心概念之一。支持多任务并发执行的操作系统需要为多个并发执行的程序合理地分配内存、外设、CPU 时间等资源,为了便于描述和实现系统中各程序运行过程的独立性、并发性、动态性以及它们相互之间因资源共享而引起的相互制约性,操作系统引入了进程(Process)的概念。

进程是指具有一定独立功能的程序在某个数据集合上的一次运行活动,是系统进行资源分配和调度运行的一个独立单位,每个进程都有自己的独立的内存地址空间。

进程是程序在计算机上的一次执行活动,当你启动了一个程序,你就启动了一个进程,退出一个程序也就结束了一个进程。但需要明确,程序并不等价于进程,程序只是一组指令的有序集合,是一个静态实体,而进程是程序在某个数据集上的执行,是一个动态实体。

程序只有被装入内存后才能运行,程序一旦进入到内存就成为进程了,因此,进程的创建过程也就是程序由外存储器被加载到内存的过程。

进程在其存在过程中,由于多个进程的并发执行,受到 CPU、外部设备等资源的制约,使得它们的状态不断发生变化。进程的基本状态有以下三种。

(1) 就绪状态:进程获得了除 CPU 之外的一切所需资源,一旦获得 CPU 即可运行。

(2) 运行状态:进程获得了 CPU 等一切所需资源,正在 CPU 上运行。

(3) 阻塞状态:正在 CPU 上运行的进程,由于某种原因不再具备运行的条件而暂时停止运行,比如需要等待 I/O 操作完成、等待其他进程发来消息等。

当就绪进程的数目多于 CPU 的数目时,需要按一定的算法动态地将 CPU 分配给就绪进程队列中的某一个使之运行,这就是所谓的进程调度。当分配给某个进程的运行时间(时间片)用完了时进程就会由运行状态回到就绪状态;运行中的进程如果需要执行 I/O 操作,比如从键盘输入数据,就会进入到阻塞状态等待 I/O 操作完成,I/O 操作完成后,就会转入

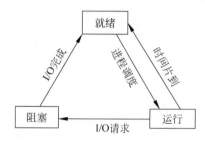

图 5.1 进程的三种状态及相互转换

就绪状态等待下一次调度,如图 5.1 所示。

进程因创建而产生,因调度而运行,因等待资源或事件而被处于等待状态,因完成任务而被撤销,它反映了一个程序在一定的数据集上运行的全部动态过程。

线程是为了在进程内部实现并发性而引入的概念。进程内部的并发性是指在同一个进程内部可以同时进行多项工作,而线程就是完成其中某一项工作的单一指令序列。一般情况下,同一进程中的多个线程各自完成不同的工作,比如一个线程负责通过网络收发数据,另一个线程完成所需的计算工作,第三个线程来执行文件输入输出,当其中一个由于某种原因阻塞后,比如通过网络收发数据的线程等待对方发送数据,另外的线程仍然能执行而不会被阻塞。

一个进程内的所有线程则是在同一进程的地址空间运行的。各线程自己并不独自拥有系统资源,它与同属一个进程的其他线程共享进程的地址空间等全部资源,解决同一进程的各线程之间如何共享内存、如何通信等问题是多线程编程中的难点。

由于线程之间的相互制约,以及程序功能的需求,线程在运行中也会呈现出间断性,因此一个线程在其生命期内有两种存在状态——运行状态和阻塞(也称挂起)状态。有很多原因可导致线程在这两种状态之间进行切换。图 5.2 给出了线程的状态及相互转换的原因。

线程仅简单地借用了进程切换的概念,它把进程间的切换转变成了同一个进程内的几个函数间的切换。同一个进程中函数间的切换相对于进程切换来说所需的开销要小得多,它只需要保存少数几个寄存器、一个堆栈指针以及程序计数器等少量内容。在进程内创建、终止线程比操作系统创建、终止进程要快。由于一个进程中的所有线程都在该进程

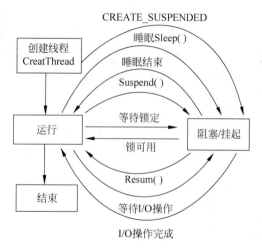

图 5.2 线程的状态及其转换

的地址空间中,共同使用地址空间中的全局变量和系统资源,所以线程间的通信非常方便。

有多个线程的程序称为多线程程序。Windows 系统支持多线程程序,允许程序中存在多个线程。事实上,任何一个 Windows 中的进程都至少有一个线程,即主线程,它不是由用户主动创建的,而是由系统自动创建的,其他线程都是用户根据需要在主线程或其他线程中创建的,称为子孙线程。进程创建完成后就已启动了该进程的主线程。在 Visual C++ 程序中,主线程的启动点是以函数形式(即 main 或 WinMain 函数)提供给 Windows 系统的。主线程终止了,进程也将随之终止,而不管其他线程是否执行完毕。

5.2 Visual C++中的多线程编程

多线程给应用开发带来了许多好处,但并非任何情况下都要使用多线程,一定要根据应用程序的具体情况来综合考虑。一般来说,在以下情况下可以考虑使用多线程。

(1) 应用程序中的各任务相对独立;

(2) 某些任务耗时较多;

(3) 各任务需要有不同的优先级。

在 Visual C++程序设计中,有多种方法在程序中实现多线程:使用 Win32 SDK 函数、使用 C/C++运行库函数、使用 MFC 类库。由于使用 MFC 类库实现多线程的技术涉及的概念较多,较为复杂,篇幅所限本书暂不介绍。

5.2.1　使用 Win32 SDK 函数实现多线程

1. 创建线程

在程序中创建一个线程需要以下两个步骤。

1) 编写线程函数

所有线程必须从一个指定的函数开始执行,该函数就是所谓的线程函数。线程函数必须具有类似下面所示的函数原型。

```
DWORD _stdcall ThreadFunc( LPVOID lpvThreadParm);
```

关键字_stdcall 是函数调用规范的一种。函数调用规范主要规定了被调函数的参数传递顺序、调用堆栈是由调用函数还是被调用函数清理等。_stdcall 规定参数从右向左压入堆栈,由被调函数清理堆栈。另外一种常见的函数调用约定是_cdecl,它是 C/C++的默认调用规范,_cdecl 规定参数按从右至左的顺序压参数入栈,由调用者负责清理堆栈。

ThreadFunc 是线程函数的名字,可以由编者任意指定,但必须符合 Visual C++标识符的命名规范。该函数仅有一个 LPVOID 型的参数,LPVOID 的类型定义如下。

```
typedef void * LPVOID;
```

它既可以是一个 DWORD 型的整数,也可以是一个指向一个缓冲区的 void 类型指针。函数返回一个 DWORD 型的值。

一般来说,C++的类成员函数不能作为线程函数。这是因为在类中定义的成员函数,编译器会给其加上 this 指针。但如果需要线程函数像类的成员函数那样能访问类的所有成员,可采用两种方法:第一种方法是将该成员函数声明为 static 类型,但 static 成员函数只能访问 static 成员,不能访问类中的非静态成员,解决此问题的一种途径是可以在调用类静态成员函数(线程函数)时将 this 指针作为参数传入,并在该线程函数中用强制类型转换将 this 转换成指向该类的指针,通过该指针访问非静态成员。第二种是不定义类成员函数为线程函数,而将线程函数定义为类的友元函数,这样线程函数也可以有类成员函数同等的权限。

2) 创建一个线程

进程的主线程是操作系统在创建进程时自动生成的,但如果要让一个线程创建一个新的线程,则必须调用线程创建函数。Win32 SDK 提供的线程创建函数是 CreateThread()。

函数原型

```
HANDLE CreateThread(
    LPSECURITY_ATTRIBUTES lpThreadAttributes,
```

```
DWORD dwStackSize,
LPTHREAD_START_ROUTINE lpStartAddress,
LPVOID lpParameter,
DWORD dwCreationFlags,
LPDWORD lpThreadId
);
```

函数参数

- lpThreadAttributes：指向一个 LPSECURITY_ATTRIBUTES 结构的指针，该结构决定了线程的安全属性，一般置为 NULL。
- dwStackSize：指定线程的堆栈深度，一般设置为 0。
- lpStartAddress：线程起始地址，通常为线程函数名。

LPTHREAD_START_ROUTINE 类型定义：

typedef unsigned long(_stdcall * LPTHREAD_START_ROUTINE)(void * lpParameter);

- lpParameter：线程函数的参数。
- dwCreationFlags：控制线程创建的附加标志。该参数为 0，则线程在被创建后立即开始执行；如果该参数为 CREATE_SUSPENDED，则创建线程后该线程处于挂起状态，直至函数 ResumeThread 被调用。
- lpThreadId：该参数返回所创建线程的 ID。

返回值

该函数在其调用进程的进程空间里创建一个新的线程，并返回已创建线程的句柄，如果创建成功，则返回线程的句柄，否则返回 NULL。

注意，使用同一个线程函数可以创建多个各自独立工作的线程。

例 5.1 一个简单的线程函数定义及线程创建的例子。

```
# include "windows.h"
# include "iostream"
using namespace std;
//定义线程函数,这里的形参 p 是为了满足线程函数的格式要求,函数内并没使用
DWORD _stdcall ThreadFun1( LPVOID p)
{
    for(int i = 1;i < 100;i++)
    {
        Sleep(1000);                        //阻塞 1000ms
        cout << i << ",This is Thread 1\n";
    }
    return 0;
}
HANDLE hThread1;                            //线程句柄
DWORD ThreadID1;                            //线程 ID
int main()
{
    //创建线程,线程函数的参数在函数内部并没用到,所以 CreateThread 的第四个参数为 NULL
    hThread1 = CreateThread(NULL,0,ThreadFun1, NULL, 0, &ThreadID1);
    for(int j = 1;j < 10;j++)
```

```
    {
        Sleep(1000);
        cout << j <<",This is MainThread!\n";
    }
    return 0;
}
```

程序中的 Sleep()函数是一个 Windows API 函数,其功能是使线程阻塞,直到指定时间过完。使用本函数需要包含头文件"windows.h"。

函数原型

```
VOID Sleep(DWORD dwMilliseconds);
```

函数参数

dwMilliseconds:指定线程阻塞的时间长度,时间的单位是毫秒(ms)。如果参数取值为 0,执行该函数也将使线程阻塞转而执行其他同优先级的线程,如果不存在其他同优先级的线程,线程将立刻恢复执行。如果取值为常量 INFINITE,则线程将被无限期阻塞。

2. 线程函数的参数传递

由 CreateThread 函数原型可以看出,创建线程时可以给线程传递一个 void 指针类型的参数,该参数为 CreateThread()函数的第四个参数。

当需要将一个整型数据作为线程函数的参数传递给线程时,可将该整型数据强制转换为 LPVOID 类型,作为其实参传递给线程函数。

当需要向线程传递一个字符串时,则创建线程时的实参传递既可以使用字符数组,也可以使用 CString 类。使用字符数组时,实参可直接使用字符数组名或指向字符数组的 char * 指针;使用 CString 类时,可将指向 CString 对象的指针强制转换为 LPVOID 类型。

如果需要向线程传送多个数值时,由于线程函数的参数只有一个,所以需要先将它们封装在一个结构体变量中,然后将该变量的指针作为参数传给线程函数。

例 5.2　将整数、字符数组和 CString 对象作为参数传递给线程。

注意,下面的程序运行时应将"项目属性"中的"字符集"设为多字节字符集,否则用 cout 不能正确输出 CString 对象的值。

```
# include "iostream"
# include "windows.h"
# include "atlstr.h"
using namespace std;
DWORD _stdcall ThreadF0(LPVOID lpParam)
{
    int a = (int)lpParam;                      //将传入的参数值强制转换为整数
    Sleep(100);
    cout << "I am Thread0,the number main thread given me is" << a << endl;
    return 0;
}
DWORD _stdcall ThreadF1(LPVOID lpParam)
{
    char * p = (char * )lpParam;               //获取传入的字符数组指针
```

```
        Sleep(500);
        cout << "This is Thread1,the string main thread given me is: " << p << endl;
        return 0;
}
DWORD _stdcall ThreadF2(LPVOID lpParam)
{
        CString * p = (CString * )lpParam;            //获取传入的 CString 对象的指针
        Sleep(1000);
        cout <<"This is Thread2,the string main thread given me is:"<< * p << endl;
        return 0;
}
int main()
{
        HANDLE hThrd0,hThrd1, hThrd2;                //定义线程句柄变量
        DWORD ThrdID0,ThrdID1, ThrdID2;
        int a = 888;                                 //传递给线程 0 的整数
        char s1[] = "ABCDEFGH";                      //传递给线程 1 的字符数组
        CString s2("abcdef");                        //传递给线程 2 的字符串对象
        cout << "This is MainThread!"<< s2 << endl;
        hThrd0 = CreateThread(NULL, 0, ThreadF0, (void * )a, 0, &ThrdID0);
                                        //将 int 型数据强制转换为(void * )作为参数
        hThrd1 = CreateThread(NULL, 0, ThreadF1, (void * )s1, 0, &ThrdID1);
                                        //将字符数组地址强制转换为(void * )作为参数
        hThrd2 = CreateThread(NULL, 0, ThreadF2, (void * )&s2, 0, &ThrdID2);
                                        //将 CString 对象地址强制转换为(void * )作为参数
        Sleep(2000);
        cout << "MainThread Exit!\n";
}
```

3. 线程的挂起与恢复

在创建线程时,如果 CreateThread()函数的第五个参数,用于控制线程创建的附加标志设置为 CREATE_SUSPENDED,则线程创建后将处于挂起状态。另外,线程自身也可以通过调用 SuspendThread()函数使自身进入到挂起状态。

函数原型

```
DWORD SuspendThread(HANDLE hThread);
```

函数参数

hThread:要挂起的线程的句柄,该句柄是创建线程时由 CreateThread()函数返回的。该函数用于挂起指定的线程,对于没有被挂起的线程,程序员可以调用 SuspendThread()函数强行挂起它,如果函数执行成功,则线程的执行被终止。

返回值

函数调用成功,返回函数此前被挂起的一个计数,调用失败返回(DWORD)−1。需要注意,一个已被挂起的线程也可以再次调用本函数挂起,每调用一次,其挂起计数就增加 1,正运行的线程挂起计数为 0。

一创建就进入到挂起状态或调用 SuspendThread 进入到挂起状态的线程,可以被其他

线程通过调用 ResumeThread()函数恢复运行。ResumeThread()函数的功能是使处于挂起状态的进程恢复运行。

函数原型

```
DWORD ResumeThread(HANDLE hThread);
```

函数参数

hThread：将要恢复运行的线程的句柄。

返回值

执行成功函数将返回线程的挂起计数,否则返回(DWORD) −1。

线程可以自行调用 SuspendThread()进入到挂起状态,但是不能自行恢复运行,必须由其他线程通过调用 ResumeThread()函数恢复运行。一个线程可以被挂起多次,如果一个线程被挂起 n 次,则该线程也必须被恢复 n 次才可能得以执行,这里的 n 就是线程的挂起计数。

4. 终止线程

一般情况下,线程函数执行完毕正常返回后线程也就结束了。但是,应用程序的其他线程可以调用 TerminateThread()函数来强行终止某一未结束的线程。

函数原型

```
BOOL TerminateThread(HANDLE hThread, DWORD dwExitCode);
```

函数参数

- hThread：将被终结的线程的句柄。
- dwExitCode：用于指定线程的退出码。线程退出码可用 GetExitCodeThread()获得。

返回值

函数执行成功则返回 TRUE,执行失败返回 FALSE。

GetExitCodeThread()函数获取一个已终止线程的退出代码。

函数原型

```
BOOL WINAPI GetExitCodeThread(HANDLE hThread, LPDWORD lpExitCode);
```

函数参数

- hThread：想获取退出代码的一个线程的句柄。
- lpExitCode：指向一个用于装载线程退出代码的长整数变量。如线程尚未中断,则设为常数 STILL_ACTIVE。

返回值

如果执行成功,返回 TRUE,退出码被 lpExitCode 指向内存记录;否则返回 FALSE,可通过 GetLastError()获知错误原因。如果线程尚未结束,lpExitCode 带回来的将是 STILL_ALIVE。

使用 TerminateThread()终止某个线程的执行是不安全的,可能会引起系统不稳定;虽然该函数立即终止线程的执行,但并不释放线程所占用的资源。除了 TerminateThread()可以终结一个线程外，Win32 API 提供的 ExitThread()函数也可以用来终止一个线程，只不过该函数用于线程终结自身，即调用该函数的线程将被结束。

函数原型

```
VOID ExitThread(DWORD dwExitCode);
```

函数参数

dwExitCode：用来设置线程的退出码。线程的退出码可调用 GetExitCodeThread()函数获得。

例5.3　使用 CreateThread 创建两个线程，在这两个线程中 Sleep 一段时间，主线程通过 GetExitCodeThread()来判断两个线程是否结束运行。程序代码如下。

```cpp
#include "iostream"
#include <windows.h>
using namespace std;
//线程函数
DWORD _stdcall ThreadFunc(LPVOID n)
{
    int m = (DWORD)n;
    Sleep(10 * (5 - m));
    return m * 10;
}
int main()
{
    HANDLE hThread1, hThread2;
    DWORD exitCode1 = 0, exitCode2 = 0;
    DWORD ThreadId1, ThreadId2;
    hThread1 = CreateThread(NULL, 0, ThreadFunc, (LPVOID)1, 0, &ThreadId1);
    if (hThread1) cout << "Thread 1 launched\n";
    hThread2 = CreateThread(NULL, 0, ThreadFunc, (LPVOID)2,
        CREATE_SUSPENDED, &ThreadId2);              //线程创建后进入挂起状态
    if (hThread2)
    {
        ResumeThread(hThread2);                     //使线程进入运行状态
        cout << "Thread 2 launched\n";
    }
    //检测两个线程是否结束,并输出结束码
    for (;;)
    {
        GetExitCodeThread(hThread1, &exitCode1);
        GetExitCodeThread(hThread2, &exitCode2);
        if (exitCode1 == STILL_ACTIVE)
            cout << "Thread 1 is still running!" << endl;
        else
            cout << "线程 1 的退出码为:" << exitCode1 << endl;
        if (exitCode2 == STILL_ACTIVE)
            cout << "Thread 2 is still running!" << endl;
        else
            cout << "线程 2 的退出码为:" << exitCode2 << endl;
```

```
        if (exitCode1 != STILL_ACTIVE && exitCode2 != STILL_ACTIVE)
            break;
    }
    return EXIT_SUCCESS;
}
```

5.2.2　C++运行库中的多线程函数

标准 C 运行时库是 1970 年问世的,当时还没有多线程的概念。因此,C 运行时库早期的设计者们不可能考虑到让其支持多线程应用程序。

Visual C++提供了两种版本的 C 运行时库:一个版本供单线程应用程序调用,另一个版本供多线程应用程序调用。多线程运行时库与单线程运行时库有以下两个重大差别。

(1)类似 errno 的全局变量,每个线程单独设置一个,这样从每个线程中可以获取正确的错误信息。

(2)多线程库中的数据结构以同步机制加以保护。这样可以避免访问时候的冲突。

说明:为防止和正常的返回值混淆,C/C++语言的系统调用一般不直接返回错误码,而是将错误码存入一个名为 errno 的全局变量。errno 变量和各种错误码的定义均位于＜errno.h＞文件中。如果一个系统调用或者库函数调用失败,可以通过读取 errno 的值来确定问题所在,推测程序出错的原因。

Visual C++提供的多线程运行时库又分为静态链接库和动态链接库两类,而每一类运行时库又可再分为 debug 版和 release 版,因此 Visual C++共提供了 6 个运行时库,参见表 5.1。在这 6 个运行库时中,后 4 个运行时库均支持多线程。使用 C++运行时库中的多线程函数编写多线程程序的方法与使用 Windows API 函数基本相同,下面仅简单给出 C++创建线程和结束线程的库函数,这些库函数所在库文件为 process.h。

表 5.1　C++的 6 个运行时库

C++运行时库	库　文　件
Single thread(static link)	libc.lib
Debug single thread(static link)	Libcd.lib
MultiThread(static link)	libcmt.lib
Debug multiThread(static link)	libcmtd.lib
MultiThread(dynamic link)	msvert.lib
Debug multiThread(dynamic link)	msvertd.lib

下面给出线程创建函数_beginthread()和_beginthreadex()的函数原型。

函数原型

```
unsigned long _beginthread(
    void( _cdecl * start_address )( void * ),
    unsigned stack_size,
    void * arglist
);
unsigned long _beginthreadex(
    void * security,
```

```
        unsigned stack_size,
        unsigned ( __stdcall * start_address )( void * ),
        void * arglist,
        unsigned initflag,
        unsigned * thrdaddr
    );
```

函数参数

- start_address：新线程的起始地址，指向新线程调用的函数的起始地址。
- stack_size：新线程的堆栈大小，可以为 0。
- arglist：传递给线程的参数列表，无参数时应指定为 NULL。
- security：一个指向 SECURITY_ATTRIBUTES 结构的指针，该结构用于决定函数返回的句柄能否被子线程继承，如果设为 NULL 则不能被继承。
- initflag：控制线程创建的附加标志。该参数为 0，则线程在被创建后立即开始执行；如果该参数为 CREATE_SUSPENDED，则创建线程后该线程处于挂起状态，使用 ResumeThread 可使线程运行。
- thrdaddr：指向 32 位的无符号整数的指针，用于存放线程的 ID。

返回值

成功则返回新创建线程的句柄。如果失败_beginthread 将返回－1。

需要注意，_beginthreadex( ) 函数要求的线程函数的原型与 CreatThread( ) 函数的相同，而_beginthread( ) 函数的线程函数的原型则与 CreatThread( ) 函数的不同，必须具有类似下面所示的函数原型。

```
void ThreadFunc( void * lpvThreadParm);
```

在线程内部停止 _beginthread( ) 或 _beginthreadex( ) 创建的线程，可分别使用 _endthread( ) 函数和_endthreadex( ) 函数，这两个函数的格式如下。

```
void _endthread( void );
void _endthreadex( unsigned retval );
```

参数 retval 为线程的退出代码。

5.3　用多线程实现 TCP 并发服务器

通常服务器可同时为多客户提供服务，即可同时与多个客户机保持通信。前面已介绍的服务器端程序的编写方法并不支持这一功能。本节介绍使用多线程编程技术实现这一功能的方法。

采用多线程技术同时为多个客户提供服务的 TCP 服务器程序流程如图 5.3 所示，主线程创建套接字并启动监听，然后调用 accept( ) 函数接收客户请求，当有客户请求到达后，就创建一个新的子线程，由该子线程负责与客户程序完成通信，而主线程则再次调用 accept( ) 函数等待新的客户连接请求到达，新客户请求到达后，则再次创建一个新的线程为新客户提供服务，如此循环往复。

与客户进行通信所使用的套接字是由 accept( ) 函数创建并返回的。每次成功调用

accept()函数接收一个客户连接请求后,accept()函数都会创建一个新的与客户端已连接好的套接字并返回该套接字的标识符。创建子线程时,主线程将该套接字的标识符作为线程函数的参数传递给子线程,子线程通过主线程传来的线程标识符使用该套接字与客户通信。当连续有多个客户请求到达时,服务器进程内就会有多个子线程同时与多个不同客户通信。尽管这些线程是使用同一个线程函数创建的,但它们分别使用不同的套接字与不同的客户进行通信。

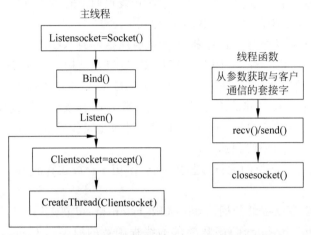

图 5.3 使用多线程的 TCP 服务器程序流程

例 5.4 使用多线程技术实现一个可同时为多个客户提供服务的回送服务器。所谓回送服务器,就是指这样一个服务器程序,它只将收到的客户发来的信息原样再发回去。

本例流程如图 5.4 所示,主程序要完成的工作首先是加载 WinSock 库、创建监听套接字、给监听套接字绑定地址、开始监听等准备工作,然后就进入循环,不断调用 accept()函数检测是否有客户请求到达,一旦有客户请求到达则创建一个新的线程。新线程回送任何从客户端发来的内容,如果客户端关闭连接,则线程关闭套接字后结束。

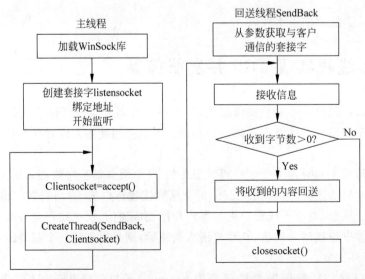

图 5.4 例 5.4 的主线程和内容回送线程的流程图

程序代码如下,其中创建线程的函数使用了 C++运行时库函数_beginthread(),需要注意,该函数对线程函数的格式要求是与 CreateThread()函数不同的。

```cpp
# include "iostream"
# include "process.h"          //使用 C++运行时库中的函数创建多线程
# include "winsock2.h"
# include "WS2tcpip.h"          //使用 inet_ntop()函数进行地址格式转换要求包含该头文件
# define PORT 65432             //定义服务器的监听端口号
# pragma comment(lib,"ws2_32.lib")
using namespace std;
void SendBack(void * par);  //声明符合_beginthread()函数要求的线程函数
int main()
{
    SOCKET sock_server, newsock;
    struct sockaddr_in addr, client_addr;
    unsigned hThread;
    int addr_len = sizeof(struct sockaddr_in);
    / *** 初始化 winsock DLL *** /
    WSADATA wsaData;
    if (WSAStartup( MAKEWORD(2, 2), &wsaData) != 0)
    {
        cout << "加载 winsock.dll 失败!\n";
        return 0;
    }
    / *** 创建套接字 *** /
    if ((sock_server = socket(AF_INET, SOCK_STREAM, 0)) == INVALID_SOCKET) //建立一
个 socket
    {
        cout << "创建套接字失败!\n";
        WSACleanup();
        return 0;
    }
        / *** 绑定 IP 端口 *** /
    memset((void * )&addr, 0, addr_len);
    addr.sin_family = AF_INET;
    addr.sin_port = htons(PORT);
    addr.sin_addr.s_addr = htonl(INADDR_ANY);     //使用本机的所有 IP 地址
    if (bind(sock_server, (LPSOCKADDR)&addr, sizeof(addr)) != 0)
    {
        cout << "绑定地址失败!\n";
        closesocket(sock_server);
        WSACleanup();
        return 0;
    }
    / *** 开始监听 *** /
    if (listen(sock_server, 5) != 0)
    {
        cout << "listen 函数调用失败!\n";
        closesocket(sock_server);
        WSACleanup();
        return 0;
    }
    else
        cout << "listenning......\n";
```

```
/*** 接收并处理客户连接 ***/
char client_ip[20];
in_addr a;
while (1)
{
    newsock = accept(sock_server, (LPSOCKADDR)&client_addr, &addr_len);
    if (newsock != INVALID_SOCKET)
    {
        a = client_addr.sin_addr;
        cout << "cnnect from " << inet_ntop(AF_INET,&a, client_ip,20) << endl;
        hThread = _beginthread(SendBack, 0, (LPVOID)newsock);    //启动线程
    }
    else
        break;
}
closesocket(sock_server);
WSACleanup();
return 0;
}
/***************** 回送客户信息的线程函数 ******************************** /
void SendBack(void * par)
{
    char buffer[1000];
    SOCKET sock = (SOCKET)par;
    int size = recv(sock, buffer, sizeof(buffer), 0);    //接收客户发来的消息
    while (size > 0)
    {
        if(send(sock, (char * )buffer, size, 0)< = 0)
            break;
        size = recv(sock, buffer, sizeof(buffer), 0);
    }
    closesocket(sock);      //关闭 socket
    return;
}
```

　　用于测试该服务器的客户端代码比较简单,读者可自己编写。该书配套的教学资源里面提供了完整的客户端程序代码供读者参考。

5.4　线程的同步与互斥

5.4.1　线程的同步

　　线程同步是指线程之间所具有的一种制约关系,一个线程的执行依赖另外一个或多个线程的消息,当它没有得到这些线程的消息时应等待,直到消息到达时才被唤醒。同步可以理解为这样一种情况:若干线程各自对自己的数据进行处理,然后在某个点必须汇总一下数据,否则不能进行下一步的工作。也可以理解为这样一种情况:若干线程等待某个事件发生,当等待的事件发生时,便一起开始执行。

　　在 Windows 系统中,通常使用事件对象实现同步。事件对象是最简单的同步对象,用于一个线程在某种情况发生时唤醒另外一个线程。

事件对象是 Windows 系统内核维护的一种数据结构,由于是内核维护的,因此只能被内核访问,应用程序无法在内存中直接找到并改变其内容。

事件对象有两种工作状态:一种是"有信号"(signaled)状态;另一种是"无信号"(nonsignaled)状态。当与事件对象关联的事件发生时,事件对象会从"无信号"状态变成"有信号"状态。

事件对象有两种工作模式:人工重设(manual reset)模式和自动重设(auto reset)模式。在人工重设模式下,程序完成对事件的处理后需要调用相关函数将其重新设置为"无信号"状态;在自动重设模式下则会自动返回"无信号"状态。

为了便于程序使用事件对象,Windows 系统提供了一组 Windows API 函数对事件对象进行操作,例如,创建事件对象可用 CreatEvent()函数,事件状态可用 SetEvent()函数或 ResetEvent()来设置,事件的状态可以被 WaitForSingleObject()函数或 WaitForMultipleObject()函数等"事件通知等待"函数捕捉。

MFC 用类 CEvent 对事件对象进行了包装,因此,在 MFC 编程中,事件对象可由 CEvent 类的对象来表示。在创建 CEvent 类的对象时,默认创建的是人工重设模式事件。常用的 CEvent 类的各成员函数的原型和参数说明如下。

1. 构造函数

函数原型

```
CEvent(
    BOOL bInitiallyOwn = FALSE,
    BOOL bManualReset = FALSE,
    LPCTSTR lpszName = NULL,
    LPSECURITY_ATTRIBUTES lpsaAttribute = NULL
);
```

函数参数

- bInitiallyOwn:指定事件对象初始化状态,TRUE 为有信号,FALSE 为无信号。
- bManualReset:指定事件对象的类型。如果为 TRUE,则指定事件对象是一种人工事件;如果设置为 FALSE,则事件对象是一个自动事件。
- lpszName:CEvent 对象的名称。如果为 NULL,该名称将为空。
- lpsaAttribute:指向一个 LPSECURITY_ATTRIBUTES 结构的指针。

2. 状态设置函数

```
BOOL CEvent::SetEvent();
```

将 CEvent 类对象的状态设置为有信号状态。如果事件是人工事件,则 CEvent 类对象保持为有信号状态,直到调用成员函数 ResetEvent()将其重新设置为无信号状态时为止。如果 CEvent 类对象为自动事件,则在 SetEvent()将事件设置为有信号状态后,CEvent 类对象由系统自动重置为无信号状态。

如果该函数执行成功,则返回非零值,否则返回零。

3. 状态恢复函数

```
BOOL CEventa::ResetEvent();
```

该函数将事件的状态设置为无信号状态,并保持该状态直至 SetEvent()被调用时为止。由于自动事件是由系统自动重置,故自动事件不需要调用该函数。如果该函数执行成功,返回非零值,否则返回零。

程序中一般通过调用 WaitForSingleObject()函数或 WaitForMultipleObject()来监视事件状态。WaitForSingleObject()函数通常用来监视一个事件对象,该函数被调用运行时将阻塞,直到其参数指定事件对象变为有信号状态时才返回;WaitForMultipleObjects()可用来监视多个事件对象。对于自动信号,WaitForSingleObject()函数或 WaitForMultipleObjects()函数返回时系统将自动将其设置为无信号状态。

WaitForSingleObject()函数原型

```
DWORD WaitForSingleObject(HANDLE hHandle, DWORD dwMilliseconds);
```

函数参数

- hHandle:对象句柄。可以指定各种不同的对象,如 Event、Mutex、Process、Semaphore 等,**这些对象的句柄可由其继承自其父类的成员变量 m_hObject 获取**。注意,当等待仍在挂起状态时,句柄指向的对象被关闭,那么函数行为是未定义的。
- dwMilliseconds:指定最长等待时间,单位为 ms(毫秒),如果指定一个非零值,函数处于等待状态直到 hHandle 指定的对象被触发(比如,CEvent 对象变为有信号状态),或者消耗完该指定时间。如果 dwMilliseconds 为 0,函数不会进入一个等待状态,它总是立即返回。如果 dwMilliseconds 为 INFINITE,那么只有对象被触发信号后,函数才会返回。

函数功能

WaitForSingleObject()函数用来检测 hHandle 事件的信号状态,在某一线程中调用该函数时,线程暂时挂起,如果在挂起的 dwMilliseconds 毫秒内,线程所等待的对象变为有信号状态,则该函数立即返回;如果超时时间已经到达 dwMilliseconds 毫秒,但 hHandle 所指向的对象还没有变成有信号状态,函数照样返回。参数 dwMilliseconds 有两个具有特殊意义的值:0 和 INFINITE。若为 0,则该函数立即返回;若为 INFINITE,则线程一直被挂起,直到 hHandle 所指向的对象变为有信号状态时为止。

返回值

返回值指示出引发函数返回的事件,有可能返回的值如下所列。

WAIT_ABANDONED(0x00000080):当 hHandle 为 mutex 时,如果拥有 mutex 的线程在结束时没有释放核心对象会引发此返回值。

WAIT_OBJECT_0(0x00000000):对象已被激活。

WAIT_TIMEOUT(0x00000102):等待超时。

WAIT_FAILED(0xFFFFFFFF):出现错误,可通过 GetLastError()得到错误代码。

WaitForMultipleObject()函数原型

```
DWORD WaitForMultipleObjects(
```

```
        DWORD nCount ,
        CONST HANDLE * lpHandles,
        BOOL bWaitAll,
        DWORD dwMilliseconds
);
```

函数参数

- nCount：函数监测的对象的数量，取值必须介于 1 与 MAXIMUM _ WAIT _ OBJECTS(在 Windows 头文件中定义为 64)之间。
- lpHandles：指向对象句柄数组的指针。
- bWaitAll：指定函数的使用方式。该函数有两种不同的使用方式：一种是让线程进入等待状态，直到指定对象中的任意一个被触发(CEvent 对象变为有信号状态)；另一种方式是让线程进入等待状态，直到所有指定的对象都被触发。如果该参数为 TRUE，则为后一种方式；如果为 FALSE，则是前一种方式。
- dwMilliseconds：与 WaitForSingleObject()中的同名参数作用完全相同。

返回值

返回值指出引发函数返回的事件。如果 bWaitAll 为 TRUE，同时所有对象均变为已触发状态，则返回值是 WAIT_OBJECT_0；如果 bWaitAll 为 FALSE，则一旦某一对象变为触发状态，该函数将返回 WAIT_OBJECT_0 与 WAIT_OBJECT_0 + dwCount-1 之间的一个值，在这种情况下，要想知道哪个对象变为已触发状态，只要将返回值减去 WAIT_OBJECT_0 后得到的值作为 WaitForMultipleObjects()函数的第二个参数指定的句柄数组的下标便可找到该对象。返回 WAIT _ FAILED 或 WAIT _ TIMEOUT 的意义与 WaitForSingleObject()完全相同。

使用事件控制线程同步的步骤如下。

第一步，创建全局 Event 对象；

第二步，在先运行的线程的适当位置通过调用 CEvent∷SetEvent()设置相应的事件为有信号状态；

第三步，在后运行的线程中调用 WaitForSingleObject()函数或 WaitForMultipleObjects() 函数等待事件对象状态由"无信号"变为"有信号"。

例 5.5　线程同步的例子。设计一个服务器端程序，用于统计多种不同商品在两个商场一天的销售量，要求两个商场在晚九点使用相同客户程序输入各商品的销售量并上传到服务器，服务器程序在两个商场都上传完成后计算各商品的总销售量并输出。

为简化程序设计并且还要模仿出实际的情况，假设商品种类为 10，只上传每个商品的一项数据，即销售量，每输入完成一个商品的数据便立刻上传，且输入和上传顺序严格按照事先约定。

本程序使用多线程技术实现与两个客户的并发通信。主线程与子线程共享的数据包括通信所需的套接字、事件对象和用户传来的数据，这些数据对不同子线程而言是完全不同的，因此保存这些数据的变量对每个子线程来说也应不同。为此可定义三个全局数组来存放这三种数据，每个线程对应于数组的一个不同元素，这样，主线程在创建子线程时，只需将相应数组元素的下标传给子线程就可以了。

由于只有当两个商场的数据均上传完成后主线程才能进行数据合并，因此子线程在完成数据接收后需要通知主线程,为此,线程函数在接收数据完成后需要将本线程对应的事件对象设置为"有消息"状态,主程序在启动接收数据的线程后需要调用 WaitForMultipleObjects()等待两个子线程均设置了事件对象为"有消息"状态后才能继续运行。服务器程序的详细流程如图 5.5 所示。

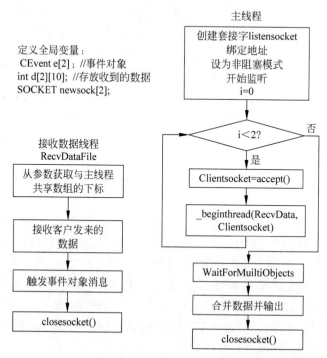

图 5.5　例 5.5 用于接收数据的子线程和主线程流程

服务器程序的完整代码如下。

```
# include "iostream"
# include "afxmt.h"              //使用事件对象须包含此文件
# include "process.h"            //使用 C++运行时库中的函数创建多线程
# include "WS2tcpip.h"           //使用 inet_ntop()函数进行地址格式转换要求包含该头文件
# define PORT 65432
using namespace std;
int volatile d[2][10];           //volatile 是告诉编译器不要对数组 d 进行编译优化
CEvent e[2];
SOCKET newsock[2];
void RecvData(LPVOID par)
{
    int n = (int)par;
    for (int i = 0; i < 10; i++)  //接收客户发来的数据
        if (recv(newsock[n], (char * )d[n][i], sizeof(int), 0) < 0)
        {
            cout << "接收信息失败!错误代码:" << WSAGetLastError() << endl;
            break;
        }
    e[n]. SetEvent();            //设置事件为有信号状态
```

```
        closesocket(newsock[n]);       //关闭套接字
        return;
}
int main(int argc, char * argv[])
{
    SOCKET sock_server;
    struct sockaddr_in addr, client_addr;
    int addr_len = sizeof(struct sockaddr_in);
    / \ast\ast\ast 初始化 winsock DLL \ast\ast\ast /
    WSADATA wsaData;
    if (WSAStartup(MAKEWORD(2, 2), &wsaData) != 0)
    {
        cout << "加载 winsock.dll 失败!\n";
        return 0;
    }
    / \ast\ast\ast 创建套接字 \ast\ast\ast /
    if ((sock_server = socket(AF_INET, SOCK_STREAM, 0)) < 0)
    {
        cout << "创建套接字失败!\n";
        WSACleanup();
        return 0;
    }
    / \ast\ast\ast 绑定 IP 端口 \ast\ast\ast /
    memset((void * )&addr, 0, addr_len);
    addr.sin_family = AF_INET;
    addr.sin_port = htons(PORT);
    addr.sin_addr.s_addr = htonl(INADDR_ANY);       //监听本机的所有 IP 地址
    if (bind(sock_server, (LPSOCKADDR)&addr, sizeof(addr)) != 0)
    {
        cout << "绑定地址失败!\n";
        closesocket(sock_server);
        WSACleanup();
        return 0;
    }
    / \ast\ast\ast 开始监听 \ast\ast\ast /
    if (listen(sock_server, 5) != 0)
    {
        cout << "listen 函数调用失败!\n";
        closesocket(sock_server);
        WSACleanup();
        return 0;
    }
    else
        cout << "listenning......\n";
    / \ast\ast\ast 接收并处理客户连接 \ast\ast\ast /
    char cip[20];
    in_addr a;
    for (int i = 0; i < 2; i++)
    {
        newsock[i] = accept(sock_server,(LPSOCKADDR)&client_addr,&addr_len);
        if(newsock[i] != INVALID_SOCKET)
```

```
            {
                a = client_addr.sin_addr;
                cout <<"cnnect from"<< inet_ntop(AF_INET,&a,cip,20)<< endl;
                _beginthread(RecvData, 0, (LPVOID)i);      //启动线程
            }
            else
            {
                cout << "连接失败!错误码为: " << WSAGetLastError() << endl;
                break;
            }
        }
        closesocket(sock_server);
        WSACleanup();
        HANDLE hEventhandls[2];
        hEventhandls[0] = e[0].m_hObject;      //将事件对象句柄存入句柄数组
        hEventhandls[1] = e[1].m_hObject;
        WaitForMultipleObjects(2,hEventhandls,true,INFINITE);      //等待事件消息
        for (int x = 0;x < 10;x++)
            cout << d[0][x]<<" + "<< d[1][x]<<" = "<< d[0][x] + d[1][x]<< endl;
        return 0;
    }
```

客户端程序比较简单,请读者自己完成。

注意:运行例 5.5 及本章以后的其他例题时,都需要修改项目"属性页"中的"配置属性"→"常规"→"MFC 的使用"为"在静态库中使用 MFC"。

5.4.2　线程间的互斥

在多线程应用程序中,如果一个线程完全独立,与其他线程没有数据存取等资源访问上的冲突,则可按照通常单线程的方法进行编程。但是,情况常常并不是这样,多个线程经常要同时访问一些共享资源。当两个或多个线程同时访问某个共享资源时,可能会引发一些不符合需求的、不可预知的结果。例如,一个线程可能正在更新某个共享的数据结构中的内容,而另一个线程则正在从同一数据结构中读取内容,这时就无法得知读取数据的线程读到的是更新前的数据还是更新后的数据。

为了防止这种现象发生,必须要求当一个线程访问共享数据区时其他线程不能访问,也就是所谓的互斥访问。线程互斥是指,当有若干个线程都要使用某一共享资源时,任何时刻最多只允许一个线程去使用,其他要使用该资源的线程必须等待,直到占用资源者释放该资源。实现互斥访问的方法有多种,比较典型的有使用临界区对象(CriticalSection)、使用互斥对象(Mutex)和使用信号量。下面以使用互斥对象为例,了解实现线程互斥的具体方法。

互斥对象 Mutex 很适合用来协调多个线程对共享资源的互斥访问。互斥对象不仅可以在同一应用程序的线程间实现互斥,还可以在不同的进程间实现互斥。

互斥对应一个 CMutex 类的对象,只有拥有互斥对象的线程才具有访问共享资源的权限,由于与共享资源对应的互斥对象只有一个,因此就决定了任何情况下此共享资源都不会同时被多个线程访问。占有互斥对象的线程在完成对共享资源的操作后应释放互斥对象,

以便其他线程访问共享资源。

使用互斥对象时必须首先为共享数据定义一个全局互斥对象。CMutex 类的构造函数原型如下。

```
CMutex(
    BOOL bInitiallyOwn = FALSE,
    LPCTSTR lpszName = NULL,
    LPSECURITY_ATTRIBUTES lpsaAttribute = NULL
);
```

函数参数

- bInitiallyOwn：用来指定互斥体对象初始状态是锁定(TRUE)还是非锁定(FALSE)。
- lpszName：用来指定互斥对象的名称。
- lpsaAttribute：为一个指向 LPSECURITY_ATTRIBUTES 结构的指针。创建的对象在用于线程互斥时一般为 NULL。

定义互斥对象后，线程在访问共享资源时就可以调用互斥对象的 Lock()成员函数获得互斥体对象的拥有权，从而阻止其他线程对共享资源的访问，访问完后，则调用 UnLock()成员函数释放对互斥对象的拥有权，从而允许其他线程访问共享资源。

如果只处理单个互斥，除了直接使用互斥对象的 Lock()和 UnLock()函数锁定或解锁互斥对象外，还可以使用 CSingleLock 对象来管理互斥对象。CSingleLock 对象的 Lock()函数可以占有互斥，Unlock()则可释放互斥。CSingleLock 类的构造函数如下。

```
CSingleLock( CSyncObject * pObject, BOOL bInitialLock = FALSE );
```

函数参数

- pObject：指向要被访问的同步对象(在这里是需要被管理的互斥对象)，不能是 NULL。
- bInitialLock：指示是否要在最初尝试访问所提供的对象。默认值为 FALSE。

如果线程中需要同时处理多个互斥对象，则必须创建一个 CMultiLock 对象来对多个互斥对象进行管理。CMultiLock 类的构造函数如下。

```
CMultiLock(CSyncObject * ppObjects[],DWORD dwCount,BOOL bInitialLock = FALSE);
```

函数参数

- ppObjects：保存要处理的多个互斥对象的指针的数组，不能为 NULL。
- dwCount：ppObjects 的元素个数，必须大于 0。
- bInitialLock：指定所提供的对象初始状态。

与 CSingleLock 对象一样，使用成员函数 Lock()锁定所有管理的互斥对象，使用 Unlock()释放所有管理的互斥对象。成员函数 Lock()的原型如下。

```
DWORD Lock(
    DWORD dwTimeOut = INFINITE,
    BOOL bWaitForAll = TRUE,
    DWORD dwWakeMask = 0
);
```

函数参数

- dwTimeOut：指定等待能成功锁定所管理对象的最长容忍时间，默认值为 INFINITE，表示锁定不成功函数将永远阻塞。
- bWaitForAll：指定是否所有对象都锁定成功才返回。取值为 FALSE 时，只要所管理对象中有一个成功锁定就成功返回。
- dwWakeMask：指定其他返回条件。

返回值

函数失败返回−1，等待超时返回 WAIT_TIMEOUT。

例 5.6　线程互斥的例子。使用多线程技术编写一个并发服务器程序，该程序将一个给定的文件传输给多个客户。

根据使用多线程实现的并发 TCP 服务器程序流程，主程序在打开指定文件后，首先完成创建监听套接字，给监听套接字绑定地址，并使监听套接字进入监听状态，然后就进入循环不断接受客户连接请求。在循环体中，不断调用 accept()函数检测是否有客户请求到达，一旦有客户请求到达则创建一个新的线程给客户发送文件，新的线程发送文件完成后将自行退出。文件发送具体过程请参看第 4 章的相关内容，这里不再赘述。

这里遇到的一个新问题是，当两个或两个以上的客户同时请求下载文件时，服务器会同时启动多个线程读取同一个已打开的文件，由于文件对象的"文件读取位置指针"的唯一性，多个线程交替读取同一文件必然导致各线程都难以读取全部内容，因此这个已打开的要被发送的文件是互斥资源。这里使用互斥对象实现线程的互斥，因此程序开始需要定义一个全局互斥对象，线程函数内部需要在访问文件内容的代码前将互斥对象加锁，访问完后解锁。程序的流程图如图 5.6 所示。

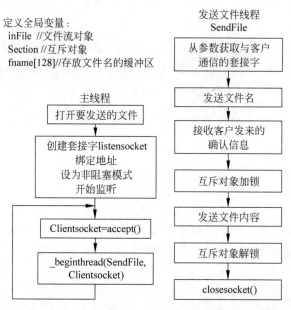

图 5.6　例 5.6 的主线程和发送文件内容线程的流程图

需要注意，在实际应用中，由于操作系统允许同一个文件以只读方式多次打开，并且不存在互斥问题，所以，在使用多线程技术将一个文件并发传输给多个客户时，不需要在主线程中先把文件打开，正常的做法应该是在每个子线程内分别以只读方式打开文件，传输完成后再各自关闭。这里这么做只是为了说明和演示线程互斥的相关概念和方法。

服务器端程序的完整代码如下。

```cpp
# include "iostream"
# include "afxmt.h"                //使用互斥对象须包含此文件
# include "process.h"              //使用 C++运行时库中的函数创建多线程
# include "winsock2.h"
# include "fstream"
# define PORT 65432               //定义服务器的监听端口号
# pragma comment(lib,"ws2_32.lib")
using namespace std;
/ **** 主程序和线程函数共用的全局变量定义 ******* /
char fname[128] = { 0 };          //发送给客户端的无路径信息的文件名
ifstream inFile;                  //定义文件输入流
CMutex Section;                   //创建互斥对象
void SendFile(void * par);        //发送文件的线程函数声明
/ ****** 主函数 ********* /
int main(){
    / *** 定义相关的变量 *** /
    char filename[128];           //存放从键盘输入的含有信息的文件名
    int sock_server;
    struct sockaddr_in addr, client_addr;
    int addr_len = sizeof(struct sockaddr_in);
    cout << "请输入要发送的文件路径及名称(例如 d:\a.txt)\n";
    cin >> filename;
    / *** 以二进制读方式打开要分发的文件 *** /
    inFile.open(filename, ios::in | ios::binary);   //打开文件
    if (!inFile.is_open()){
        cout << "Cannot open " << filename << endl;
        return 0;                //文件打开失败则退出
    }
    / *** 截取发送给客户端的文件名 *** /
    int len = strlen(filename);
    int i = len;
    while (filename[i] != '\\' && i >= 0) i--;
    if (i < 0)i = 0;else i++;
    int m = 0;
    while (filename[m + i] != '\0'){
        fname[m] = filename[m + i];
        m++;
    }
    / *** 初始化 winsock DLL *** /
    WSADATA wsaData;
    if (WSAStartup(MAKEWORD(2, 2), &wsaData) != 0){
        cout << "加载 winsock.dll 失败!\n";
        return 0;
    }
    / *** 创建套接字 *** /
    if ((sock_server = socket(AF_INET, SOCK_STREAM, 0)) < 0) //建立一个 socket
    {
```

```
            cout << "创建套接字失败!\n";
            WSACleanup();
            return 0;
    }
    /*** 绑定 IP 端口 ***/
    memset((void *)&addr, 0, addr_len);
    addr.sin_family = AF_INET;
    addr.sin_port = htons(PORT);
    addr.sin_addr.s_addr = htonl(INADDR_ANY);    //使用本机的所有 IP 地址
    if (bind(sock_server, (LPSOCKADDR)&addr, sizeof(addr)) != 0){
        cout << "绑定地址失败!\n";
        closesocket(sock_server);
        WSACleanup();
        return 0;
    }
    /*** 开始监听 ***/
    if (listen(sock_server, 5) != 0){
        cout << "listen 函数调用失败!\n";
        closesocket(sock_server);
        WSACleanup();
        return 0;
    }
    else
        cout << "listenning......\n";
    /*** 接收并处理客户连接 ***/
    SOCKET newsock;
    while(true){
        newsock = accept(sock_server, (LPSOCKADDR)&client_addr, &addr_len);
        if (newsock != INVALID_SOCKET){
            cout << "一个客户连接成功! " << endl;
            _beginthread(SendFile, 0, (LPVOID)newsock);    //启动文件发送线程
        }
        else
            break;
    }
    inFile.close();
    closesocket(sock_server);
    WSACleanup();
    return 0;
}
/***************** 文件传输线程函数 *****************************/
void SendFile(void *par){
    char buffer[1000];
    SOCKET sock = (SOCKET)par;
    send(sock, (char *)fname, strlen(fname) + 1, 0);    //发送文件名
    int size = recv(sock, buffer, sizeof(buffer), 0);   //接收"OK"消息
    if (strcmp(buffer, "OK") != 0){
        cout << "客户端出错!\n";
        closesocket(sock); //关闭 socket
        return;
    }
    /**** 传输文件内容 ****/
    Section.Lock(); //获取互斥对象
    inFile.seekg(0, ios::beg);
```

```
//将文件读指针移动到文件头部,否则第二个客户收到的文件将是 0 字节
while (!inFile.eof()){
    inFile.read(buffer, sizeof(buffer));
    size = inFile.gcount();                         //获取实际读取的字节数
    send(sock, (char * )buffer, size, 0);
}
Section.Unlock();                                   //释放互斥对象
cout << "文件传输结束!\n";
closesocket(sock);                                  //关闭 socket
return ;
}
```

5.5　主监控线程和线程池

在网络通信中使用多线程主要有两种方式,即主监控线程和线程池。

在主监控线程方式中,程序使用一个主线程监控某特定端口,一旦在这个端口上发生连接请求,则主监控线程动态使用 CreateThread 派生出新的子线程处理该请求。主线程在派生子线程后不再对子线程加以控制和调度,而由子线程独自和客户方发生连接并处理异常。

使用这种方式的优点一是可以较快地实现原型设计,在用户数目较少、连接保持时间较长时表现较好;二是主线程不与子线程发生通信,在一定程度上减少了系统资源的消耗。

其缺点则是生成和终止子线程的开销比较大;对远端用户的控制较弱。这种多线程方式总的特点是“动态生成,静态调度”。

线程池是应用程序管理调度多个线程的一种方式,在使用线程池的程序中,程序的主线程在初始化时静态地生成一定数量的悬挂子线程,放置于线程池中,随后,主线程将对这些悬挂子线程进行动态调度。在网络通信程序中,使用线程池的服务器一旦收到客户发出连接请求,主线程将从线程池中查找一个悬挂的子线程。如果找到,主线程将该连接分配给这个被发现的子线程,子线程从主线程处接管该连接,并与用户通信,当连接结束时,该子线程将自动悬挂,并进入线程池等待再次被调度;如果已没有可用子线程,主线程将通知发起连接的客户。

使用这种方法进行设计的优点,一是主线程可以更好地对派生的子线程进行控制和调度;二是对远程用户的监控和管理能力较强。

虽然主线程对子线程的调度要消耗一定的资源,但是与主监控线程方式中派生和终止线程所要耗费的资源相比,要少很多。因此,使用该种方法设计和实现的系统在客户端连接和终止变更频繁时有上佳表现。

习题

1. 选择题

(1) 下面叙述正确的是(　　　　)。

    A. 在同一进程中,一个线程函数只可以创建一个线程

    B. 只有当进程中的所有线程都运行完毕,进程才会结束

    C. 主线程是程序启动时由系统创建的,而子线程是由主线程或其他子线程创建的

D. 子线程在创建时,父线程会为其分配独立的地址空间

(2) 在 Windows 程序中,如果主线程终止了,(　　)。

    A. 则进程也将随之终止,而不管其他线程是否执行完毕

    B. 其他线程将继续执行完毕后终止进程

    C. 若有其他线程还未执行完毕,则会造成资源浪费

    D. 说明所有其他线程都已终止,因为主线程会等待所有子线程终止后才会终止

(3) 以下叙述正确的是(　　)。

    A. 线程函数的格式可以是任意的

    B. 一创建就进入到挂起状态的线程在 CPU 空闲时可自动进入运行状态

    C. 使用同一个线程函数可以创建多个各自独立工作的线程

    D. 一个被挂起的线程不能被 SuspendThread() 函数重复挂起

(4) 用于创建线程的 Win32 SDK 函数是(　　)。

    A. _beginthread()　　　　　　　　　　B. beginthread()

    C. CreateThread()　　　　　　　　　　D. AfxBeginThread()

(5) 在下面的函数声明中,不能作为线程函数的是(　　)。

    A. DWORD　f1(LPVOID　p);

    B. int f2();

    C. int f3(int x);

    D. DWORD　f4(LPVOID p, int x);

(6) 关于线程函数的参数传递,下面叙述错误的是(　　)。

    A. 实参为整型数据时可将其直接强制转换为 LPVOID 类型

    B. 实参为字符数组时,可直接使用字符数组名或指向字符数组的 char * 类型的指针

    C. 实参为 CString 对象时,可将指向 CString 对象的指针强制转换为 LPVOID

    D. 实参为 double 类型时,可将其强制转换为 LPVOID 类型

(7) 使用多线程技术实现 TCP 并发服务器时,(　　)。

    A. 主线程创建套接字并启动监听,子线程调用 accept() 与客户建立连接并完成通信

    B. 主线程调用 accept() 与客户建立连接,并将 accept() 返回的套接字传递给子线程

    C. 主线程使用不同的线程函数,分别为每一个客户创建一个子线程进行通信

    D. 传递给多个子线程的已连接套接字是同一个套接字

(8) 若线程函数原型为 DWORD　f();,则以下创建线程语句正确的是(　　)。

    A. CreateThread(NULL,0,(LPTHREAD_START_ROUTINE) f, NULL, 0, &trdID);

    B. CreateThread(NULL, 0, f, NULL , 0, &trdID);

    C. CreateThread(NULL, 0, f(), NULL , 0, &trdID);

    D. CreateThread(NULL, 0, (LPTHREAD_START_ROUTINE) f(), NULL, 0, NULL);

(9) 若线程函数原型为 DWORD _stdcall f();,则以下创建线程语句正确的是(　　)。

    A. CreateThread(NULL,0,(LPTHREAD_START_ROUTINE) f, NULL, 0, &trdID);

  B. CreateThread(NULL，0，f，NULL ，0，&trdID)；

  C. CreateThread(NULL，0，f()，NULL ，0，&trdID)；

  D. CreateThread(NULL，0，(LPTHREAD_START_ROUTINE) f()， NULL，0，NULL)；

（10）应用程序中的某一线程要强行终止另一未结束的其他线程可以调用( )函数。

  A. ExitThread()   B. TerminateThread()

  C. SuspendThread()   D. ResumeThread()

2. 填空题

（1）_____是指具有一定独立功能的程序在某个数据集合上的一次运行活动,是系统进行资源分配和调度运行的一个独立单位。

（2）进程的基本状态有三种：_____、_____、_____。

（3）线程从创建到结束之间可能存在的状态有两种,即_____状态和_____状态。

（4）Windows 系统支持多线程程序,任何一个 Windows 中的应用进程都至少有一个线程,即_____,其他线程都是由该线程直接或间接创建的。

（5）要将一个整型数据作为参数传递给线程时,可将该整型数据强制转换为 LPVOID 类型作为 CreateThread()函数的_____传递给线程。

（6）如果一个 TCP 服务器可同时保持与多个客户的连接,该服务器就被称为_____服务器,多线程技术是实现这种服务器的一种典型技术。

3. 简答题

（1）实现线程间的通信有几种方法？

（2）什么是事件对象？程序中要用事件对象实现线程间的通信需要哪几个步骤？

（3）什么是线程的互斥？有哪些方法可实现线程间的互斥？

（4）线程间的同步是指什么？实现同步的方法有哪些？

4. 编程题

（1）使用多线程技术编写一个图形界面的点到点聊天程序,服务器端程序和客户端程序的界面分别如图 5.7 和图 5.8 所示。在客户端输入服务器的 IP 地址,单击"连接"按钮建立连接后服务器端和客户端便可进行聊天,聊天过程中双方均可在任意时刻发送信息给对方。

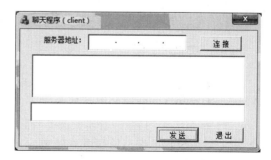

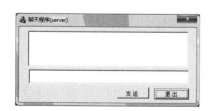

图 5.7 编程题(1)的服务器端程序界面   图 5.8 编程题(1)的客户端程序界面

  提示：客户端程序和服务器端程序均使用单独的线程接收显示对方发来的信息。发送数据的代码写在"发送"按钮的命令处理函数中。接收数据的代码写在一个自己定义的线程函数中,该线程函数不是对话框类的成员函数,但它是对话框类的实现文件中的一个普通函数。由于只与一个客户聊天,服务器端可将 accept()与 recv()放在同一线程中,该线程在窗口类的 OnInitDialog()函数中创建;客户端的数据接收线程,则应在"连接"按钮的处理函数中,调用 connect()后创建。

(2) 上一题中能否实现服务器端同时与多个客户聊天? 应如何实现? 允许在界面上添加控件。

(3) 编写一个程序,该程序用于收集多个客户端发来的姓名与电话两项信息。要求服务器端采用多线程技术实现多客户的并发连接;并且所有信息都以文本方式保存在同一个文件中,服务器在收到一个客户数据后打开文件,写入后立刻关闭该文件。

提示:当一个线程打开文件后另一个线程再试图来打开同一个文件会引起文件打开错误,需要用到线程间的互斥来解决这一问题。

实验 4 TCP 服务器端的多线程编程

一、实验目的

(1) 掌握多线程的概念及多线程编程的基本方法;

(2) 掌握 TCP 服务器端使用多线程技术同时与多个客户通信的编程方法。

二、实验设备及软件

已联网的运行 Windows 系统的计算机,Visual Studio 2017(已选择安装 MFC)。

三、实验内容

(1) 将实验 3 的实验内容 1 中的服务器程序用多线程编程技术改写,使之可同时与多个客户端通信。显示收到的内容时,按如下格式显示。

客户 IP 地址:学号 姓名 性别 考试成绩

收到姓名为 end 的信息时断开与客户端的连接。

(2) 将实验 3 的实验内容 2 中的服务器程序用多线程编程技术改写,使之可同时接收多个客户端上传文件。

四、实验步骤

(1) 编写实验内容(1)要求的服务器程序,先自己调试成功后再与至少其他两位同学配合,进一步测试自己编写的服务器程序。

(2) 编写实验内容(2)要求的服务器程序,先自己调试成功后再与至少其他两位同学配合,进一步测试自己编写的服务器程序。

五、思考题

如何将实验内容 1 中服务器端收到的不同客户端发来的信息保存在同一个文本文件中? 需不需要考虑文件访问的互斥问题?

第6章

WinSock的I/O模型

默认情况下，套接字是工作在阻塞模式的，即在调用套接字函数时，如果要求的操作不能立刻完成，函数将阻塞等待，直到操作完成才会返回。如果不想让这种情况发生，可使用套接字的非阻塞工作模式。由于网络 I/O 操作的随机性，使用套接字的非阻塞模式编程要比阻塞模式困难。本章将介绍在非阻塞模式下的套接字编程方法以及其他一些高效应对 I/O 操作阻塞问题的方法，包括 Select 模型、WSAAsyncSelect 模型、WSAEventSelect 模型等。

6.1 套接字的非阻塞工作模式

6.1.1 阻塞与非阻塞模式的概念

阻塞是指一个线程在调用一个函数时，该函数由于某种原因不能立即完成，导致线程处于等待状态。C/C++语言中的许多 I/O 函数都能引起阻塞，例如 scanf()、getc()、gets() 等。许多套接字函数也会引起阻塞，比如程序调用 recv() 函数时，如果对方还没有数据发送过来，recv() 函数将会阻塞等待。能引起阻塞的套接字函数事实上也是 I/O 函数，只不过它们操作的 I/O 设备是网络，所以这些函数也被称为网络 I/O 函数。

在阻塞模式下，套接字函数中那些与 I/O 相关的函数都有可能引起阻塞，能引起阻塞的套接字函数包括：

- accept()——监听套接字的缓冲队列中没有到达的连接请求，则阻塞，当有连接请求到达时恢复。
- connect()——连接请求发送出去便阻塞，直到 TCP/IP 的三次握手过程成功结束，返回对客户端连接请求的确认。
- recv()、recvfrom()——套接字接收缓冲区无数据可读，则阻塞，直到有数据可读。
- send()、sendto()——如果套接字缓冲区中仍有以前的数据未发送完成，并且该发送缓冲区的空闲空间不能容纳要发送的数据，则阻塞，直到套接字发送缓冲区有足够的空间。

阻塞模式简单易用，因而应用广泛，但在处理多个连接时效率不高。若应用程序在某一套接字上阻塞，则整个程序都会处于阻塞状态，因而不能及时对其他套接字进行处理。

例如，当有多个客户都需要与服务器通信时，服务器只能采用循环模式，接收一个客户的连接,处理完成这个客户的请求后断开连接,然后再接收一个客户的连接,……在这个过程中,如果有一个客户始终占住服务器不放,其他的客户将都不能与服务器通信。在实际应用中,这种模式显然不能满足需求。

套接字除了可以工作在阻塞模式外,还可以工作在非阻塞模式,同时为了提高效率增加公平性,WinSock 还提供了 5 种套接字 I/O 模型:Select 模型、WSAAsyncSelect 模型(也称异步选择模型)、WSAEventSelect 模型(也称事件选择模型)、重叠 I/O(Overlapped I/O)模型和完成端口(Completion port)模型,供用户在编写高效率的网络应用程序时选用。

在非阻塞模式下,执行套接字函数时,不管套接字是否满足执行条件,执行是否成功都立即返回,程序继续执行。非阻塞模式能克服阻塞模式的缺点,当一个 I/O 操作不能及时完成时应用程序不再阻塞,而是继续做其他事情。在有多个套接字的情况下,就可以通过循环来轮询各套接字的 I/O 操作,从而提高工作效率。

6.1.2　套接字非阻塞模式的设置方法

由于历史原因,新创建的套接字默认是使用阻塞模式的。如果要使用套接字的非阻塞模式则需要调用 ioctlsocket()函数来修改套接字的相关参数。

函数原型

```
int ioctlsocket(SOCKET s, long cmd, u_long * argp);
```

函数参数

- s:要设置的套接字。
- cmd:用于设置套接字的命令。
- argp:指向 cmd 所需参数的指针。

返回值

函数成功执行则返回 0,否则返回 SOCKET_ERROR,错误码可调用 WSAGetLastError 获得。

ioctlsocket()函数来源于 BSD 套接字的 ioctl()函数。BSD 套接字的 ioctl()函数功能很强大,主要用于配置网络接口、操作路由表等,但 WinSock 的 ioctlsocket()函数则只能用于配置套接字,而且支持的命令(第二个参数的取值)也比较少,包括:

(1) FIONBIO——允许或禁止套接字 s 的非阻塞模式。argp 指向一个无符号长整型变量,如允许非阻塞模式,则在 ioctlsocket()函数调用前需要 argp 指向的变量值设为一个非 0 值,如果禁止非阻塞模式则设置为 0。

(2) FIONREAD——用于获取可从套接字 s 上自动读入的数据量。argp 指向一个无符号长整型变量,该变量用于返回可从套接字自动读入的字节数。如果 s 是流式套接字(SOCK_STREAM 类型),则 FIONREAD 返回一次 recv()调用所接收的所有数据量,这通常与套接字中排队的数据总量相同。如果 s 是数据报套接字(SOCK_DGRAM 类型),则 FIONREAD 返回在套接字上排队的第一个数据报大小。

(3) SIOCATMARK——用于确定 recv()或 recvfrom()函数是否读到了带外数据,仅适用于流式套接字。如果套接字已设置了 SO_OOBINLINE 选项,带外数据将会被当作普通数据一样被处理,调用 recv()时,带外数据与普通数据一起被复制到应用程序缓冲区,

SIOCATMARK 总是返回 1（真）。不设置 SO_OOBINLINE 选项时,如果收到带外数据,则返回 0（假）,收到正常数据返回 1。argp 指向一个无符号整型数,ioctlsocket()在其中存入 SIOCATMARK 命令的返回值。

（4）SIO_RCVALL——用于设置网卡是否工作在混杂模式。参数 argp 所指向变量的值为 1 则设置为混杂模式,为 0 则设为非混杂模式。注意,与前面几条命令不同,使用 SIO_RCVALL 宏需要额外包含头文件 mstcpip.h。

这几个命令中只有第一个和第四个较为常用,这里先介绍第一个,也就是允许或禁止一个套接字工作在非阻塞模式所需的命令 FIONBIO,第四个命令将在 8.4 节介绍。

在 FIONBIO 命令下,当 argp 指向的变量值为一个非 0 值时,就是要允许套接字工作在非阻塞模式,如果 argp 指向的变量值为 0,则禁止套接字工作在非阻塞模式。

下面是将一个套接字设置为非阻塞模式的示例代码。

```
s = socket(AF_INET, SOCK_STREAM, 0);      //创建套接字
unsigned long ul = 1;                      //设置套接字选项
int nRe = ioctlsocket(s, FIONBIO, (unsigned long * )&ul); //设置套接字非阻塞模式
if (nRet == SOCKET_ERROR)
{
    //设置套接字非阻塞模式失败时所进行的处理
}
```

需要注意的是,对流式套接字而言,当监听套接字被设置为非阻塞模式后,则 accept()函数从该套接字上返回的已连接套接字也将是非阻塞的。

6.1.3　套接字非阻塞模式下的编程方法

将套接字设置为非阻塞模式后,在调用套接字函数时,不管调用是否成功执行,函数都会立即返回。大多数情况下,这些函数调用都会以调用"失败"告终。这些"失败"主要是因为所需"资源"未准备好、所请求的操作在调用期间不能完成造成的,比如套接字还没收到任何数据,此时其接收缓冲区内没有任何数据可读,这时调用 recv()函数将会因为"收"不到数据而调用失败。

这种"失败"在程序运行时是正常的,因此程序对这种"失败"的处理应不同于由其他原因引起的"失败"。这种失败的错误代码为 WSAEWOULDBLOCK。应用程序中,可调用 WSAGetLastError()函数获取其错误代码,通过其错误代码与其他类型错误区分。下面的代码是在非阻塞套接字 s 上接收数据的一个例子,msgbuffer 为事先定义的接收数据缓冲区。

```
while(true)
{
    if(recv(s, msgbuffer,sizeof(msgbuffer),0)< 0) //接收信息
    {
        err = WSAGetLastError();
        if(err!= WSAEWOULDBLOCK)//若失败原因非 WSAEWOULDBLOCK 则不再尝试接收
        {
            cout <<"发生错误,接收信息失败!错误码: "<< err << endl;
            break; //退出循环,不再尝试接收信息
```

```
            }
        }
        else
        {
            //接收成功后对收到数据进行处理
            …
            break; //处理完后退出循环
        }
    }
```

在这段代码中,如果接收失败对应的错误代码是 WSAEWOULDBLOCK,程序将会一直循环,直到接收成功或出现其他错误。由此可以看出,如果程序中只有一个套接字,使用非阻塞模式并不比阻塞模式好,而且需要编写更多的代码。但是,当程序中有多个套接字时,在非阻塞模式下可以在一个循环内依次对多个套接字进行处理,并不会因为某个套接字的阻塞而过多延误其他套接字的处理。

在非阻塞模式下,send()函数的过程仅仅是将数据复制到协议栈的缓存区而已,如果缓存区可用空间不够,则复制与缓冲区剩余字节数相同的数据,并返回成功复制的字节数;如缓存区可用空间为 0,则返回 −1,同时设置 errno 为 EAGAIN。也就是说,在非阻塞模式下,调用一次 send()函数不一定能够将 buffer 中指定的 len 个字节数据全部发送出去,所以,在实际应用中必须改写这个函数。下面的函数 TCPsend 演示的就是在非阻塞模式下正确发送数据的一种方法。

```
int TCPsend(SOCKET s,const char * buf,int len)
{
    int n = 0, sendCount = 0, length = len;
    if(buf == NULL) return 0;
    while(length > 0)
    {
        n = send(s, buf + sendCount, length, 0);      //发送数据
        if(n == SOCKET_ERROR)                          //网络出现异常
        {
            cout <<"send()调用失败,错误码: ",WSAGetLastError()<< std::endl;
            break;
        }
        length -= n; sendCount += n;
    }
    return sendCount;                                  // 返回已发送的字节数
}
```

需要强调一下,在采用阻塞模式时,在网络不出错的情况下,调用一次 send()函数便可保证将指定的数据完全发送出去,因此不必采用上面的方法。

例 6.1　编写一个服务器端程序和客户端程序。服务器端程序与客户程序的 TCP 连接建立后首先向客户端发送一条内容为"Connect succeed. Please send a message to me."的消息,然后等待接收客户端发送来的一条消息,收到后显示该信息并关闭连接。**要求服务器端套接字使用非阻塞模式,允许同时有多个客户接入**。客户端程序在与服务器的连接建立成功后接收并显示从服务器收到的信息,然后从键盘接收一行信息发送给服务器。

本例是例 4.1 的非阻塞版,由于例 4.1 的服务器端使用的是阻塞模式的套接字,因此每次只能处理一个客户连接,只有跟一个客户的数据发送和数据接收的交互过程完成后,才能接收下一个客户请求。本例的服务器端使用非阻塞模式的套接字,因此,在一个连接完成后,客户还未发信息时,仍可以返回执行 accept() 函数接收下一个连接请求,从而做到同时与多个客户保持连接。

由于服务器同时要与多个客户保持连接,因此需要保存多个已连接套接字描述符,为便于操作,需要定义一个 SOCKET 类型的数组来保存它们。该数组按如下方式定义。

```
#define N 10                        //N 为允许接入的最大客户数,即套接字数组的大小
…
SOCKET newsock[N+1];                //用于保存已连接套接字数组
```

为便于操作,数组中下标为 0 的元素在程序中不用,因此要保证数组能同时容纳 N 个已连接的套接字描述符,数组大小需定义为 N+1。约定:

(1) 数组中只保存尚未关闭的套接字描述符,已关闭的套接字描述符应从数组中删除;

(2) 数组中所有的已连接套接字描述符始终保持在从下标 1 开始的元素中连续存放;

(3) 每当 accept() 函数成功返回一个新的已连接套接字的描述符时,该套接字都保存在数组中其他套接字描述符之后。

为满足约定,首先需要定义一个变量 n,该变量用于保存数组中已存入的已连接套接字个数,新的已连接套接字应保存在下标为 n+1 的数组元素中;其次,为了保证所有未关闭的已连接套接字在数组中连续存放,每关闭一个已连接套接字,在数组中其描述符后的每个套接字描述符都应前移。例如,数组中的第 i 个套接字被关闭时,可使用如下代码将其后套接字描述符前移。

```
closesocket( newsock[i] );                      //关闭第 i 个套接字
for(int k = i;k < n;k++)newsock[k] = newsock[k+1];   //其后套接字前移
n--;                                            //数组中套接字总数减 1
```

服务器程序的流程图如图 6.1 所示。由图可以看出,accept() 函数的调用与所有 recv() 函数的调用均在同一个大循环中,该循环正常情况下是不会终止的,只有当 accept() 调用不成功,并且错误码不是 WSAEWOULDBLOCK 时才会退出循环,也只有该循环退出程序才会结束,因此该服务器程序与例 4.1 的服务器程序相同,无法正常结束程序。

带循环变量 i 的循环用于依次对 newsock 数组中的所有套接字调用 recv(),当 i 的值大于 newsock 数组中的套接字个数时循环结束;还有一个循环用于反复调用 send() 向客户发送信息,当 send() 成功或错误码不是 WSAEWOULDBLOCK 时退出循环。

客户端程序由于只有一个套接字,仍使用阻塞模式,程序代码与例 4.1 的客户端程序代码完全相同。下面是服务器程序的完整代码。

```
#include < iostream >
#include "winsock2.h"
#define PORT 65432                  //定义端口号常量
#define N 10                        //N 为允许接入的最大客户数
#define BUFFER_LEN 500              //定义接收缓冲区大小
#pragma comment(lib, "ws2_32.lib")
```

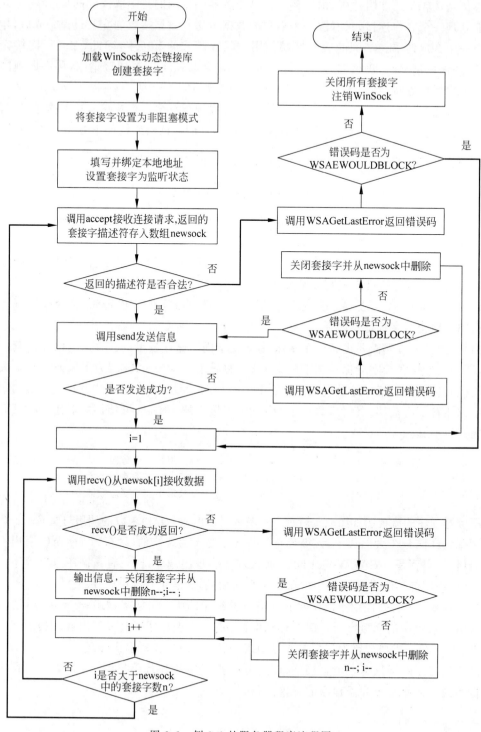

图 6.1　例 6.1 的服务器程序流程图

```
＃pragma warning(disable : 4996) //使用此命令让编译器忽略对函数 inet_ntoa()的警告
using namespace std;
int main(int argc, char ＊＊argv)
```

```
{
    /*** 定义相关的变量 ***/
    SOCKET sock_server, newsock[N + 1];                //定义监听套接字变量及已连接套接字数组
    struct sockaddr_in addr, client_addr;
    char msgbuffer[BUFFER_LEN];                        //定义用于接收客户端发来信息的缓冲区
    char msg[] = "Connect succeed. Please send a message to me.\n";    //发给客户的信息
    /*** 初始化 WinSock2.DLL ***/
    WSADATA wsaData;
    if (WSAStartup(MAKEWORD(2, 2), &wsaData) != 0)
    {
        cout << "加载 WinSock.dll 失败!\n";
        return 0;
    }
    /*** 创建套接字 ***/
    if ((sock_server = socket(AF_INET, SOCK_STREAM, 0)) < 0)
    {
        cout << "创建套接字失败!\n";
        WSACleanup();
        return 0;
    }
    /*** 设套接字为非阻塞模式 ***/
    unsigned long ul = 1;
    if (ioctlsocket(sock_server, FIONBIO, &ul) == SOCKET_ERROR)
    {
        cout << "ioctlsocket failed! error:" << WSAGetLastError() << endl;
        closesocket(sock_server);
        WSACleanup();
        return 0;
    }
    /*** 填写要绑定的本地地址 ***/
    int addr_len = sizeof(struct sockaddr_in);
    memset((void *)&addr, 0, addr_len);
    addr.sin_family = AF_INET;
    addr.sin_port = htons(PORT);
    addr.sin_addr.s_addr = htonl(INADDR_ANY);        //允许套接字使用本机任何 IP 地址
    /*** 给监听套接字绑定地址 ***/
    if (bind(sock_server, (struct sockaddr *)&addr, sizeof(addr)) != 0)
    {
        cout << "地址绑定失败!\n";
        closesocket(sock_server);
        WSACleanup();
        return 0;
    }
    /*** 将套接字设置为监听状态 ****/
    if (listen(sock_server, 0) != 0)
    {
        cout << "listen 函数调用失败!\n";
        closesocket(sock_server);
        WSACleanup();
        return 0;
    }
```

```
        else
            cout << "listenning......\n";

    /*** 接收连接请求并收发数据 ***/
    int i, k,err,n = 0;
    while (true)
    {
        if (n < N)
        {
            n++;
            if ((newsock[n] = accept(sock_server,
                (struct sockaddr * )&client_addr, &addr_len)) == INVALID_SOCKET)
            {
                n-- ;
                err = WSAGetLastError();
                if (err != WSAEWOULDBLOCK)
                {
                    cout << "accept 函数调用失败!\n";
                    break; //accept 出错终止 while 循环
                }
            }
            else
            {
                cout << "与" << inet_ntoa(client_addr.sin_addr) <<
                    "连接成功!活跃连接数: " << n << endl;
                while(send(newsock[n],msg,sizeof(msg),0)< 0) //给客户发送信息
                {
                    err = WSAGetLastError();
                    if (err != WSAEWOULDBLOCK)
                    {
                        cout << "数据发送失败!连接断开" << endl;
                        closesocket(newsock[n]); //关闭出错已连接套接字
                        n-- ; break;
                    }
                }
            }
        }
        i = 1;
        while (i <= n) //依次尝试在每一个已连接套接字上接收数据
        {
            memset((void * )msgbuffer, 0, sizeof(msgbuffer));   //接收缓冲区清零
            if (recv(newsock[i], msgbuffer, sizeof(msgbuffer), 0) < 0)
            {
                err = WSAGetLastError();
                if (err != WSAEWOULDBLOCK)
                {
                    cout << "接收信息失败!" << err << endl;
                    closesocket(newsock[i]);          //关闭出错的已连接套接字
                    for (k = i; k < n; k++)newsock[k] = newsock[k + 1];
                    n-- ;
                }
```

```
                else
                    i++;
            }
            else
            {
                getpeername(newsock[i],(struct sockaddr * )&client_addr,&addr_len);
                cout << "The message from " << inet_ntoa(client_addr.sin_addr)
                    << ":" << msgbuffer << endl;
                closesocket(newsock[i]);              //通信完毕关闭已连接套接字
                /**** 套接字从数组中删除已关闭的套接字 ****/
                for (k = i; k < n; k++)newsock[k] = newsock[k + 1];
                n--;                                  //关闭已连接套接字
            }
        }
    }
    /*** 结束处理 ***/
    for (i = 1; i <= n; i++) closesocket(newsock[i]);  //关闭所有已连接套接字
    closesocket(sock_server);                          //关闭监听套接字
    WSACleanup();                                      //注销 WinSock 动态链接库
    return 0;
}
```

该程序的测试需要在多台机器上进行,一台计算机上运行服务器程序,另外若干台计算机运行客户端程序,客户端输入服务器 IP 地址后暂时不要输入发给服务器的信息,观察其他客户能否连接。然后在不同机器上同时运行客户软件,多人同时输入服务器 IP 地址以及发给服务器的信息,观察服务器响应时间。对例 4.1 的服务器程序做同样的测试,两者对比,不难看出套接字非阻塞模式相对于阻塞模式的优势。

非阻塞模式避免了程序在某个套接字操作上的阻塞等待,可以在等待的这段时间内轮询其他套接字或处理别的事务,从而避免了阻塞模式下的效率低下问题。但是,在整个过程中,应用程序需要不断地调用套接字函数进行尝试,直到相关操作完成,这对 CPU 来说仍是很大的浪费。同时,对某个套接字而言,对它进行一次不成功的尝试后,程序就要去轮询其他套接字或处理其他事务,到再一次轮询到本套接字可能会花费较长时间,因此对一些实时性要求很高的应用来说,这种编程模型并不适合。为了解决上述问题,在编程时可采用 Select 模型。

6.2 Select 模型

6.2.1 Select 模型的工作机制

Select 模型继承自 BSD UNIX 的 Berkeley Sockets,该模型是因为使用 select() 函数来管理 I/O 而得名。程序通过调用 select() 函数可以获取一组指定套接字的状态,这样可以保证及时捕捉到最先得到满足的网络 I/O 事件,从而可保证对各套接字 I/O 操作的及时性。这里 I/O 事件是指监听套接字上有用户请求到达、非监听套接字接收到数据、套接字已准备好可以发送数据等事件。

select()函数使用套接字集合 fd_set 来管理多个套接字,因此在学习使用 select()函数之前,需要先了解套接字集合 fd_set。

套接字集合 fd_set 是一个结构体,用于保存一系列的特定套接字,其定义如下。

```
typedef struct fd_set
{
    unsigned int fd_count;
    SOCKET fd_array[FD_SETSIZE];
} fd_set;
```

其中,fd_count 用来保存集合中套接字的数目;套接字数组 fd_array 用于存储集合中各个套接字的描述符;FD_SETSIZE 是一个常量,在 WinSock2.h 中定义,其值为 64。

为了方便编程,WinSock 提供了四个宏来对套接字集合进行操作。

- FD_ZERO(∗ set):初始化 set 指向的套接字集合为空集合,套接字集在使用前总是应该清空的。
- FD_CLR(s,∗ set):从 set 指向的套接字集合移除套接字 s。
- FD_ISSET(s,∗ set):检查套接字 s 是不是 set 指向的套接字集合的成员,如果是返回真(True)。
- FD_SET(s,∗ set):添加套接字 s 到 set 指向的套接字集合。

下面介绍 select()函数。

函数原型

```
int select(
        int nfds,
        fd_set ∗ readfds,
        fd_set ∗ writefds,
        fd_set ∗ exceptfds,
        const struct timeval ∗ timeout
    );
```

函数参数

- nfds:该参数仅仅是为了与 Berkaley 套接字兼容,因此忽略。
- readfds:是一个套接字集合,select()函数将检查该集合中套接字的可读性。
- writefds:是一个套接字集合,select()函数将检查该集合中套接字的可写性。
- exceptfds:是一个套接字集合,select()函数将检查该集合中的套接字是否有带外数据或出现错误。
- timeout:指定 select()函数等待的最长时间,若为 NULL,则为无限大。

返回值

返回负值表示 select()错误;返回正值表示三个集合中剩余的可读、可写或出错的套接字总个数;返回 0 则表示 timeout 指定的时间内没有可读写或出错误的套接字。

select()函数的三个参数指向的套接字集合分别用于保存要检查可读性(readfds)、可写性(writefds)和是否出错(exceptfds)的套接字。当 select()返回时,它将移除这三个套接字集合中所有没有发生 I/O 事件的套接字,未被移除的套接字则必定满足下列条件之一。

（1）对 readfds 中的套接字：①对不处于监听状态的套接字，其接收缓冲区中有数据可读入；②套接字正处于监听 listen 状态且有连接请求到达（accept（）函数将成功）；③套接字已经关闭、重启或中断。

（2）对 writefds 中的套接字：①套接字可以发送数据；②一个非阻塞套接字已调用 connect（）并且连接已顺利建立。

（3）对 exceptfds 中的套接字：①套接字有带外数据（OOB 数据）可读；②一个非阻塞套接字试图建立连接（已调用 connect（）），但连接失败。

如果没有需要对其可读性、可写性或者是否出错进行监听的套接字，则调用 select（）函数时，相应的参数应置为空（NULL），即不指向任何套接字集合，但是，三个参数不能同时为空，而且不空的指针指向的套接字集合中至少有一个套接字。

select（）函数在被调用执行时将会阻塞，阻塞的最长时间由参数 timeout 设定，在设定时间内该函数将阻塞等待，在等待过程中一旦三个集合中至少一个套接字满足了可读或者可写或者出错的条件，函数将立刻返回。到了设定时间，如果三个集合中的所有套接字仍然都不能满足可读、可写或者出错的条件，函数也将返回。

参数 timeout 指向一个结构体变量，该结构体定义如下。

```
typedef struct timeval
{
    long tv_sec;        //指示等待多少秒
    long tv_usec;       //指示等待多少毫秒
} timeval;
```

该结构体指针指向的结构体变量指定了 select（）函数等待的最长时间。如果为 NULL，select（）将会无限阻塞，直到有套接字符合不被删除的条件。如果将这个结构设置为（0,0），select（）函数将在检查完所有集合中的套接字后立刻返回，且其返回值为 0。

select（）函数返回时，如果返回值大于 0，则说明某个或者某些套接字满足可读、可写或出错的条件，应用程序需要使用 FD_ISSET 宏来判断某个套接字是否还存在于相应的集合中。

6.2.2　使用 Select 模型编程的方法

根据 select（）函数的工作过程，使用 Select 模型编写程序的基本步骤如下。

（1）用 FD_ZERO 宏来初始化需要的 fd_set。

（2）用 FD_SET 宏来将套接字句柄分配给相应的 fd_set，例如，如果要检查一个套接字是否有需要接收的数据，则可用 FD_SET 宏把该套接字的描述符加入可读性检查套接字集合中（第二个参数指向的套接字集合）。

（3）调用 select（）函数，该函数将会阻塞直到满足返回条件，返回时，各集合中无网络 I/O 事件发生的套接字将被删除。例如，对可读性检查集合 readfds 中的套接字，如果 select（）函数返回时接收缓冲区中没有数据需要接收，select（）函数则会把套接字从集合中删除。

（4）用 FD_ISSET 对套接字句柄进行检查，如果被检查的套接字仍然在开始分配的那个 fd_set 里，则说明马上可以对该套接字进行相应的 I/O 操作。例如，一个分配给可读性检查套接字集合 readfds 的套接字，在 select（）函数返回后仍然在该集合中，则说明该套接字已有数据到来,马上调用 recv()函数即可以读取成功。

事实上,实际的应用程序通常不会只有一次网络 I/O,因此不会只有一次 select()函数调用,而应该是上述过程的一个循环。下面仍通过例题来具体了解 Select 模型的编程方法。仍用例 4.1 给出的题目,只不过这一次要求服务器采用 Select 模型。

例 6.2   编写一个服务器端程序和客户端程序。服务器端程序与客户端程序的 TCP 连接建立后首先向客户端发送一条内容为"Connect succeed. Please send a message to me."的消息,然后等待接收客户端发送来的一条消息,收到后显示该信息并关闭连接。**要求服务器使用 Select 模型,允许同时有多个客户接入**。客户端程序在与服务器的连接建立成功后接收并显示从服务器收到的信息,然后从键盘接收一行信息发送给服务器。

同例 6.1 一样,先考虑多个套接字描述符的存储管理问题,例 6.1 使用了一个 SOCKET 类型的数组,在本例中当然也可以考虑使用,但是在这里已经有了更好的选择,就是使用套接字集合 fd_set。使用套接字集合及对套接字集合操作的四个宏可大大减少代码的编写量,同时也使得程序简洁易懂。

由于程序中的所有套接字均置于 select()函数的管理中,套接字使用阻塞模式或是非阻塞模式对性能影响不大,为编程简单起见,本例题采用阻塞模式,读者可自行改为非阻塞模式验证一下,看二者在程序运行后有无差别。

图 6.2 是服务器程序的流程图。与图 6.1 相比,可以看出使用 Select 模型要比使用单纯的非阻塞模型从程序复杂度上来说简化了不少。

下面是服务器程序的完整代码。

```cpp
# include < iostream >
# include "winsock2. h"
# define PORT 65432                //定义端口号常量
# define BUFFER_LEN 500            //定义接收缓冲区长度
# pragma comment(lib, "ws2_32.lib")
# pragma warning(disable : 4996)   //使用此命令让编译器忽略对函数 inet_ntoa()的警告
using namespace std;
int main(int argc, char ** argv)
{
    / *** 定义相关的变量 *** /
    SOCKET sock_server, newsock;   //定义监听套接字和临时已连接套接字变量
    fd_set fdsock;                 //保存所有套接字的集合
    fd_set fdread;                 //select 要检测的可读套接字集合
    struct sockaddr_in addr, client_addr;
    char msgbuffer[BUFFER_LEN];    //定义用于接收客户端发来信息的缓冲区
    char msg[] = "Connect succeed. Please send a message to me.\n";   //发给客户的信息
    / *** 初始化 WinSock2.DLL *** /
    WSADATA wsaData;
    if (WSAStartup(MAKEWORD(2, 2), &wsaData) != 0)
    {
        cout << "加载 winsock.dll 失败!\n";
        return 0;
    }
    / *** 创建套接字 *** /
    if ((sock_server = socket(AF_INET, SOCK_STREAM, 0)) < 0)
```

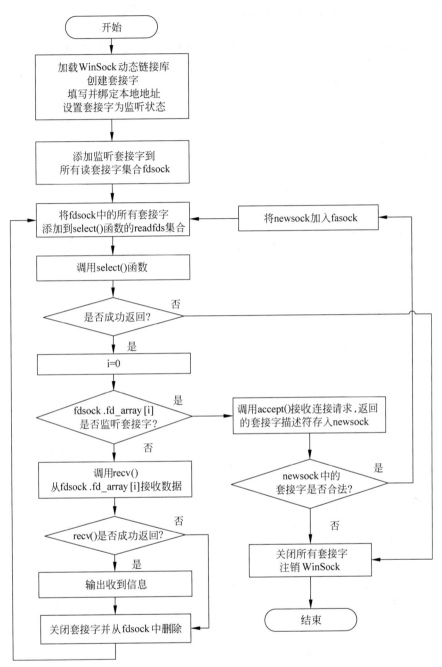

图 6.2 例 6.2 的服务器程序流程图

```
{
    cout << "创建套接字失败!\n";
    WSACleanup();
    return 0;
}
/***设置套接字为非阻塞模式***/
unsigned long ul = 1;
```

```
if (ioctlsocket(sock_server, FIONBIO, &ul) == SOCKET_ERROR)
{
    cout << "ioctlsocket failed! error:" << WSAGetLastError() << endl;
    closesocket(sock_server);
    WSACleanup();
    return 0;
}
/*** 填写要绑定的本地地址 ***/
int addr_len = sizeof(struct sockaddr_in);
memset((void * )&addr, 0, addr_len);
addr.sin_family = AF_INET;
addr.sin_port = htons(PORT);
addr.sin_addr.s_addr = htonl(INADDR_ANY);    //允许使用本机任何 IP 地址
/*** 给监听套接字绑定地址 ***/
if (bind(sock_server, (struct sockaddr * )&addr, sizeof(addr)) != 0)
{
    cout << "地址绑定失败!\n";
    closesocket(sock_server);
    WSACleanup();
    return 0;
}
/*** 将套接字设置为监听状态 **** /
if (listen(sock_server, 0) != 0)
{
    cout << "listen 函数调用失败!\n";
    closesocket(sock_server);
    WSACleanup();
    return 0;
}
else
    cout << "listenning......\n";
FD_ZERO(&fdsock);                 //初始化 fdsock
FD_SET(sock_server, &fdsock); //将监听套接字加入到套接字集合 fdsock
/*** 接收连接请求并收发数据 ***/
while (true)
{
    FD_ZERO(&fdread);            //初始化 fdread
    fdread = fdsock;             //将 fdsock 中的所有套接字添加到 fdread 中
    if (select(0, &fdread, NULL, NULL, NULL) > 0)
    {
        for (unsigned int i = 0; i < fdsock.fd_count; i++)
        {
            if (FD_ISSET(fdsock.fd_array[i], &fdread))
            {
                if (fdsock.fd_array[i] == sock_server)
                { //有客户连接请求到达,接收连接请求
                    newsock = accept(sock_server,
                        (struct sockaddr * ) &client_addr, &addr_len);
                    if (newsock == INVALID_SOCKET)
                    { //accept()出错,终止所有通信,结束程序
                        cout << "accept()函数调用失败!\n";
```

```
                              for (unsigned int j = 0; j < fdsock.fd_count; j++)
                                  closesocket(fdsock.fd_array[j]);
                              WSACleanup();
                              return 0;
                          }
                          else{
                              cout << inet_ntoa(client_addr.sin_addr)<<"连接成功!\n";
                              send(newsock, msg, sizeof(msg), 0);    //发送一段信息
                              FD_SET(newsock, &fdsock);   //将新套接字加入 fdsock
                          }
                      }
                      else{          //有客户发来数据,接收数据
                       memset((void * )msgbuffer, 0, sizeof(msgbuffer));
                       int size = recv(fdsock.fd_array[i], msgbuffer,
                                                          sizeof(msgbuffer), 0);
                          if (size < 0) //接收信息
                              cout << "接收信息失败!" << endl;
                          else if (size == 0)
                              cout << "对方已关闭!\n";
                          else
                          {   //显示收到信息
                              getpeername(fdsock.fd_array[i], (struct sockaddr * )
                                  &client_addr, &addr_len); //获取对方 IP 地址
                              cout << inet_ntoa(client_addr.sin_addr)<<":"<<
                                                          msgbuffer << endl;
                          }
                          closesocket(fdsock.fd_array[i]);   //关闭套接字
                          FD_CLR(fdsock.fd_array[i], &fdsock);   //清除已关闭套接字
                      }
                  }
              }
          }
          else
          {
              cout << "Select 调用失败!\n"; break;
          } //终止循环退出程序
      }
      /ﾟﾟﾟ结束处理ﾟﾟﾟ/
      for (unsigned int j = 0; j < fdsock.fd_count; j++)
          closesocket(fdsock.fd_array[j]);   //关闭所有已连接套接字
      WSACleanup();                          //注销 WinSock 动态链接库
      return 0;
}
```

套接字集合 fd_set 类型只能容纳 FD_SETSIZE 个套接字描述符,宏 FD_SETSIZE 的默认值是 64,一旦超过该值,再向套接字集合中添加套接字将会引起程序错误,因此,程序中在向套接字集合添加新套接字时必须对套接字集合的 fd_count 成员进行检查,在该值超过 FD_SETSIZE 时应做相应处理。

本例并未对套接字集合的上限进行检查,这在实际应用中是不允许的。作为练习,请读

者仔细阅读程序代码,在适当位置添加代码,使在向套接字集合 fdsock 添加套接字时检测 fd_count,如果其值已达到 FD_SETSIZE,应拒绝添加并做出相应处理。

6.3 WSAAsyncSelect 模型

在已介绍的三种套接字模型中,阻塞模型是在不知 I/O 事件是否发生的情况下,应用程序会按自己既定的流程主动去执行 I/O 操作,结果通常是阻塞并等待相应事件发生;非阻塞模型也是在不知 I/O 事件是否发生的情况下,应用程序按既定流程反复执行 I/O 操作直到操作成功(I/O 事件发生);Select 模型则是在不知 I/O 事件是否发生的情况下,应用程序按既定流程调用 select() 函数主动检查关心的 I/O 事件是否发生,如果没有发生则 select() 函数也是阻塞等待。可以看出,这三种模型的一个共同的特点就是,不管 I/O 事件是否发生,应用程序都会按既定流程主动试着进行 I/O 操作,而且直至操作成功才会罢休,这三种套接字模型称为**同步模型**。

尽管非阻塞模型和 Select 模型一次能够尝试对多个套接字进行 I/O 操作,要比阻塞模型效率高很多,但在很多实际应用中仍然是难以满足要求的,因为应用程序一旦开始 I/O 操作,则 I/O 操作完成之前都无法进行其他操作。解决这一问题的方法是采用异步 I/O 模型。

在异步套接字 I/O 模型中,当网络 I/O 事件发生时,系统将采用某种机制通知应用程序,应用程序只有在收到事件通知时才调用相应的套接字函数进行 I/O 操作。WSAAsyncSelect 模型就是 WinSock 提供的一种异步网络 I/O 模型。

WSAAsyncSelect 模型是基于 Windows 的消息机制实现的,当网络事件发生时,Windows 系统将发送一条消息给应用程序,应用程序将根据消息做出相应的处理。

WSAAsyncSelect 模型的核心是 WSAAsyncSelect() 函数,不过需要注意,同第 3 章介绍的 inet_aton() 和 WSAAsyncGetHostByName() 等函数一样,该函数在 Visual C++ 2017 中已不被鼓励使用,需要在该函数调用前使用预处理命令:

```
#pragma warning(disable : 4996)
```

或在项目属性中将"配置属性"-"C/C++"-"常规"中的"SDL 检查"的值设置为"否(sdl-)",程序才能编译通过。

6.3.1 WSAAsyncSelect()函数

WSAAsyncSelect()函数的主要功能是为指定的套接字向系统注册一个或多个应用程序需要关注的网络事件。注册网络事件时需要指定事件发生时需要发送的消息以及处理该消息的窗口的句柄。程序运行时,一旦被注册的事件发生,系统将向指定的窗口发送指定的消息。

函数原型

```
int WSAAsyncSelect( SOCKET s, HWND hWnd unsigned int wMsg, long lEvent )
```

函数参数

- s：需要事件通知的套接字。
- hWnd：当网络事件发生时接收消息的窗口句柄。
- wWsg：当网络事件发生时向窗口发送的用户自定义消息。通常，该消息应该比Windows 的 WM_USER 值大，以避免该消息与 Windows 预定消息发生混淆。
- IEvent：要注册的应用程序感兴趣的套接字 s 的网络事件集合，它实际是一个 32 位的位屏蔽码。

返回值

如果网络事件注册成功，则返回 0；如果注册失败，则返回 SOCKET_ERROR。进一步的出错信息可通过调用 WSAGetLassError() 返回错误代码获知。

这里的网络事件包括 FD_READ、FD_WRITE、FD_ACCEPT、FD_CONNECT、FD_CLOSE 等，表 6.1 给出了这些事件的含义及事件触发条件。

表 6.1　WinSock 中定义的网络事件

事　件	含　义	触　发　条　件
FD_ACCEPT	有连接请求到达	只适用于流式套接字； 新的连接请求到达但还没有发送 FD_ACCEPT； 调用 accept() 函数后，队列中仍然有连接请求
FD_CLOSE	套接字被关闭	只适用于流式套接字； 调用 WSAAsyncSelect() 函数时连接已关闭； 对方执行了套接字关闭并且没有数据可读
FD_CONNECT	连接建立完成	调用 WSAAsyncSelect() 函数时连接已建立； 调用 connect() 函数后，建立连接完成； 调用 WSAJoinLeaf() 函数后，加入操作完成
FD_READ	接收缓冲区有数据可读取	调用 WSAAsyncSelect() 时缓冲区有数据可读； 有新数据到达且没有发送 FD_READ； 调用 recv() 或者 recvfrom() 函数后，仍有数据可读
FD_WRITE	发送缓冲区空出了空间，可发送数据	调用 WSAAsyncSelect() 函数时，send() 或 sendto() 可以成功； 调用 connect() 或 accept() 后，连接建立成功； 调用 send() 或 sendto() 失败，错误码为 WSAEWOULDBLOCKE，而发送缓冲区又有空间
FD_OOB	接收缓冲区收到带外数据	调用 WSAAsyncSelect() 时缓冲区有 OOB 数据可读； 收到 OOB 数据且没有发送 FD_OOB

应用程序需要注册某个套接字的哪些网络事件，完全取决于实际的需求。如果应用程序同时对一个套接字的多个网络事件感兴趣，这时需要对网络事件类型执行按位或(|)运算后，再将它们赋值给 IEvent 参数。例如，应用程序希望在套接字上接收有关连接完成、数据可读和套接字关闭的网络事件，那么在程序中可按如下格式调用 WSAAsyncSelect() 函数。

```
WSAAsyncSelect(s, hWnd,WM_SOCKET, FD_CONNECT|FD_READ|FD_CLOSE);
```

函数执行后，当套接字 s 上有连接建立完成、有数据可读或者当套接字关闭时，都会有WM_SOCKET 消息发送给窗口句柄为 hWnd 的窗口。

如果要取消某个套接字的所有已注册的网络事件,需要以参数 IEvent 值为 0 来调用 WSAAsyncSelect()函数,其格式如下。

```
WSAAsyncSelect(s, hWnd, 0, 0);
```

s 为要被取消注册网络事件的套接字,hWnd 为注册这些事件时指定的接收网络事件消息的窗口的句柄。

取消网络事件的注册之后,系统将不再为该套接字发送任何与网络事件相关的消息。但在取消了一个套接字的网络事件注册后,在应用程序的消息队列中,有时可能还残留有这些网络事件触发的消息在排队,因此,应用程序仍然要继续接收这些网络事件消息。

采用 WSAAsyncSelect 模型接收数据的过程如图 6.3 所示。应用程序在调用 recv()函数接收数据前,首先调用 WSAAsyncselect()函数,该函数调用后将立即返回,程序继续运行。当系统收到数据时,系统将向应用程序发送消息。应用程序接收到这个消息后,将调用对应的消息处理函数,消息处理函数将调用 recv()函数接收数据并处理数据。

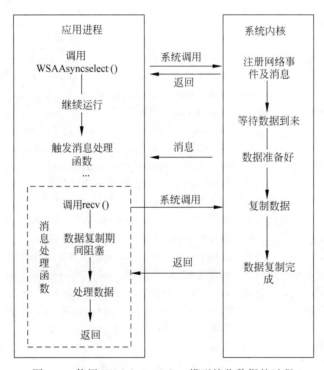

图 6.3　使用 WSAAsyncSelect 模型接收数据的过程

需要特别强调,WSAAsyncSelect 模型应用在 Windows 环境下,使用该模型时必须创建窗口。而 Select 模型广泛应用在 UNIX 类系统和 Windows 系列系统中,使用该模型不需要创建窗口。

WSAAsyncSelect 模型是非阻塞的,程序调用 WSAAsyncSelect()函数时,该函数向系统注册完成参数 IEvent 指定的网络事件后将立即返回。

WSAAsyncSelet 模型是异步的,当已被注册的网络事件发生时,系统将向应用程序发送消息,该消息将由参数 hWnd 指定的窗口中的相应消息处理函数进行处理,编写相应的消息处理函数是程序编写的主要工作之一。

应用程序调用 WSAAsyncSelect() 函数后，自动将套接字设置为非阻塞模式，而应用程序中调用 select() 函数后，并不能改变该套接字的工作方式。如果已对一个套接字进行了WSAAsynSelect() 操作，则任何用 ioctlsocket() 来把套接字重新设置成阻塞模式的企图都将以 WSAEINVAL 错误失败。为了把套接字重新设置成阻塞模式，应用程序必须首先用WSAAsynSelect() 函数（IEvent 参数置为0）来取消套接字所有注册的网络事件，然后再调用 ioctlsocket() 来把套接字重新设置成阻塞模式。

除此之外，还应注意以下几点。

（1）在同一个套接字上，多次调用 WSAAsyncSelect() 函数注册不同的网络事件，后一次函数调用将取消前一次注册的网络事件。例如，下面的两行代码：

```
WSAAsyncSelect(s, hWnd, wMsg, FD_READ);
WSAAsyncSelect(s, hWnd, wMsg, FD_WRITE);
```

第一行调用 WSAAsyncSelect() 函数为套接字 s 注册 FD_READ 网络事件，然后又再次调用 WSAAsyncSelect() 函数为同一个套接字 s 注册 FD_WRITE 网络事件，那么此后应用程序将只能接收到套接字 s 的 FD_WRITE 网络事件。

（2）在同一个套接字上多次调用 WSAAsyncSelect() 函数为不同的网络事件注册不同的消息，后一次的函数调用也将取消前面注册的网络事件。例如，在下面的代码中，第二次函数调用将会取消第一次函数调用的作用。只有 FD_WRITE 网络事件能通过 wMsg2 消息通知到窗口，而 FD_READ 事件则无法触发 wMsg1 消息。

```
WSAAsyncSelect(s, hWnd, wMsg1, FD_READ);
WSAAsyncSelect(s, hWnd, wMsg2, FD_WRITE);
```

（3）如果为一个监听套接字注册了 FD_ACCEPT、FD_READ 和 FD_WRITE 网络事件，则在该监听套接字上调用 accept() 函数接收连接请求所创建的任何套接字，也会触发FD_ACCEPT、FD_READ 和 FD_WRITE 网络事件，即相当于为这些套接字也注册了同样的网络事件。这是因为 accept() 函数所创建的已连接套接字和监听套接字具有同样的属性。任何为监听套接字设置的网络事件对已连接套接字同样起作用。若需要不同的消息和网络事件，应用程序应该调用 WSAAsyncSelect() 函数，为套接字注册不同的网络事件和消息。

（4）在程序中为一个 FD_READ 网络事件一般不要多次调用 recv() 函数来接收数据，如果应用程序为一个 FD_READ 网络事件调用了多个 recv() 函数，可能会使得该应用程序接收到多个 FD_READ 网络事件。例如，假设一开始套接字接收到了 300 字节的数据，这时系统将向应用程序发送 FD_READ 事件通知，如果应用程序的相应消息处理函数中连续调用三次 recv() 函数，每次都只接收 100 字节数据，前两次的 recv() 调用都将导致系统发送FD_READ 网络事件通知，第三次调用 recv() 时将会把剩余数据接收完，因而不会发送 FD_READ。前两次发送的 FD_READ 都会引发系统再次调用该消息处理函数。

应用程序不必在收到 FD_READ 消息时读入所有可读的数据。每接收到一次 FD_READ 网络事件，应用程序调用一次 recv() 函数是恰当的。如果在一次接收 FD_READ 网络事件时需要调用多次 recv() 函数，那么应用程序应该在调用 recv() 函数之前关闭 FD_

READ 消息。

（5）当套接字上注册的网络事件发生时，系统将向指定的窗口发送指定的用户自定义消息，进而触发对该消息的消息处理函数的调用。编写程序时，消息处理函数可使用 MFC 的类向导添加，函数的具体功能则由编程者实现。网络事件消息的处理函数具有类似下面代码所示的原型。

```
afx_msg LRESULT OnSocketMsg(WPARAM wParam, LPARAM lParam)
```

函数的名字是由编程者在添加该函数时指定的。函数的参数个数和类型是由系统规定的，它们的值在因消息到达而触发函数运行时由系统传入。

wParam 参数存放发生网络事件的套接字的句柄，lParam 参数的低 16 位存放的是发生的网络事件，高 16 位则用于存放网络事件发生错误时的错误码。为了便于编程者获取网络事件或网络事件的错误信息，WinSock 提供了 WSAGETSELECTEVENT 和 WSAGETSELECTERROR 两个宏，这两个宏的使用格式如下所示。

```
WORD wEvent,wError;
wEvent = WSAGETSELECTEVENT(lParam);
wError = WSAGETSELECTERROR(lParam);
```

6.3.2　WSAAsyncSelect 模型的编程方法

WSAAsyncSelect 模型是基于 Windows 消息机制的，而其 WSAAsyncSelect() 函数要求消息的接收对象必须是一个窗口，因此基于 WSAAsyncSelect 模型的应用程序一般都是图形界面的窗口应用程序，这里仍以对话框应用程序为例。

程序的编写可以分为两大部分：建立并完善应用程序框架和编写消息处理函数。

第一步建立并完善应用程序框架需要完成如下任务。

（1）使用应用程序向导创建对话框应用程序框架，在这个过程中要注意选中“Windows 套接字”复选框(参见图 2.6)，项目创建完成后要修改项目属性页中的“配置属性”→“常规”→“字符集”为“使用多字节字符集”(参见图 2.3)。

（2）设计程序界面，主要是绘制控件并设置相关属性等。

（3）为相关控件添加控件变量。

（4）将通信所需的套接字变量作为成员变量添加到窗口类中。

（5）添加 WSAAsyncSelect() 函数在为套接字注册网络事件时发送的自定义消息。

（6）在窗口类的成员函数 OnInitDialog() 中添加程序代码，完成创建套接字、给套接字绑定地址、使套接字处于监听状态、调用 WSAAsyncSelect() 函数为套接字注册网络事件等功能。由于在(1)中创建程序框架时已选中“Windows 套接字”复选框，所以不需要自己再写加载和注销 WinSock 动态链接库的代码了，如果创建程序框架时没有选中“Windows 套接字”复选框，则还需在创建套接字的代码前添加加载 WinSock 库的代码，而且在定义窗口类的头文件前面还需添加 ♯include "Winsock2.h" 包含 WinSock 头文件。

第二步编写消息处理函数则是程序设计的主要工作，除了编写相关控件消息的处理函数外，最主要的就是为套接字编写与网络事件关联的自定义消息的处理函数，在这些处理函数中要调用相关的套接字函数完成相关的 I/O 处理。

下面通过一个例题详细说明使用 WSAAsyncSelect 模型的编程方法。

例 6.3 使用 WSAAsyncSelect 模型实现一个简单的聊天程序,该程序的服务器端和客户端界面分别如图 5.7 和图 5.8 所示。在客户端输入服务器的 IP 地址,单击"连接"按钮建立连接后服务器端和客户端便可进行聊天,聊天过程中双方均可在任意时刻发送信息给对方。

在第 5 章习题 1 中已让读者采用多线程技术实现过本程序。这里将看到不必使用多线程技术,而只是 WSAAsyncSelect 模型,借用 Windows 的消息机制同样可以实现程序功能。

编写服务器端软件可通过如下步骤。

(1) 使用"应用程序向导"创建"对话框应用程序"框架(项目名称为 Server63),其间应注意要在如图 2.6 所示的"高级功能"对话框中选中"Windows 套接字"复选框,完成框架后要注意**将项目所使用的字符集改为"多字节字符集"**。

(2) 按照如图 5.7 所示的服务器程序界面,为程序添加控件并调整大小和位置,并将"发送"按钮的 Disable 属性设置为 True,列表框的 Sort 属性设置为 False。

(3) 在应用程序的主头文件 Server63.h 中的 CServer63App 类定义之前添加如下代码,定义两个自定义消息,这两个消息分别是注册监听套接字的 FD_ACCEPT 事件和注册已连接套接字的 FD_READ 事件时关联的消息。

```
#define MsgAccept      WM_USER +100
#define MsgRecv        WM_USER +101
```

(4) 通过类向导分别为列表框控件(用于显示聊天内容)、编辑框控件(用于编辑要发送给对方的消息)和"发送"按钮添加控件变量 m_CListBox(类别为 Control)、m_Edit(类别为 Value)和 m_SendButton(类别为 Control)。

(5) 通过类向导或者直接在文件 Server63Dlg.h 中的对话框类的定义中,添加如下自定义成员变量。

```
SOCKET m_ListenSocket;              //监听套接字变量
SOCKET m_acceptSocket;              //存储连接建立后 accept 得到的套接字号
struct sockaddr_in addr, client_addr; //分别存储本地地址和客户端地址
```

在 Server63Dlg.h 文件开始处添加常量定义。

```
#define PORT 65432                  //监听端口
#define BUFFER_LEN 1000             //接收缓冲区长度
```

(6) 在 Server63Dlg.cpp 文件中的 CServer63Dlg::OnInitDialog() 函数中添加如下代码,来创建套接字、给套接字绑定地址、使套接字处于监听状态,并调用 WSAAsyncSelect() 函数,为监听套接字注册 FD_ACCEPT 异步事件。

```
//创建套接字
if ((m_ListenSocket = socket(AF_INET,SOCK_STREAM,0))<0) //建立一个 socket
{
    CString str1("创建套接字失败!");
    MessageBox(str1);
    return FALSE;
}
```

```
//绑定 IP 端口
int addr_len = sizeof(struct sockaddr_in);
memset((void *)&addr,0,addr_len);
addr.sin_family = AF_INET;
addr.sin_port = htons(PORT);
addr.sin_addr.s_addr = htonl(INADDR_ANY);   //允许套接字使用本机的任何 IP
if(bind(m_ListenSocket,(LPSOCKADDR)&addr,sizeof(addr))!= 0)
{
    CString str1("套接字绑定失败!");
    MessageBox(str1);
    return FALSE;
}
if(listen(m_ListenSocket,5)!= 0) //开始监听
{
    CString str1("Listen 失败!");
    MessageBox(str1);
    return 0;
}
//为 m_ListenSocket 注册 FD_ACCEPT 异步事件
//该事件发生时系统将向本窗口发送自定义消息 MsgAccept
if(WSAAsyncSelect(m_ListenSocket, m_hWnd, MsgAccept,FD_ACCEPT)!= 0)
{
    CString str3("套接字异步事件注册失败!");
    MessageBox(str3);
    closesocket(m_ListenSocket);
}
```

每一个从 Cwnd 类派生出来的类都有一个成员变量 m_hWnd,该变量即为指向当前窗口的句柄。在本例中,处理 MsgAccept 消息的窗口为程序的主对话框窗口,即当前窗口,因此 WSAAsyncSelect()函数的第二个参数直接使用 m_hWnd 即可。

(7) 利用类向导添加自定义消息 MsgAccept 及其消息处理函数。该消息发出时,说明有客户的连接请求到达,因此,该消息处理函数调用 accept()与客户建立连接,并为连接成功后得到的套接字注册 FD_READ 事件和 MsgRecv 消息。消息处理函数代码如下。

```
afx_msg LRESULT CServer63Dlg::OnMsgaccept(WPARAM wParam, LPARAM lParam)
{
    int addr_len = sizeof(client_addr);
    if((m_acceptSocket = accept(m_ListenSocket,(LPSOCKADDR)
                                        &client_addr,&addr_len)) == INVALID_SOCKET)
    {
        CString str1("accept 函数调用失败!服务器关闭!");
        MessageBox(str1);
        closesocket(m_acceptSocket);
        closesocket(m_ListenSocket);
    }
    else
    {
        //为 m_acceptSocket 注册 FD_READ 异步事件
        //该事件发生时系统将向本窗口发送自定义消息 MsgRecv;
        if(WSAAsyncSelect(m_acceptSocket,m_hWnd, MsgRecv, FD_READ)!= 0)
```

```
    {
        CString str3("套接字异步事件注册失败!");
        MessageBox(str3);
        closesocket(m_acceptSocket);
        closesocket(m_ListenSocket);
    }
    else
        m_SendButton.EnableWindow(true); //使"发送"按钮可用
    }
    return 0;
}
```

（8）利用类向导添加自定义消息 MsgRecv 及其消息处理函数。该消息发出时,说明有数据到达,因此,该消息处理函数调用 recv()函数接收数据,并将数据添加到 ListBox 控件中显示。消息处理函数代码如下。

```
afx_msg LRESULT CServer63Dlg::OnMsgrecv(WPARAM wParam, LPARAM lParam)
{
    char recvBuffer[BUFFER_LEN];
    int size = recv(m_acceptSocket, recvBuffer, sizeof(recvBuffer), 0);
    if(size > 0)
    {
        recvBuffer[size] = '\0'; //在字符串末尾添加字符串结束符'\0'
        m_CListBox.AddString(recvBuffer); //添加到 ListBox 控件
    }
    return 0;
}
```

（9）利用类向导为"发送"按钮添加单击时的事件处理程序。代码如下。

```
void CServer63Dlg::OnBnClickedSend()
{
    // TODO: 在此添加控件通知处理程序代码
    UpdateData(true);                    //将数据由控件传向控件变量
    m_CListBox.AddString("I said:" + m_Edit);
    //将要发送的内容添加到 ListBox 控件上显示
    send(m_acceptSocket, m_Edit, m_Edit.GetLength(), 0);    //发送数据
}
```

（10）为了能让 Visual C++ 2017 忽略对 WSAAsyncSelect()函数的警告而顺利编译,在项目属性中将"配置属性"-"C/C++"-"常规"中的"SDL 检查"的值设置为"否(sdl-)"。

至此,服务器端程序就完成了。客户端软件的编写可参照如下步骤。

（1）使用"应用程序向导"创建"对话框应用程序"框架(项目名称为 Client63),其间应注意要在如图 2.6 所示的"高级功能"对话框中选中"Windows 套接字"复选框,完成框架后要注意**将项目所使用的字符集改为"多字节字符集"**。

（2）按照如图 5.8 所示的客户程序界面,为程序添加控件并调整大小和位置,其中用于输入 IP 地址的控件为 IP Address Control 控件。并将列表框的 Sort 属性均设置为 False。

（3）在 Client63.h 文件的宏命令下 #include "resource.h"添加套接字的 FD_READ 事件时关联的消息的定义如下。

```
# define MsgRecv        WM_USER + 101
```

（4）通过类向导分别为列表框控件（用于显示聊天内容）、编辑框控件（用于编辑要发送给对方的消息）和 IP 地址控件添加控件变量 m_CListBox（类别为 Control）、m_Edit（类别为 Value）和 m_IPaddress（类别为 Control）。

（5）通过类向导或直接在文件 Client63Dlg.h 的对话框类定义中添加如下自定义成员变量。

```
SOCKET m_clientsocket;               //套接字变量
struct sockaddr_in addr;             //用于存储服务器端地址的地址变结构变量
```

在 Client63Dlg.h 文件的对话框类的定义前添加常量定义。

```
# define PORT 65432                  //要连接的服务器端的端口
# define BUFFER_LEN 1000             //接收缓冲区长度
```

（6）利用类向导为"连接"按钮添加单击事件处理程序，代码如下。

```
void Cclient63Dlg::OnBnClickedButton1()
{
    // TODO: 在此添加控件通知处理程序代码
    //创建套接字
    if ((m_clientsocket = socket(AF_INET,SOCK_STREAM,0))< 0)
    {
        CString str1("创建套接字失败!");
        MessageBox(str1);
        return;
    }
    //填写服务器地址
    int addr_len = sizeof(struct sockaddr_in);
    memset((void * )&addr,0,addr_len);
    addr.sin_family = AF_INET;
    addr.sin_port = htons(PORT);
    DWORD ipaddr;
    m_IPaddress.GetAddress(ipaddr);
    addr.sin_addr.s_addr = htonl(ipaddr);
    //与服务器建立连接
    if(connect(m_clientsocket,(LPSOCKADDR)&addr,addr_len)!= 0)
    {
        CString str1("连接失败!");
        MessageBox(str1);
        closesocket(m_clientsocket);
        return;
    }
    //注册套接字的异步处理事件 FD_READ
```

```
if(WSAAsyncSelect(m_clientsocket,m_hWnd, MsgRecv, FD_READ)!= 0)
{
    CString str3("套接字异步事件注册失败!");
    MessageBox(str3);
    closesocket(m_clientsocket);
}
}
```

（7）利用类向导添加自定义消息 MsgRecv 及其消息处理函数。该消息发出时，说明有数据到达，因此，该消息处理函数调用 recv()函数接收数据，并将数据添加到 ListBox 控件中显示。消息处理函数代码如下。

```
afx_msg LRESULT Cclient63Dlg::OnMsgrecv(WPARAM wParam, LPARAM lParam)
{
    char recvBuffer[BUFFER_LEN];
    int size = recv(m_clientsocket,recvBuffer,sizeof(recvBuffer),0);
    if(size > 0)
    {
        recvBuffer[size] = '\0';       //在字符串末尾添加字符串结束符'\0'
        m_CListBox.AddString(recvBuffer);  //将收到数据添加到 ListBox 控件
    }
    return 0;
}
```

（8）利用类向导为"发送"按钮添加单击时的事件处理程序。代码如下。

```
void Cclient63Dlg::OnBnClickedOk()
{
    UpdateData(true); //将数据由控件传向控件变量
    m_CListBox.AddString("I said:" + m_Edit);  //发送内容添加到 ListBox 控件显示
    send(m_clientsocket, m_Edit, m_Edit.GetLength(),0);  //发送数据到客户端
}
```

（9）同样，为了能让 Visual C++ 2017 忽略对 WSAAsyncSelect()函数的警告而顺利编译，在项目属性中将"配置属性"-"C/C++"-"常规"中的"SDL 检查"的值设置为"否(sdl-)"。

6.4　WSAEventSelect 模型

WSAEventSelect 模型与 WSAAsyncSelect 一样都属于异步 I/O 模型，二者的不同之处在于网络事件发生时系统通知应用程序的形式不同。WSAAsyncSelect 模型是基于 Windows 的消息机制的，网络事件发生时系统将以消息的形式通知应用程序，并且消息必须与窗口句柄相关联，因此程序必须要有窗口对象才行。而 WSAEventSelect 模型是以事件对象为基础的，网络事件需要与事件对象关联，当网络事件发生时，经由事件对象句柄通知应用程序。

6.4.1　WinSock 中的网络事件与事件对象函数

WSAEventSelect 模型是以事件对象为基础的，网络事件需要与事件对象关联，当网络事

件发生时,经由事件对象句柄通知应用程序。

事件对象的概念与 5.4 节所介绍的事件对象完全相同,只不过 WinSock 又对操作事件对象 Windows API 函数进行了扩展,下面介绍几个主要的 WinSock 扩展后的事件对象操作函数。

1. WSACreateEvent()函数

其功能是创建一个"人工重设模式"工作的事件对象,初始为"无信号"状态。

函数原型

```
WSAEVENT WSACreateEvent( void );
```

函数参数

该函数无参数。

返回值

函数执行成功则返回事件对象句柄,否则返回 WSA_INVALID_EVENT。WSAEVENT 是事件对象句柄类型。

需要补充说明一点,WSACreateEvent()函数是 CreateEvent()函数的扩展,二者之间的一个主要差别是:WSACreateEvent()函数创建的是人工重设模式的事件对象,而 CreateEvent()函数创建的则是自动重设模式的事件对象。如果程序需要一个自动重设模式的事件对象,可直接使用 CreateEvent()来替代 WSACreateEvent()。

2. WSAResetEvent()函数

该函数将事件对象从"有信号"状态更改为"无信号"状态。

函数原型

```
BOOL   WSAResetEvent(WSAEVENT hEvent);
```

函数参数

hEvent:要设置的事件对象的句柄。

返回值

如果该函数调用成功,则函数返回 TRUE;反之函数返回 FALSE。

3. WSASetEvent()函数

该函数将事件对象设置为"有信号"状态。

函数原型

```
BOOL   WSASetEvent(WSAEVENT hEvent);
```

函数参数

hEvent:要设置的事件对象的句柄。

返回值

如果该函数调用成功,则函数返回 TRUE;反之函数返回 FALSE。

4. WSACloseEvent() 函数

释放事件对象占有的系统资源。该函数声明如下:

函数原型

```
BOOL   WSACloseEvent(WSAEVENT hEvent);
```

函数参数

hEvent：要释放的事件对象的句柄。

返回值

如果函数调用成功，该函数返回 TRUE；否则返回 FALSE。

6.4.2　WSAEventSelect 模型的函数

1. 网络事件注册函数 WSAEventSelect()

WSAEventSelect()函数是 WSAEventSelect 模型的核心，该函数能够为套接字注册感兴趣的网络事件，将网络事件与事件对象关联起来。该模型支持的网络事件与 WSAAsyncSelect 模型完全相同（参见表 6.1）。当为套接字注册的网络事件发生时，关联的事件对象将从"无信号"状态转变为"有信号"状态。

函数原型

```
int WSAEventSelect(
    SOCKET s,
    WSAEVENT hEventObject,
    Long INetworkEvents
    );
```

函数参数

- s：套接字。
- hEventObject：事件对象句柄。
- INetworkEvents：应用程序感兴趣的网络事件集合。

返回值

为套接字注册网络事件成功，函数返回 0；注册失败则返回 SOCKETS_ERROR，调用 WSAGetLastError()函数获取具体的错误代码。

例如，要为监听套接字 sockserver 注册一个事件对象，使得当网络事件 AD_ACCEPT 发生时，即有连接请求到达时，该事件对象的工作状态变为"有信号"状态，可使用如下代码。

```
WSAEVENT hEvent = WSACreateEvent();
WSAEventSelect(sockserver, hEvent, FD_ACCEPT);
```

需要注意以下几点。

（1）注册哪种网络事件，取决于实际的需要。如果应用程序同时对多个网络事件感兴趣，需要对网络事件类型执行按位 OR(|)运算。

例如，应用程序对套接字 s 上的网络事件 FD_READ、FD_WRITE 和 FD_CLOSE 感兴趣，则可使用如下代码注册网络事件。

```
SOCKET   s;
WSAEVENT  hEvent;
```

```
int nReVal = WSAEventSelect( s, hEvent, FD_READ | FD_WRITE | FD_CLOSE);
```

（2）要取消为套接字注册的网络事件，必须将 InetworkEvents 参数设置为 0，再次调用 WSAEventSelect()函数，例如，要取消上面例子中为套接字 s 注册的三个网络事件，则只需使用如下一行代码。

```
WSAEventSelect( s, hEvent, 0);
```

（3）当应用程序调用 WSAEventSelect()函数后，套接字将被自动设置为非阻塞模式。如果要将套接字设置为阻塞模式，必须先取消套接字上注册的网络事件，然后再调用 ioctlsocket()函数将套接字设置为阻塞模式。如果不取消已注册的网络事件而直接调用 ioctlsocket()函数来设置套接字为阻塞模式，将会失败并返回 WSAEINAL 错误。

2. 网络事件等待函数 WSAWaitForMultipleEvents()

WSAWaitForMultipleEvents()函数的功能是等待与套接字关联的事件对象由"无信号"状态变为"有信号"状态。应用程序在调用 WSAEventSelect()函数为套接字注册网络事件后调用该函数等待事件发生，事件发生前该函数将阻塞等待，直到等待的事件发生或设置的等待时间超时该函数才会返回。

函数原型

```
DWORD WSAWaitForMultipleEvents(
    DWORD cEvents,
    const WSAEVENT FAR * lphEvents,
    BOOL       fWaitAll,
    DWORD      dwTimeout,
    BOOL       fAlertable
);
```

函数参数

- cEvents：等待的事件对象句柄的数量。等待事件对象句柄数量至少为 1，最多数量为 WSA_MAXIMUM_WAIT_EVENTS，其值为 64。
- lphEvents：指向事件对象句柄的指针，实际上是一个 WSAEVENT 类型的数组，参数 cEvents 则是数组中事件对象句柄的数量。
- fWaitAll：该参数为 TRUE，则该函数在 lphEvents 中所有的事件对象都转变为"有信号"状态时才返回，若为 FALSE，则在其中一个事件句柄转变为"有信号"状态时就返回，并且返回值指出促使函数返回的事件对象。
- dwTimeout：函数阻塞等待的时间，单位为毫秒。超过该等待时间，即使没有满足 fWaitAll 参数指定的条件函数也会返回。如果该参数为 0，则函数检查事件对象的状态并立即返回。如果该参数为 WSA_INFINITE，则该函数会无限期等待下去，直到满足 fWaitAll 参数指定的条件。
- fAlertable：该参数主要用于重叠 I/O 模型，在完成例程的处理过程中使用。如果该参数为 TRUE，说明该函数返回时完成例程已经被执行。如果该参数为 FALSE，说明该函数返回时完成例程还没有执行。这里只要将该参数设置为 FALSE 就可以了。

返回值

返回值指出使该函数返回的事件对象，分为以下 4 种情况。

（1）是一个从 WSA_WAIT_EVENT_0 到 WAS_WAIT_EVENT_0＋cEvents－1 范围的值，其中，宏 WAS_WAIT_EVENT_0 的值为 0，这时如果 fWaitAll 为 TRUE，则表示所有事件对象都处于"有信号"状态，如果 fWaitAll 为 FALSE，则返回值减去 WAS_WAIT_EVENT_0，即为"有信号"事件对象在 lphEvents 数组中的序号。

（2）WAIT_IO_COMPLETION，表示一个或者多个完成例程已经排队等执行。

（3）WSA_WAIT_TIMEOUT，表示函数调用超时，并且所有事件对象都没有处于"有信号"状态。

（4）如果该函数调用失败，则返回值为 WSA_WAIT_FAILED。

3．网络事件枚举函数 WSAEnumNetworkEvents（）

WSAEnumNetworkEvents（）函数用于获取套接字上发生的网络事件，同时清除系统内部的网络事件记录，如果需要，还可以重置事件对象。

函数原型

```
int WSAEnumNetworkEvents(
    SOCKET s,
    WSAEVENT hEventObject,
    LPWSANETWORKEVENTS   lpNetworkEvents
);
```

函数参数

- s：发生网络事件的套接字句柄。
- hEventObject：被重置的事件对象句柄（可选）。
- lpNetworkEvents：指向 WSANETWORKEVENTS 结构指针。在该结构中包含发生网络事件的记录和相关错误代码。

返回值

该函数调用成功时返回值为 0，反之为 SOCKETS_ERROR。如果该函数返回 SOCKET_ERROR 错误，则事件对象不会被重置，网络事件也不会被清除。

WSANETWORKEVENTS 结构声明如下：

```
typedef struct _WSANETWORKEVENTS {
    long   lNetworkEvents;
    int    iErrorCode[FD_MAX_EVENTS];
} WSANETWORKEVENTS, * LPWSANETWORKEVENTS;
```

其中：

- lNetworkEvents 指示发生的网络事件。一个事件对象进入"有信号"状态时，在套接字上可能会发生多个网络事件，因此本参数记录的可能是多个网络事件。
- iErrorCode 包含网络事件错误代码的数组。错误代码与 lNetworkEvents 字段中的网络事件对应。在应用程序中，使用网络事件错误标识符对 iErrorCode 数组进行索引，检查是否发生了网络错误。这些标识符命名规则是在对应的网络事件后面添加"_BIT"。例如,对应于 FD_READ 网络事件的网络事件错误标识符为 FD_READ_BIT,网络错误标识符代表是 iErrorCode 数组序号。

在调用 WSAEnumNetworkEvents()函数时,如果参数 hEventObject 不为 NULL,则该参数指定的事件对象被置为"无信号"状态。通常参数 hEventObject 被指定为与 s 指定的套接字相关联的事件对象,如果该参数设为 NULL,则应用程序必须要调用 WSAResetEvent()函数来将关联事件对象设置为"无信号"状态。

6.4.3 WSAEventSelect 模型的编程方法

WSAEventSelect 模型编程的基本步骤如下。

(1)创建一个事件对象数组,用于存放所有的事件对象。

(2)为相关的套接字创建事件对象。

(3)调用 WSAEventSelect()函数将事件对象和需要关注的套接字的网络事件关联起来。

(4)调用 WSAWaitForMultipleEvents()函数等待网络事件发生。当有网络事件发生时关联的事件对象将变为"有信号"状态,此时在事件对象上等待的 WSAWaitForMultipleEvents()函数将会立即返回。

(5)调用 WSAEnumNetworkEvents 函数,查询发生事件的事件对象获取具体发生的网络事件类型。

(6)根据网络事件类型调用相应的套接字函数进行处理。

通过一个例题学习 WSAEventSelect 模型的编程方法。

例 6.4 编写一个服务器端程序和客户端程序。服务器端程序与客户端程序的 TCP 连接建立后首先向客户端发送一条内容为"Connect succeed. Please send a message to me."的消息,然后等待接收客户端发送来的一条消息,收到后显示该信息并关闭连接。**要求服务器端使用 WSAEventSelect 模型,允许同时有多个客户接入。**客户端程序在与服务器的连接建立成功后接收并显示从服务器收到的信息,然后从键盘接收一行信息发送给服务器。

本例题功能与例 6.1 和例 6.2 完全相同,但服务器端程序要求使用 WSAEventSelect 模型。图 6.4 是使用 WSAEventSelect 模型的服务器端程序流程。

需要注意以下几个问题。

(1)为保存多个套接字描述符和与每个套接字关联的事件对象句柄,需要使用一个套接字描述符数组和一个事件对象句柄数组,每次调用 accept()成功得到一个已连接套接字,为它创建事件对象并注册网络事件后,都需要将套接字描述符及事件对象句柄添加到相应数组中,同时需要一个变量 iEventTotal 来记录数组中已存入元素的个数。为了便于后面统一处理,监听套接字的描述符及其关联事件对象的句柄也应分别存入两个数组中。

(2)在调用 WSAWaitForMultipleEvents()等待事件发生时,尽管其 fWaitALL 参数指定为 FALSE,但其返回时,它所等待的事件对象中仍可能有多个已检测到网络事件发生,这时返回的是所有已触发的事件对象中的在对象数组中下标值最小的,为了确保对所有的事件对象进行处理,需要对下标大于等于返回值 nIndex 的事件对象进行逐一检查,看其注册网络事件是否发生,并对发生事件做出处理。

这里判断一个事件对象是否有事件发生仍使用 WSAWaitForMultipleEvents()函数,

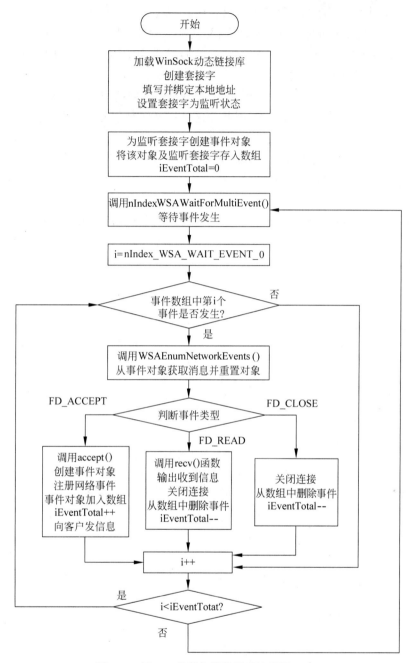

图 6.4 例 6.4 的服务器端程序流程图

只不过其 cEvents 参数应指定为 1,lphEvents 参数为要查看的事件对象句柄变量的地址,而且也不能阻塞太长时间,所以参数 dwTimeOUT 需指定为有限值。例如,检查事件对象hEvent 上是否有事件发生可用如下代码。

```
WSAWaitForMultipleEvents(1, &hEvent, TRUE, 1000, FALSE);
```

(3)本例中并没有为套接字注册 FD_WRITE 事件,原因是在本例中即便注册了也没有机会捕捉到该事件。FD_WRITE事件只有在以下情况下才会触发。

① 在建立连接成功时,客户和服务器两端都会触发FD_WRITE事件。

② send(WSASend)/sendto(WSASendTo)发送失败返回WSAEWOULDBLOCK,并且当缓冲区有可用空间时,则会触发FD_WRITE事件。

第①种情况在本例中虽能频繁出现,但accept()返回的同时才获取套接字描述符,用于监听套接字的事件对象还没有创建,因此在这里用事件对象无法捕捉。在第②种情况中,由于只有套接字的发送缓冲区满的时候调用send()才会返回WSAEWOULDBLOCK错误,因此FD_WRITE触发的前提是**缓冲区要先被充满然后随着数据的发送又出现可用空间**,而不是只要缓冲区中有可用空间。由于本例中只发送少量数据,套接字发送缓冲区不可能占满。

从这里也可以知道,**程序中需要发送数据时,应直接调用send()发送,而不应使用FD_WRITE触发**。FD_WRITE一般用于发送大量数据时,调用send()函数发送数据失败返回WSAEWOULDBLOCK后,触发数据的再次发送。

服务器端程序的代码如下。

```cpp
# include < iostream >
# include "winsock2.h"
# define PORT 65432                                //定义端口号常量
# pragma comment(lib, "ws2_32.lib")
# pragma warning(disable : 4996) //使用此命令让编译器忽略对函数 inet_ntoa()的警告
using namespace std;
int main( int argc, char ** argv)
{
    /ㅊ*** 定义相关的变量 *** /
    SOCKET sockserver, newsock; //监听套接字和临时已连接套接字变量
    SOCKET sockArray[WSA_MAXIMUM_WAIT_EVENTS];        //保存监听套接字及已连接套接字
    WSAEVENT eventArray[WSA_MAXIMUM_WAIT_EVENTS]; //事件对象数组
    struct sockaddr_in addr, clientaddr;
    char msgbuffer[1000];                             //定义用于接收客户端发来信息的缓冲区
    char msg[] = "Connect succeed.\n";               //发给客户端的信息
    /*** 初始化 WinSock2.DLL *** /
    WSADATA wsaData;
    if (WSAStartup(MAKEWORD(2, 2), &wsaData) != 0)
    {
        cout << "加载 winsock.dll 失败!\n";
        return 0;
    }
    /*** 创建套接字 *** /
    if ((sockserver = socket(AF_INET, SOCK_STREAM, 0)) == INVALID_SOCKET)
    {
        cout << "创建套接字失败!\n";
        WSACleanup();
        return 0;
    }
    /*** 填写要绑定的本地地址 *** /
    int addrlen = sizeof(struct sockaddr_in);
    memset((void *) &addr, 0, addrlen);
```

```cpp
addr.sin_family = AF_INET;
addr.sin_port = htons(PORT);
addr.sin_addr.s_addr = htonl(INADDR_ANY);        //允许套接字使用本机任何 IP 地址
/*** 给监听套接字绑定地址 ***/
if (bind(sockserver, (struct sockaddr * )&addr, sizeof(addr)) != 0)
{
    cout << "地址绑定失败!\n";
    closesocket(sockserver);
    WSACleanup();
    return 0;
}
/*** 将套接字设为监听状态 ****/
if (listen(sockserver, 0) != 0)
{
    cout << "listen 函数调用失败!\n";
    closesocket(sockserver);
    WSACleanup();
    return 0;
}
else
    cout << "listenning......\n";
/*** 为监听套接字 sockserver 创建事件对象并注册网络事件 ***/
int nEventTotal = 0;
WSAEVENT hEvent = WSACreateEvent();
WSAEventSelect(sockserver, hEvent, FD_ACCEPT | FD_CLOSE);
/*** 将监听套接字及事件对象添加到数组中 ** /
eventArray[nEventTotal] = hEvent;
sockArray[nEventTotal] = sockserver;
nEventTotal++;
/*** 循环: 接收连接请求并收发数据 *** /
int nIdx, ret;
WSANETWORKEVENTS netEvent;
int i,cCount;
while (true)
{
    //在所有事件对象上等待网络事件发生
    nIdx = WSAWaitForMultipleEvents(nEventTotal, eventArray, FALSE,
                                                WSA_INFINITE, FALSE);
    cCount = nEventTotal;
    for (i = nIdx - WSA_WAIT_EVENT_0; i < cCount; i++)
    {
        ret = WSAWaitForMultipleEvents(1, &eventArray[i], TRUE, 100, FALSE);
                                                //检查第 i 个事件对象是否有消息
        if (ret != WSA_WAIT_FAILED || ret != WSA_WAIT_TIMEOUT)
        {
            WSAEnumNetworkEvents(sockArray[i], eventArray[i], &netEvent);
                                    // 获取到来的通知消息并自动重置受信事件
            if (netEvent.lNetworkEvents & FD_ACCEPT)
            {   //处理 FD_ACCEPT 通知消息
                if (nEventTotal > WSA_MAXIMUM_WAIT_EVENTS)
                {
```

```
                cout << " Too many connections! \n";
                continue;
            }
            newsock = accept(sockserver,(struct sockaddr * )&clientaddr,&addrlen);
            if (newsock == INVALID_SOCKET)
            {  //接收连接出错,关闭所有套接字及事件对象退出
                for (int j = 0; j < nEventTotal; j++)
                {
                    closesocket(sockArray[i]);
                    WSACloseEvent(eventArray[i]);
                }
                WSACleanup();
                return 0;
            }
            hEvent = WSACreateEvent();
            WSAEventSelect(newsock, hEvent, FD_READ | FD_CLOSE);
            /*** 将已连接套接字及关联事件对象添加到相应数组 *** /
            eventArray[nEventTotal] = hEvent;
            sockArray[nEventTotal] = newsock;
            nEventTotal++;
            cout << inet_ntoa(clientaddr.sin_addr) << "连接成功!\n";
            send(newsock, msg, sizeof(msg), 0); //立刻发送消息
        }
        else if (netEvent.lNetworkEvents & FD_READ)
        {  // 处理 FD_READ 通知消息
            getpeername(sockArray[i],(struct sockaddr * ) &clientaddr,&addrlen);
            if (recv(sockArray[i],msgbuffer,sizeof(msgbuffer),0)> 0)
                cout << inet_ntoa(clientaddr.sin_addr) << ":" << msgbuffer << endl;
            else
            {
                int err = WSAGetLastError();
                cout << "接收信息失败!" << err << endl;
            }
            closesocket(sockArray[i]);
            WSACloseEvent(eventArray[i]);
            for (int j = i; j < nEventTotal − 1; j++)
            {
                sockArray[j] = sockArray[j + 1];
                eventArray[j] = eventArray[j + 1];
            }
            nEventTotal −− ;
        }
        else if (netEvent.lNetworkEvents & FD_CLOSE)
        {  // 处理 FD_CLOSE 通知消息
            closesocket(sockArray[i]);
            WSACloseEvent(eventArray[i]);
            for (int j = i; j < nEventTotal − 1; j++)
            {
```

```
                    sockArray[j] = sockArray[j + 1];
                    eventArray[j] = eventArray[j + 1];
                }
                nEventTotal -- ;
            }
        }
    }
}
return 0;
}
```

6.5　重叠I/O模型与完成端口模型简介

6.5.1　重叠I/O模型

重叠I/O模型是以Windows重叠I/O机制为基础的套接字I/O模型。Windows重叠I/O本来是一种文件操作技术。在传统文件操作中,文件的读写函数都是以阻塞模式工作的,当文件很大或磁盘读写速度较低时,程序运行就会长时间阻塞在文件的读写操作上,直到读写完成才返回。这样将浪费很多时间,导致程序性能下降。为了解决这个问题,Windows引进了重叠I/O的概念。

在重叠I/O下,应用程序在调用文件读写函数后函数会立即返回,而不必等待操作结束,文件读写的同时应用程序可以执行其他操作,这就是所谓的异步I/O操作,其工作过程如图6.5所示;如果让应用程序连续进行多个文件读写函数的调用,使得系统同时执行多个文件的读写操作,就成为所谓的重叠I/O操作。

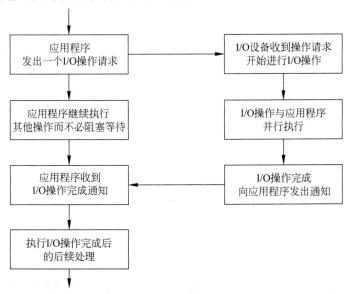

图6.5　异步I/O操作流程图

　　WinSock 的重叠 I/O 模型就是以重叠 I/O 机制为基础开发的。从 WinSock2 开始,重叠 I/O 模型便被引入到 WinSock 的扩展套接字函数中,这些扩展函数的格式不再与 BSD 套接字函数兼容,函数名均以 WSA 开头,比如 recv()函数和 send()函数的 Windows 扩展版分别为 WSARecv()和 WSASend()。应用程序要使用重叠 I/O 模型,就必须使用 WinSock 扩展套接字函数。

　　下面以 WSARecv()函数为例,了解一下重叠 I/O 模型的工作过程。WSARecv()函数的原型如下。

```
int WSARecv(
    SOCKET s,
    LPWSABUF lpBuffers,
    DWORD dwBufferCount,
    LPDWORD lpNumberOfBytesRecvd,
    LPDWORD lpFlags,
    LPWSAOVERLAPPED lpOverlapped
    LPWSAOVERLAPPED_COMPLETION_ROUTINE lpCompletionRoutine
    );
```

函数参数

- s:标识要接收数据的一个已连接套接字的描述字。
- lpBuffers:一个指向 WSABUF 结构数组的指针,用于保存收到的数据。
- dwBufferCount:lpBuffers 数组中 WSABUF 结构的数目。
- lpNumberOfBytesRecvd:若接收操作立即完成,则指向变量为所接收数据的字节数。
- lpFlags:标志位。与 recv()函数的 flags 参数类似。
- lpOverlapped:指向 WSAOVERLAPPED 结构体变量的指针,非重叠套接字忽略该参数。WSAOVERLAPPED 的定义如下。

```
typedef struct WSAOVERLAPPED
{
    DWORD Internal;
    DWORD InternalHigh;
    DWORD Offset;
    DWORD OffsetHigh;
    WSAEVENT hEvent;
}WSAOVERLAPPED, FAR * LPWSAOVERLAPPED;
```

　　结构中的 Internal 和 InternalHigh 为系统内部使用字段,不能由应用程序直接进行处理或使用;Offset 和 OffsetHigh 字段在重叠套接字中被忽略;hEvent 字段是一个事件对象句柄,是与重叠 I/O 操作相关联的事件对象,I/O 操作完成时,该事件对象状态将变为"有信号"状态。

- lpCompletionRoutine:指向发送操作完成后调用的完成例程的指针,非重叠套接字则忽略。完成例程是一个函数,该参数在非 NULL 时,在重叠 I/O 操作完成时该参数指定的完成例程将由系统自动调用,以便对已完成的 I/O 请求进行处理。一个完成例程必须拥有如下函数原型。

```
void CALLBACK CompletionROUTINE(
    DWORD dwError,
    DWORD cbTransferred,
    LPWSAOVERLAPPED lpOverlapped,
    DWORD dwFlags
);
```

其中,参数 dwError 指明重叠 I/O 操作的完成状态;参数 cbTransferred 指明在重叠操作期间实际传输数据的字节数;参数 lpOverlapped 指明传递给重叠 I/O 调用的 WSAOVERLAPPED 结构;dwFlags 参数返回操作结束时可能用的标志。

返回值

若重叠操作立刻完成,函数返回 0,并且参数 lpNumberOfBytesSent 指向的变量被更新为已成功接收的字节数;若重叠操作被成功初始化,则返回 SOCKET_ERROR,其错误码为 WSA_IO_PENDING。

WSARecv() 函数启动从套接字接收数据的操作后立刻返回,应用程序继续其他工作。当系统完成数据接收工作后,应用程序有两种方法来获知这一消息并开始后续处理工作:一种是通过事件对象通知,另一种则是通过完成例程。

在事件对象通知方法中,首先创建一个事件数组,再为每一个接收数据的套接字都创建一个事件对象和一个 WSAOVERLAPPED 类型的结构体变量,并将事件对象的句柄赋值给结构体变量中的成员 hEvent,同时还要将该事件对象的句柄保存到事先创建的事件数组中,调用 WSARecv() 函数时,套接字和结构体变量指针分别作为第一个参数和第六个参数传入,这样就将事先定义的事件对象与特定套接字的网络 I/O 操作关联起来了。当一个套接字上的 I/O 操作完成后,WinSock 会更改指定的 WSAOVERLAPPED 结构变量中的事件对象的状态,将"无信号"变为"有信号"。应用程序通过调用 WSAWaitForMultipleEvents() 函数监听重叠 I/O 操作是否完成,该函数以事先创建的事件数组为参数,因此可同时监听多个套接字上网络 I/O 操作。

使用完成例程时,在进行每一次重叠 I/O 调用前必须为该重叠 I/O 调用编写一个完成例程函数并定义一个 WSAOVERLAPPED 结构变量,该结构变量中的 hEvent 将被忽略。应用程序通过 WSARecv() 函数的最后一个参数 lpCompletionRoutine 指定所需的完成例程函数,第六个参数指定 WSAOVERLAPPED 结构变量。在重叠 I/O 操作完成后完成例程将被系统自动调用执行。

6.5.2 完成端口模型

完成端口(Completion Port)是一种 Windows 系统的内核对象。利用完成端口,套接字应用程序能够管理数百甚至上千个套接字,而且可以使系统的性能达到最佳。

使用完成端口模型之前,首先要创建一个 I/O 完成端口对象,使用该完成端口对象,可面向任意数量的套接字句柄,管理多个 I/O 请求;然后,通过指定一定数量的工作线程,为已经完成的重叠 I/O 操作提供服务。完成端口模型使用线程池对线程进行管理,通过事先创建的多个线程,在处理多个异步并发 I/O 请求时避免了频繁的线程创建和注销,在没有或 I/O 请求较少时,不使用的线程将会挂起,也不会占用 CPU 时间。

可以把完成端口看成是系统维护的一个队列,系统把重叠 I/O 操作完成的事件通知放在该队列中。当某项重叠 I/O 操作完成时,系统将向完成端口对象发送 I/O 完成数据包,在收到一个数据包后,完成端口对象中的一个工作线程将被唤醒,处理完后,线程会继续在完成端口上等待后续通知。

习题

1. 选择题

(1) 以下套接字函数中,在阻塞模式下不会引起阻塞的是(　　)。

  A. accept()　　　　　　　　　　　　　B. send()

  C. getsockname()　　　　　　　　　　D. recvfrom()

(2) 非阻塞模式下,如果在套接字没有收到数据的情况下调用 recv()函数,函数将以调用失败返回,此时调用 WSAGetLastError()函数得到的错误代码将是(　　)。

  A. WSAENOTSOCK　　　　　　　　　B. WSAEWOULDBLOCK

  C. WSAENETDOWN　　　　　　　　　D. WSAENOBUFS

(3) 要将套接字设置为非阻塞模式,以下最准确的叙述为(　　)。

  A. 只能使用 ioctlsocket()函数

  B. 只能使用 setsockopt()函数

  C. 可使用 ioctlsocket()或 setsockopt()函数

  D. A、B、C 均正确

(4) 在执行 select()函数时如果出现错误则返回(　　)。

  A. 0　　　　　　　　　　　　　　　　B. −1

  C. NULL　　　　　　　　　　　　　　D. SOCKET_ERROR

(5) 用于将套接字集合初始化为空集合的宏是(　　),用于从套接字集合中删除一个套接字的宏是(　　),用于判断一个套接字是否在套接字集合中的宏是(　　)。

  A. FD_ZERO　　　　B. FD_CLR　　　　C. FD_ISSET　　　　D. FD_SET

(6) 定义套接字集合:fd_set fdsock;要将套接字 s 添加到套接字集合 fdsock 中,应使用(　　)。

  A. FD_SET(s, &fdsock)　　　　　　　B. FD_SET(s, fdsock)

  C. FD_ADD(s, &fdsock)　　　　　　　D. FD_ADD(s, fdsock)

(7) 关于 select()函数,以下叙述错误的是(　　)。

  A. 如果监听套接字上没有 I/O 事件发生,select()函数将一直阻塞,无时间限制

  B. fd_set 类型的套接字集合只能容纳有限个套接字,最大值由宏 FD_SETSIZE 限定

  C. select()函数的三个套接字集合指针类型的参数不能同时为 NULL

  D. select()函数的三个参数非空时,指针指向的套接字集合中必须至少有一个套接字

(8) 如果套接字集合 fdread 非空,则关于语句 select(0, &fdread, NULL, NULL, NULL);的叙述正确的是(　　)。

  A. 如果 fdread 中的所有套接字均未收到数据,select()将阻塞等待 1000ms

  B. 如果 fdread 中的所有套接字均未收到数据,select()将立即返回,返回值为 0

C. 如果 fdread 中有多个套接字收到数据,select()将立即返回,返回值为 0

D. 如果 fdread 中有多个套接字收到数据,select()将立即返回,返回值为有数据到达的套接字个数

(9) 关于 WSAAsyncSelect 模型,以下叙述错误的是（   ）。

A. WSAAsyncSelect 模型的核心是 WSAAsyncSelect()函数

B. WSAAsyncSelect()函数的一次调用可以同时为多个网络事件注册不同消息

C. 一旦被注册的事件发生,系统将向指定的窗口发送指定的消息

D. WSAAsyncSelect()函数调用失败,则返回 SOCKET_ERROR

(10) 连续执行以下两条语句,将（   ）。

```
WSAAsyncSelect(s, hWnd, wMsg, FD_READ);
WSAAsyncSelect(s, hWnd, wMsg, FD_WRITE);
```

A. 为套接字 s 的 FD_READ 事件和 FD_WRITE 事件注册消息 wMsg

B. 只为套接字 s 的 FD_READ 事件注册消息 wMsg,第二条语句将执行失败

C. 为套接字 s 的 FD_WRITE 事件成功注册消息 wMsg,第一条语句的执行结果被取消

D. 编译出错,因为不能为同一个套接字连续两次调用 WSAAsyncSelect()函数

(11) 连续执行以下两条语句,将（   ）。

```
WSAAsyncSelect(s, hWnd, wMsg1, FD_READ);
WSAAsyncSelect(s, hWnd, wMsg2, FD_WRITE);
```

A. 为套接字 s 的 FD_READ 事件注册消息 wMsg1,为 FD_WRITE 事件注册消息 wMsg2

B. 只为套接字 s 的 FD_READ 事件注册消息 wMsg1,第二条语句将执行失败

C. 为套接字 s 的 FD_WRITE 事件成功注册消息 wMsg2,第一条语句的执行结果被取消

D. 编译出错,因为不能为同一个套接字连续两次调用 WSAAsyncSelect()函数

(12) 以下叙述错误的是（   ）。

A. WSAAsyncSelect 模型应用在 Windows 环境下,使用该模型时必须创建窗口

B. WSAAsyncSelect 模型是工作在非阻塞模式下的

C. 应用程序调用 WSAAsyncSelect()函数后,自动将套接字设置为非阻塞模式

D. 调用 WSAAsyncSelect()函数后,可调用 ioctlsocket()把相应套接字设置成阻塞模式

2. 填空题

(1) 对流式套接字而言,如果监听套接字已被设置为非阻塞模式,accept()函数从该套接字上返回的已连接套接字的工作模式是_____（阻塞还是非阻塞）的。

(2) 对于非阻塞的套接字工作模式,引入 5 种套接字 I/O 模型,分别是_____、_____、_____、重叠式 I/O 模型和完成端口模型。

(3) 要将套接字 s 设为非阻塞模式可使用如下语句:

```
unsigned long ul = _____;
int nRet = ioctlsocket(s, _____, (unsigned long * )&ul);
```

（4）WSAAsyncSelect 模型中常用的网络事件包括 _____ 事件、_____ 事件、_____ 事件、FD_CONNECT 事件、FD_CLOSE 事件、FD_OOB 事件等。

（5）在 WSAAsyncSelect 模型中，如果要取消指定 Socket 上已注册的所有网络事件，则可以在调用 WSAAsyncSelect 函数时将参数 IEvent 设置为_____。

（6）应用程序调用 WSAAsyncSelect() 函数后，会自动将套接字设置为非阻塞模式，为了把套接字重新设置成阻塞模式，必须先 _____，然后再调用 ioctlsocket() 来把套接字重新设置成阻塞模式。

（7）当为一个套接字注册多个网络事件时，这多个网络事件无论哪一个发生时都将触发同一条消息，因此系统都将调用同一个消息处理函数处理不同事件。这种说法是_____（正确的或是错误的）。

（8）当调用 recv() 函数接收数据时，如果通过 recv() 不能将套接字收到的数据全部接收，将导致网络事件_____发生。

3. 简答题

（1）简述 WSAAsyncSelect 模型和 WSAEventSelect 模型的主要区别及各自的优缺点。

（2）简述异步操作与同步操作的主要区别。

4. 编程题

（1）仔细阅读例 6.2 的程序代码，在适当位置添加检测套接字集合中套接字数量 fd_count 的代码，如果其值已达到 FD_SETSIZE，应拒绝添加并做出相应处理。

（2）使用 Select 模型设计实现一个回送(echo)服务器。使用 WSAAsyncSelect 模型编写一个客户端程序，用于测试该回送服务器，其界面如图 6.6 所示。

图 6.6　第 4(2)题回送服务的客户端界面

（3）使用 WSAEventSelect 模型设计实现回送(echo)服务器。

实验 5　WinSock 的 I/O 模型

一、实验目的

（1）掌握使用 Select 模型管理多个套接字的编程方法；

（2）掌握使用 WSAAsyncSelect 模型的编程方法；

（3）了解使用 WSAEventSelect 模型的编程方法。

二、实验设备及软件

联网的运行 Windows 系统的计算机,Visual Studio 2017(已选择安装 MFC)。

三、实验内容

编写一个简易的群聊软件,该软件采用 C/S 模式。要求:①服务器使用字符界面(控制台应用程序),负责接收每个客户发送的消息,并将收到的每条消息及消息发送者的 IP 地址都转发给所有其他用户,允许同时最多接入 30 个客户;要求使用 Select 模型管理所有套接字,所有套接字均工作在非阻塞模式。②客户端使用图形界面(对话框应用程序),其界面如图 6.7 所示。在 IP 地址控件中输入服务器端 IP 地址后单击"连接"按钮建立与服务器的连接;列表框控件逐条显示服务器转发来的其他客户端发布的聊天信息及对应的 IP 地址;文本编辑框用于编辑自己要发表的信息,单击"发送"按钮可将文本框中的信息发送给服务器。要求使用 WSAAsyncSelect 模型。另外,程序所使用 TCP 端口号由编程者在编写程序时指定。

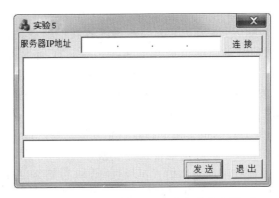

图 6.7 实验 5 群聊的程序客户端程序界面

四、实验步骤

(1) 编写服务器端程序,Select 模型的具体编程方法请参见例 6.2。
(2) 编写客户端程序,具体步骤可参考例 6.3。

五、思考题

(1) 能否使用 WSAEventSelect 模型实现服务器端程序? 如果能的话应如何实现?
(2) 当一个后来的客户与服务器建立连接时,能否收到前面其他客户发布的聊天信息? 应怎样修改服务器软件才能实现这一功能?

第7章 UDP程序设计

本章主要介绍使用数据报套接字编写基于 UDP 的网络通信程序的基本方法，主要内容包括：数据报套接字编程的两种模型——C/S 模型和 P2P 模型，它们的程序流程及编程方法、套接字的属性、广播程序及其编写的方法。

7.1 数据报套接字编程的基本方法

数据报套接字使用 UDP 通信，而 UDP 是一种无连接的通信协议，无连接通信协议的最大特点是，发送信息时信息的目的地址并不是事先指定的，而是在发送信息的同时才指定，所以在数据报套接字编程中，通常每次发送数据都需要指定目的地址。

在数据报套接字上发送数据既可使用 sendto() 函数，也可使用 send() 函数。使用 sendto() 函数发送数据时，目的地址由该函数的参数指定；若使用 send() 函数发送数据，则必须先调用 connect() 函数为数据报套接字指定数据发送的目的地址，之后可连续多次调用 send() 函数通过该数据报套接字向目的地址发送数据。

使用数据报套接字编程有两种通信模式可供选择：一种是客户/服务器模式，即 C/S 模型；另一种则是无客户与服务器之分的对等模式，即 P2P 模式。

7.1.1 客户/服务器模式

客户/服务器模式中，双方的通信过程必须由客户一方首先向服务器发送一条信息来发起，因此必须提前知道服务器方的 IP 地址和所使用的 UDP 端口号。而服务器端在通信开始之前并不知道通信对端的任何地址信息，因而无法发起通信，但通信所用的本地 IP 地址和 UDP 端口号在通信开始前必须已与套接字绑定。

使用 C/S 模式的 UDP 通信程序流程如图 7.1 所示，服务器首先启动，通信由客户端首先发送数据而发起。

服务器端流程如下。

（1）调用 socket() 函数创建数据报套接字。下面的代码是使用 socket 函数创建数据报套接字的典型例子，其中，socket() 函数的第二个参数套接字类型使用 SOCK_DGRAM。

```
if ((sock_server = socket(AF_INET, SOCK_DGRAM,0))< 0) {
    cout << "创建套接字失败!\n";
    return 0;
}
```

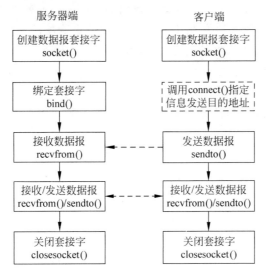

图 7.1　客户服务器模式流程

（2）调用 bind() 函数为套接字绑定本地 IP 地址和本地端口号。使用 bind() 函数为数据报套接字绑定地址的典型方式如下面代码所示（其中，sock_server 为已创建的数据报套接字的描述符。可以看出，其方法与流式套接字完全相同）。

```
struct sockaddr_in addr;                         //定义 sockaddr_in 结构变量 addr
memset((void * )&addr, 0, addr_len);             //将 addr 的各字段值全部置 0
addr.sin_family = AF_INET;                       //指定协议族为 AF_INET
addr.sin_port = htons(PORT);                     //指定 UDP 端口号
addr.sin_addr.s_addr = htonl(INADDR_ANY);        //绑定 IP 地址
if(bind(sock_server,(LPSOCKADDR)&addr, sizeof(addr))!= 0)
{
    cout << "绑定地址失败!\n";
    return 0;
}
```

（3）调用 recvfrom() 函数，接收从客户端发来的信息。在 C/S 模型中，服务器端必须先调用 recvfrom() 函数从客户端接收数据，否则服务器端无法获知客户端的地址。

（4）与客户端进行交互通信，既可以调用 sendto() 函数向客户端发送数据，也可以调用 recvfrom() 函数接收客户端发来的数据。

（5）调用 closesocket() 函数关闭套接字。

客户端程序流程如下。

（1）调用 socket() 函数创建数据报套接字。

（2）调用 connect() 函数为数据报套接字指定通信对端 IP 地址和端口号。调用 connect() 函数后，既可以使用 send() 函数也可以使用 sendto() 函数发送数据。随后程序中还可以多次调用 connect() 更改通信对端的地址。需要注意，本步骤并不是必需的，如果省略本步，随后的数据发送只能使用 sendto() 函数而不能使用 send()，而且必须通过函数参数指定发送目的地址。

（3）调用 sendto() 函数或 send() 函数向服务器端发送数据，在 C/S 模型中，客户端必须先向服务器发送数据,服务器端才能通过调用 recvfrom()函数获知客户端的地址。

需要注意的是,客户端并没有调用 bind()为数据报套接字绑定本地地址,套接字所用的本地 IP 地址及端口号是在调用 connect()函数或第一次调用 sendto()发送数据时,由系统自动为数据报套接字选定的。

(4) 与服务器端进行交互通信,既可以调用 sendto()/send()函数向服务器发送数据,也可以调用 recvfrom()/recv()函数接收服务器发来的数据。要注意,在使用 send()和 recv()时,必须已调用 connect()为套接字指定了目的地址。

(5) 调用 closesocket()函数关闭套接字。

通过 C/S 模型的程序流程,可以看出使用 UDP 的数据报套接字与使用 TCP 的流式套接字编程相比,还是有很大区别的,直观上主要有以下三点不同。

(1) 数据报套接字编程使用 SOCK_DGRAM 标志创建套接字,流式套接字编程使用 SOCK_STREAM 标志创建套接字。

(2) 数据报套接字编程不需要对套接字进行监听,不调用 accept()函数,也无须调用 connect()函数建立连接,而对流式套接字编程来说这两步都是必需的。

(3) 数据报套接字编程多数情况下使用 sendto()函数发送数据,使用 recvfrom()函数接收数据,而流式套接字编程收发数据使用最多的则是 send()函数和 recv()函数。

7.1.2　常用的数据收发函数——sendto()与 recvfrom()

1. sendto()函数

sendto()函数通常用于数据报套接字发送数据,但也可用于流式套接字。

函数原型

```
int   sendto ( SOCKET s, const char * buf, int len, int flags,
                                    const struct sockaddr * to, int tolen);
```

函数参数

- s:标识一个套接字的描述符。
- buf:保存有待发送数据的缓冲区。
- len:缓冲区中待发送数据的长度。
- flags:同 send()函数的 flags 参数相同,可取值为 0、MSG_DONTROUTE 或 MSG_OOB。其中 0 表示正常发送数据;MSG_DONTROUTE 告诉系统目标就在本网络中,无须路由选择,如果协议实现不支持该选项,则该标志被忽略;MSG_OOB 只用于流式套接字,表示发送带外数据。
- to:指向目的地址(sockaddr 结构类型)的指针。
- tolen:参数 to 所指向的地址占用的字节数。

返回值

成功执行函数将返回所发送数据的总字节数,否则,返回 SOCKET_ERROR 错误,出错信息可通过调用 WSAGetLastError()获取其错误代码来了解。

该函数用于向由参数 to 指定的接收端发送一个数据报。该函数调用需要指明通信的两个端点,发送端的 IP 地址和端口号由套接字 s 指明,接收端的 IP 地址和端口号则由参数

to 指向的地址结构决定,而通信所使用的协议则是由套接字的类型决定的。

对于数据报套接字,必须注意发送数据长度不应超过 IP 分组的最大长度。IP 分组的最大长度在 WSAStartup()调用返回的 WSAData 的 iMaxUdpDg 元素中。如果数据太长无法自动通过下层协议,则数据不会发送成功,错误码为 WSAEMSGSIZE。

另外,同 send()函数一样,成功调用 sendto()函数仅说明用户缓冲区中的数据已经发送到了本地套接字的缓冲区中了,并不意味着数据已送到对方。实际的数据发送是由下层的 UDP 来完成的,当然 UDP 又是使用了网络层的 IP 协议来完成数据发送的。由于 UDP 并不保证数据的可靠传输,因此 UDP 发出数据后,数据也未必能正确传送到接收端,因此,成功的 sendto()函数调用,并不意味着数据的成功传输。

2. recvfrom()函数

recvfrom()函数是数据报套接字所经常使用的数据接收函数,该函数同样也可用于从流式套接字接收数据。

函数原型

```
int recvfrom( SOCKET s, char * buf, int len, int flags,
                                  struct sockaddr * from, int * fromlen);
```

函数参数
- s:指定接收数据的套接字的描述符。
- buf:接收数据缓冲区。
- len:缓冲区长度。
- flags:同 recv()函数的 flags 参数相同,可取值为 0、MSG_PEEK 或 MSG_OOB。其中,0 表示接收正常数据,MSG_PEEK 表示将系统缓冲区中的数据复制到 buf 指向的数据缓冲区中,但并不将已接收的数据从系统缓冲区中删除;MSG_OOB 用于流式套接字,表示接收带外数据。
- from:指向用于存放发送方地址的缓冲区。函数调用成功后,数据发送方的地址将被保存在该指针指向的缓冲区中,如果不想保存该地址,可设为 NULL。
- fromlen:指向一个整型变量,该整型变量保存有地址结构变量的长度,recvfrom()函数调用前该整型变量必须已赋为合适值,通常是 sizeof(struct sockaddr);如果前一个参数 from 指定为 NULL,本参数值也应该设定为 NULL。

返回值

若无错误发生,返回收到的字节数;如果连接已中止(对端套接字关闭)则返回 0;若出错,则返回 SOCKET_ERROR 错误,出错信息可通过调用 WSAGetLastError()获取其错误代码来了解。

recvfrom()函数从套接字 s 的接收缓冲队列中取出第一个数据报放在应用程序数据缓冲区 buf 中。如果数据报的长度大于 len 指定的缓冲区长度,后面的数据将会丢失,并返回 WSAEMSGSIZE 错误。

该函数不仅从套接字上接收数据,还能捕获数据发送源的地址,如果 from 参数不是空指针,该函数将把本次收到的数据报的源地址放在 from 指向的 sockaddr 结构中,将该结构的大小放在 fromlen 指向的整型变量中。

　　例 7.1　使用数据报套接字的 C/S 模型编写一个字符界面的简单聊天程序,在客户端输入"bye"结束聊天,客户端退出,服务器端继续等待其他客户的信息;在服务器端输入"bye",则客户端程序与服务器端程序均退出。

　　程序流程图如图 7.2 所示。以下为服务器端程序的完整代码。

```cpp
# include < iostream >
# include < winsock2. h >
# define PORT 65432                            //本程序所使用的 UDP 端口号
# define BUFFER_LEN 1000
# pragma comment(lib,"ws2_32.lib")
# pragma warning(disable : 4996)              //让编译器忽略对 inet_ntoa()等函数的警告
using namespace std;
int main()
{
    / *** 初始化 WinSock2. DLL *** /
    WSADATA wsaData;
    if (WSAStartup(MAKEWORD(2, 2), &wsaData) != 0)
    {
        cout << "加载 WinSock.dll 失败!\n";
        return 0;
    }
    / *** 创建数据报套接字 *** /
    SOCKET udpsocket;
    udpsocket = socket(AF_INET, SOCK_DGRAM, 0);
/ *** 定义用于保存本地地址和通信对端地址的变量 *** /
    struct sockaddr_in localaddr;
    struct sockaddr_in fromaddr;
    int len = sizeof(fromaddr);              //地址变量占用字节数
    / *** 绑定地址 *** /
    localaddr.sin_family = AF_INET;
    localaddr.sin_port = htons(PORT);        //接收数据的本地端口号
    localaddr.sin_addr.s_addr = INADDR_ANY;  //绑定本机所有 IP 地址
    bind(udpsocket, (struct sockaddr * )&localaddr, sizeof localaddr);
    / *** 循环执行数据收发 *** /
    char buffer[BUFFER_LEN] = "";            //收发数据所使用的缓冲区
    while (true)
    {
        / *** 接收并显示信息 *** /
        cout << "waiting for message from others......\n";
        if (recvfrom(udpsocket, buffer, sizeof(buffer), 0, (struct sockaddr * )
                                                    &fromaddr, &len) != SOCKET_ERROR)
                                //必须保存客户端的地址,否则服务器方无法回应对方
        {
            cout << inet_ntoa(fromaddr.sin_addr) << ": " << buffer << endl;
            if (strcmp(buffer, "bye") == 0)
                continue;                    //一个客户离开,继续等待其他客户
        }
        else
        {
```

```
        cout << "Soccket Error!\n";
        break;
    }
    /***输入并给对端发送信息***/
    cout << "Input message:";
    cin.getline(buffer, sizeof(buffer));
    sendto(udpsocket, buffer, strlen(buffer) + 1, 0,
                                        (struct sockaddr *) &fromaddr, len);
    if (strcmp(buffer, "bye") == 0)break;
}
/***结束处理***/
closesocket(udpsocket);
WSACleanup();
return 0;
}
```

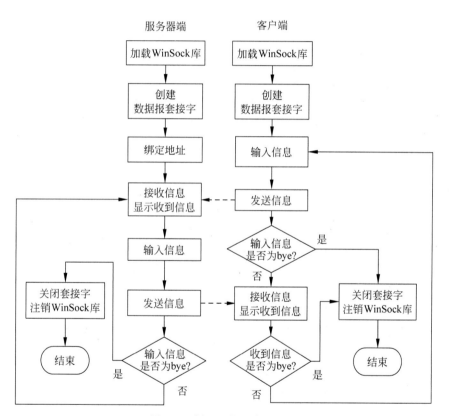

图 7.2 例 7.1 的程序流程图

客户端程序代码如下。

```
# include < iostream >
# include < winsock2.h >
# define PORT 65432
# define BUFFER_LEN 1000
# pragma comment(lib,"ws2_32.lib")
# pragma warning(disable : 4996) //让编译器忽略对 inet_ntoa()等函数的警告
```

```cpp
using namespace std;
int main()
{
    /*** 初始化 WinSock2.DLL ***/
    WSADATA wsaData;
    if (WSAStartup(MAKEWORD(2, 2), &wsaData) != 0)
    {
        cout << "加载 WinSock.dll 失败!\n";
        return 0;
    }
    /*** 输入服务器端 IP 地址 ***/
    char serverIP[20];
    cout << "请输入 IP 地址:";
    cin.getline(serverIP, sizeof(serverIP));
    /*** 创建数据报套接字 ***/
    SOCKET udpsocket;
    udpsocket = socket(AF_INET, SOCK_DGRAM, 0);
    /*** 填写服务器端地址结构 ***/
    struct sockaddr_in serveraddr;
    int len = sizeof(struct sockaddr_in);
    serveraddr.sin_family = AF_INET;
    serveraddr.sin_port = htons(PORT); ///Server 的监听端口
    serveraddr.sin_addr.s_addr = inet_addr(serverIP); ///Server 的地址
        /*** 循环执行数据发送接收 ***/
    char buffer[BUFFER_LEN];                   //收发数据所用缓冲区
    while (true)
    {
        /*** 客户端必须首先发送数据 ***/
        cout << "input message:";
        cin.getline(buffer, sizeof(buffer));
        if (sendto(udpsocket, buffer, strlen(buffer) + 1, 0,
            (struct sockaddr * )&serveraddr, len) != SOCKET_ERROR)
        {
            if (strcmp(buffer, "bye") == 0)break;   //输入 bye 则退出
            cout << "Waiting Message from server..." << endl;
            if (recvfrom(udpsocket, buffer, sizeof(buffer), 0, NULL, NULL)
                            != SOCKET_ERROR) //对方地址已知,可不必保存对方地址
            {
                cout << "server:" << buffer << endl;
                if (strcmp(buffer, "bye") == 0)break;
            }
        }
        else
        {
            cout << "Socket Error!\n";
            break;
        }
    }
    /*** 结束处理 ***/
    closesocket(udpsocket);
    WSACleanup();
```

```
            return 0;
    }
```

使用该程序的聊天过程由客户端发起,开始聊天后,无论是客户端和服务器端双方都必须是发送一句再接收一句,或是先接收一句再发送一句这种一问一答的模式进行聊天,任何一方都无法连续两次或两次以上向对方发送信息。造成这一现象的原因是由于 recv() 函数以及输入语句阻塞造成的,使用非阻塞套接字只能消除 recv() 函数的阻塞,但信息输入语句仍会阻塞主线程运行。当程序在等待本方输入信息时,仍无法调用 recv() 函数接收对方发来的信息。

解决这一问题的一种方法是采用多线程技术,无论是服务器程序还是客户程序,都可将接收并显示信息的功能放到一个子线程中,而输入和发送信息的功能则放到另一个子线程中,主线程则在完成创建套接字、指定地址、启动两个子线程等工作后等待两个线程发出结束信号。作为练习,请读者自己按照上面的思路完善本例题的程序代码。

7.1.3　对等模式

对等模式也称 P2P 模式,在这种模式中,通信双方并无客户与服务器之分,地位完全是对等的,谁都可以首先向对方发送数据,只要事先获知了对方的地址。在这种模式下,可以实现一对多或多对多的通信。

由于通信双方都能够主动向其他方首先发送信息,也就是说,通信双方都可能在没有发送数据前就会先收到数据,因此通信所使用的数据报套接字必须事先与本地 IP 地址以及端口号绑定。在发送数据之前需要知道数据接收方的 IP 地址及所用端口号。

基于 P2P 模型的通信程序流程如图 7.3 所示。

可以看出,通信双方的程序流程完全相同,都要经过 4 个阶段,即创建套接字、绑定地址、发送或接收数据、关闭套接字。事实上,通信双方的程序代码也可以完全一样。

另外还需要说明一点,在 P2P 模型中,发送数据前同样可以先调用 connect() 函数指定对端地址,然后使用 send() 函数发送数据,使用 recv() 接收数据。这一方法在如图 7.3 所示的流程图中没有给出。

下面通过一个例题演示数据报套接字采用对等模式时的编程方法。

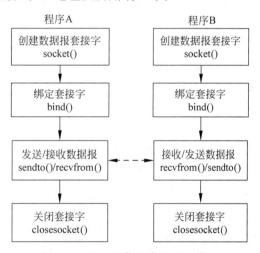

图 7.3　UDP 通信程序的 P2P 模型

例 7.2　使用数据报套接字的对等模式编写一个字符界面的简单的聊天程序。要求:
(1) 使用多线程技术避免只能"交替发言"的情况;
(2) 输入"bye"双方程序均退出。

对等模式的特点是通信双方谁都可以首先发送信息,甚至通信双方可以使用完全相同的程序代码。但由于键盘输入语句的阻塞特点,使用单线程是难以实现这一点的,因为当线程阻塞在输入语句上时,线程是无法接收数据的。使用多线程则可轻松解决这一问题,可以一个线程专用于输入并发送信息,另一个线程则专用于接收并显示信息,主线程则用于套接字创建、绑定地址、创建线程等工作。

由于主线程退出时,子线程也会被强制退出,因此主线程在创建子线程后必须等待子线程发出退出信号后才能结束,实现方法有很多,这里采用事件对象通知方法。当主线程创建完成子线程后,便调用 WaitForSingleObjects() 等待事件对象通知。各线程在要退出时只要将事件对象的状态设为"有信号"即可。

以下是本程序完整的实现代码。需要注意,在同一计算机上调试程序时,由于需要同时运行该程序的两个副本,虽然这两个副本可以使用相同的本地 IP 地址,但不能绑定相同的 UDP 端口号,因此运行第二个副本时应改变本端 UDP 端口号(LOCALPORT)的值。若两个副本运行在不同机器上,则可以使用相同的端口号而不必改变。

```cpp
# include < iostream >
# include "winsock2. h"
# define LOCALPORT 65431 //本端所用 UDP 端口号
# define BUFFER_LEN 1000
# pragma comment(lib,"ws2_32. lib")
# pragma warning(disable : 4996) //让编译器忽略对 inet_ntoa()等函数的警告
using namespace std;
struct sockaddr_in localaddr;             //保存通信对端地址和本地地址的变量
int len = sizeof(struct sockaddr_in);     //套接字函数中常用的地址长度
WSAEVENT bExit;                           //用于通知线程退出的事件对象句柄
/ *************** 输入并发送信息的线程函数 ***************** /
DWORD WINAPI SendMessage(LPVOID parsock)
{
    SOCKET sendsock = (SOCKET)parsock;    //套接字以参数形式传给本线程
    char sIP[30];                         //存放键盘输入的 IP 地址
    unsigned short nPort;                 //存放键盘输入的端口号
    struct sockaddr_in peeraddr;
    char sendBuffer[BUFFER_LEN];
    while (true)
    {
        / *** 输入收信者 IP 地址及端口号 *** /
        cout << "Input the IP Address of the peer:\n";
        cin.getline(sIP, sizeof(sIP));
        if (strcmp(sIP, "bye") == 0) //如果输入的是 bye 则退出
        {
            SetEvent(bExit);
            break;
        }
        unsigned long uIP = inet_addr(sIP);
        if (uIP == INADDR_NONE) //输入的 IP 地址非法则重新输入
        {
            cout << "IP Address input wrong! retry!" << endl;
            continue;
        }
        cout << "Input the UDP PORT of the peer:\n";
        cin >> nPort;
```

```
        cin.get(); //从键盘缓冲区中将输入端口号时输入的回车符读出
        /*** 填写通信对端地址 ***/
        peeraddr.sin_family = AF_INET;
        peeraddr.sin_port = htons(nPort); //端口号
        peeraddr.sin_addr.s_addr = uIP;    //IP 地址
        /*** 输入要发送信息 ***/
        cout << "Input the Message to send:" << endl;
        cin.getline(sendBuffer, sizeof(sendBuffer));
        if (sendto(sendsock, sendBuffer, strlen(sendBuffer) + 1, 0,
            (struct sockaddr * )&peeraddr, len) == SOCKET_ERROR)
        {
            if (WSAGetLastError() == WSAEADDRNOTAVAIL)continue;
            cout << "send error!" << endl;
            SetEvent(bExit);break;
        }
        if (strcmp(sendBuffer, "bye") == 0)
        {//如果输入的是 bye,则本线程结束,同时通知主线程
            SetEvent(bExit);break;
        }
    }
    return 0;
}
/*************** 接收并显示信息的线程函数 *****************/
DWORD WINAPI RecvMessage(LPVOID parsock)
{
    SOCKET recvsock = (SOCKET)parsock;
    char recvBuffer[BUFFER_LEN];

    struct sockaddr_in peeraddr;
    int err ,addrlen = sizeof(peeraddr);
    while (TRUE)
    {
        if (recvfrom(recvsock, recvBuffer, sizeof(recvBuffer),
                        0, (sockaddr * )&peeraddr, &addrlen) != SOCKET_ERROR)
        {
            cout << inet_ntoa(peeraddr.sin_addr) << ":" << recvBuffer << endl;
            if (strcmp(recvBuffer, "bye") == 0)
            {    //收到对方退出消息则结束本线程同时通知主线程
                SetEvent(bExit); //设置事件对象
                break;
            }
        }
        else
        {
            err = WSAGetLastError();
            if (err == WSAECONNRESET){ cout <<"The peer is closed!\n"; continue;}
            cout << "recive error:" << err << endl;
            SetEvent(bExit); break;
        }
    }
    return 0;
```

```
}
/ ***************** 程序主函数 ***************** /
int main(int argc, char * argv[])
{
    / *** 初始化 WinSock2.DLL *** /
    WSADATA wsaData;
    if (WSAStartup(MAKEWORD(2, 2), &wsaData) != 0)
    {
        cout << "加载 WinSock.dll 失败!\n";
        return 0;
    }
    / *** 创建事件对象 *** /
    bExit = WSACreateEvent();
    / *** 创建数据报套接字 *** /
    SOCKET udpsocket;
    udpsocket = socket(AF_INET, SOCK_DGRAM, 0);
    / *** 绑定本地地址 *** /
    localaddr.sin_family = AF_INET;
    localaddr.sin_port = htons(LOCALPORT); //本端使用的 UDP 端口号
    localaddr.sin_addr.s_addr = INADDR_ANY; //绑定本机所有 IP 地址
    bind(udpsocket, (struct sockaddr * )&localaddr, len);
    / *** 启动数据收发线程 *** /
    HANDLE hThrdsnd, hThrdrcv;
    DWORD nThrdsnd, nThrdrcv;
    hThrdsnd = CreateThread(NULL, 0, (LPTHREAD_START_ROUTINE)SendMessage,
        (LPVOID)udpsocket, 0, &nThrdsnd);
    hThrdrcv = CreateThread(NULL, 0, (LPTHREAD_START_ROUTINE)RecvMessage,
        (LPVOID)udpsocket, 0, &nThrdrcv);
    / *** 等待线程的退出通知 *** /
    WaitForSingleObject(bExit, INFINITE);
    / *** 结束处理 *** /
    closesocket(udpsocket);
    WSACleanup();
    return 0;
}
```

上述程序使用多线程技术实现了一个基于 P2P 模型的字符界面的聊天程序,如果在多台机器上同时运行该程序,任意两台机器间都可同时相互发送信息。

通过测试上面的聊天程序,我们会发现一个问题,就是当正在输入对方地址或输入要发送的信息时,接收线程可能会收到其他机器发来的信息并显示在屏幕上,这些突然出现的信息会扰乱你的输入,对你造成困扰,尽管对输入的数据不会产生实质影响。这是由于输入输出使用同一窗口造成的,解决的方法当然是采用图形界面。

7.1.4　使用 WSAAsyncSelect 模型

当使用图形界面编写聊天程序时,由于可以使用 WSAAsyncSelect 模型来管理套接字,不必使用多线程就可以实现数据输入和信息接收的分离。下面的例题演示的就是使用 WSAAsyncSelect 模型时对等模式的数据报套接字编程方法。

例 7.3 使用数据报套接字编写一个对等模式的图形界面的简单聊天程序。要求聊天各方使用完全相同的程序,程序界面如图 7.4 所示。

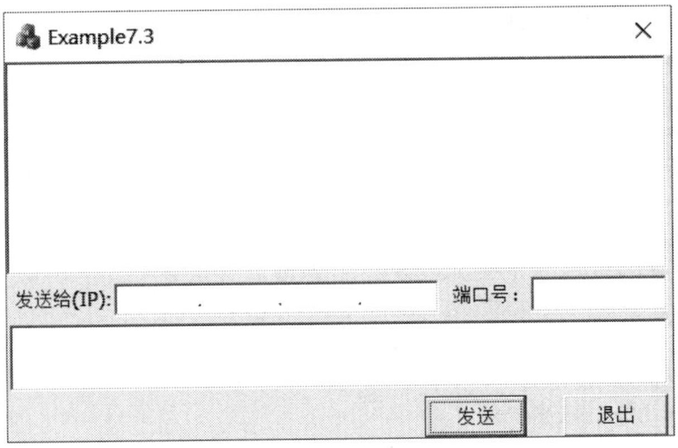

图 7.4 例 7.3 聊天程序的界面

该程序的具体编写步骤如下。

(1) 使用"应用程序向导"创建"对话框应用程序"框架(项目名称为 Example73),其间应注意要在如图 2.6 所示的"高级功能"对话框中选中"Windows 套接字"复选框。应用程序框架完成后还应注意在项目属性页中将"字符集"改为"使用多字节字符集"。

(2) 按照如图 7.4 所示的界面,为程序添加控件并调整大小和位置,其中,用于输入 IP 地址的控件为 IP Address Control 控件。将"发送"按钮的 ID 属性改为 IDSEND,将"退出"按钮的 ID 属性改为 IDEXIT,将列表框控件的 Sort 属性值改为 False。

(3) 在 CExample73Dlg.h 文件的对话框类定义前或 resource.h 文件末尾添加自定义消息 WM_RECVMESSAGE 的定义。

```
＃defineWM_RECVMESSAGE   WM_USER ＋100
```

(4) 通过类向导分别为用于显示聊天内容的列表框控件、用于编辑要发送给对方的消息的编辑框控件、用于输入目标 IP 地址的 IP 地址控件、用于输入目标 UDP 端口号的编辑框控件添加控件变量 m_CListBox(类别为 Control)、m_Edit(类别为 Value)、m_IP(类别为 Control)和 m_Port(类别为 Value)。

(5) 通过类向导或直接在文件 Example73Dlg.h 的对话框类定义中添加如下自定义成员变量。

```
SOCKET m_DGramSocket;                //套接字变量,用于保存通信用的数据报套接字
struct sockaddr_in addr,fromaddr;    //存放本地地址和目标地址的结构变量
```

在 Example73Dlg.h 文件对话框类的定义之前添加如下常量定义。

```
＃define PORT 65432                   //数据报套接字绑定的本地端口号
```

(6) 在 Example73Dlg.cpp 文件中的 BOOL CExample73Dlg::OnInitDialog()函数中添加如下代码,来创建数据报套接字,给套接字绑定地址,并调用 WSAAsyncSelect()函数为套接字注册 FD_READ 异步事件。

```
//创建数据报套接字
if ((m_DGramSocket = socket(AF_INET, SOCK_DGRAM,0))< 0)
{
    MessageBox("创建套接字失败!");
    CDialogEx::OnOK();
}
//给数据报套接字绑定本地地址
memset((void *)&addr,0,sizeof(addr));          //将 addr 的各字段值全部置 0
addr.sin_family = AF_INET;                     //指定协议族为 AF_INET
addr.sin_port = htons(PORT);                   //指定 UDP 端口号
addr.sin_addr.s_addr = htonl(INADDR_ANY);      //指定 IP 地址
if(bind(m_DGramSocket,(LPSOCKADDR)&addr,sizeof(addr))!= 0)
{
    MessageBox("绑定失败!");
    closesocket(m_DGramSocket);
    CDialogEx::OnOK();
}
//为 m_DGramSocket 注册 FD_READ 异步事件,事件发生时将发送 WM_RECVMESSAGE 消息
if(WSAAsyncSelect(m_DGramSocket, m_hWnd,WM_RECVMESSAGE,FD_READ)!= 0)
{
    MessageBox("套接字异步事件注册失败!");
    closesocket(m_DGramSocket);
}
```

（7）利用类向导添加自定义消息 WM_RECVMESSAGE 及其消息处理函数。该消息发出时，说明有数据到达，因此，该消息处理函数调用 recvfrom()函数接收数据，并将数据添加到 ListBox 控件中显示。消息处理函数代码如下。

```
afx_msg LRESULT CExample73Dlg::OnRecvmessage(WPARAM wParam, LPARAM lParam)
{
    char recvBuffer[1000];
    CString str;
    int len = sizeof(fromaddr);              //recvfrom()函数中的最后一个参数,必须赋初值
    int size = recvfrom(m_DGramSocket,recvBuffer,sizeof(recvBuffer),0,
                                        (sockaddr * )&fromaddr, &len); //接收数据
    if(size > 0)
    {
        recvBuffer[size] = '\0';             //在字符串末尾添加字符串结束符 '\0'
        str.Format("来自于 % s: % d的消息: % s", inet_ntoa (fromaddr.sin_addr),
                                        ntohs(fromaddr.sin_port),recvBuffer);
        m_CListBox.AddString(str);           //添加到 ListBox 控件
    }
    return 0;
}
```

（8）利用类向导为"发送"按钮添加单击时的事件处理程序。代码如下。

```
void CExample73Dlg::OnBnClickedSend()
{
    // TODO: 在此添加控件通知处理程序代码
    UpdateData(true);                        //将输入的数据由控件传向控件变量
```

```
    struct sockaddr_in toaddr;                   //存放目标地址的结构变量
    DWORD bwaddr;                                //存放目标 IP 地址的变量
    unsigned short mport;                        //存放目标端口号的变量
    m_IP.GetAddress(bwaddr);                     //由 IP 地址空间变量 m_IP 获取目标 IP 地址
    mport = atoi(m_Port.GetString());            //将编辑框控件变量中的端口号转换为整数
    memset((void *)&toaddr,0,sizeof(addr));      //将 toaddr 的各字段值全部置 0
    toaddr.sin_family = AF_INET;                 //指定协议族为 aAF_INET
    toaddr.sin_addr.s_addr = htonl(bwaddr);
    toaddr.sin_port = htons(mport);
    m_CListBox.AddString("I said:" + m_Edit);  //将要发送内容添加到 ListBox 控件
    sendto(m_DGramSocket, m_Edit, m_Edit.GetLength(),0,(sockaddr *)&toaddr,
                                      sizeof(toaddr)); //发送数据到通信对端
}
```

（9）为"退出"按钮添加单击时的事件处理程序，程序代码如下。

```
void CExample73Dlg::OnBnClickedExit()
{
    // TODO: 在此添加控件通知处理程序代码
    CDialogEx::OnOK();
}
```

（10）为了能让 Visual C++ 2017 忽略对 WSAAsyncSelect()函数的警告而顺利编译，在项目属性中将"配置属性"-"C/C++"-"常规"中的"SDL 检查"的值设置为"否(sdl-)"。

注意，按上述步骤完成程序后，如果要在一台计算机上调试程序，需要启动该程序的两个副本（两个进程）。但由于同一计算机上的同一端口号不能同时被两个进程使用，因此程序的第二个副本运行时，将会出现"绑定失败"的错误，并退出程序。为了解决这一问题，可以先将编译后的可执行文件从 debug 文件夹中复制到其他位置（例如桌面上），并双击该文件启动程序运行，然后再在源程序中将绑定的端口号修改为其他值，即对第（5）步中在文件 Example73Dlg.h 的开始处添加的常量定义进行修改。

第二个问题是使用该程序聊天时，聊天过程中可接收到第三者发来的信息并显示，即允许第三者插话。要避免这一问题，可让程序收到信息后比较一下发送者的地址信息，如果是第三者发来的信息可直接忽略。

7.2 广播程序设计

根据参与一次通信的对象的多少，可将通信分为两大类：一类是点对点通信，也称为单播通信，TCP 仅支持这种单播通信方式；一类是多点通信，也称为群通信或组通信，UDP 既支持单播通信方式，又支持多点通信方式。

多点通信方式又分为广播和多播两种，本节首先介绍广播通信。所谓广播，是指一种同时与单一网络中的所有主机进行交互数据的通信方式，传输者通过一次数据传输就可以使网络上的所有主机接收到这个数据信息。采用广播通信的主要目的是减少网络数据流量或是在网络上查找指定的资源。

用于表示网络中所有主机的地址称为广播地址。IP 网络的广播地址有直接地址和有限地址之分。直接广播地址用于向一个指定的网络(已知网络号)发送数据包的情况,例如,向网络号为 192.168.2.0/24 的网络中的所有主机发送一个广播数据包,其所使用的目的地址就应该是直接广播地址 192.168.2.255;若向本地网络发送广播数据包,则需要使用有限广播地址 255.255.255.255。

要在程序中实现广播数据的发送,需要使用数据报套接字。但数据报套接字在默认情况下是不能广播数据的,要让数据报套接字能够发送广播数据,必须先使用 setsockopt()函数对相应的套接字选项进行设置。在介绍广播程序设计方法之前,先介绍一下套接字选项的概念和 setsockopt()函数。

7.2.1　套接字选项与 setsockopt()函数

套接字选项(Option)有时也被称为套接字属性,诸如套接字接收缓冲区的大小、是否允许发送广播数据、是否要加入一个多播组等这样一些套接字的行为特性,均是由套接字选项的值决定的。一般情况下,套接字选项的默认值能够满足大多数应用的需求,不必做任何修改,但有些时候为了使套接字能够满足某些特殊需求,比如希望套接字能发送广播数据,必须对套接字的选项值做出更改。

更改或查看套接字的选项值分别使用函数 getsockopt()和 setsockopt()。setsockopt()函数专门用于设置套接字选项,它可用于任意类型、任意状态的套接字的选项设置。getsockopt()函数则用来获取一个套接字的选项值。这两个函数的参数大多是一样的,差别仅在于 optval 和 optlen 这两个参数。对 setsockopt()函数而言,这两个参数是输入参数,optval 所指向的变量的值是要设置的选项值,optlen 的值则是 optval 所指向的变量占用的字节数,这两个参数必须由应用程序提供;对 getsockopt()函数而言,optval 所指向的变量用于存放获取的选项值,是一个输出参数,而 optlen 则既是传入参数也是传出参数,它是一个指针变量,指向的变量值是 optval 所指向的变量占用的字节数,函数调用前应用程序必须填写它所指向的变量值,函数返回时它所指向的变量的值又会被系统所改写。

函数原型

```
int setsockopt ( int sockfd, int level, int optname, const char * optval, int optlen )
int getsockopt ( int sockfd, int level, int optname, const char * optval, int FAR * optlen )
```

函数参数

- sockfd:一个打开的套接口描述字。
- level:指定选项的类型(层次),可以取值为 SOL_SOCKET(基本套接字选项)、IPPROTO_IP(IPv4 套接字选项)、IPPROTO_TCP(TCP 选项)或 IPPROTO_IPV6(IPv6 套接字选项)等。
- optname:指定要获取或设置的选项的名称。
- optval:char 型指针,指向的存储空间存储获取的或要设置的选项的值。
- optlen:对 setsockopt()而言是一个整数,表示参数 optval 指向的变量的大小(变量所占用的存储空间的字节数);对 getsockopt()而言,是一个指向整型变量的指针,所指向的整型变量存储有参数 optval 指向的变量的大小。

返回值

若无错误发生,两个函数均返回 0；若产生错误,则返回 SOCKET_ERROR。

说明:

(1)套接字选项有两种类型,一种是布尔型的选项(取值为 int 型,非 0 的表示 TRUE,0 表示 FALSE),这种选项可以禁止或允许一种特性；另一种则是整型或结构型选项,这种选项用来设置系统工作时的某些参数值。

(2)套接字的有些选项既可以设置也可以获取,但有些套接字选项只能获取不能设置或只能设置不能获取。

(3)在所有的套接字级别中,SOL_SOCKET 表示基本套接字选项,该级别的套接字选项主要是针对传输层协议(TCP 或 UDP)的,选项名字均以 SO 开头；IPPROTO_IP 级别的套接字选项是针对网络层协议的,选项名字均以 IP 开头；IPPRO_TCP 级别选项则只是针对 TCP 的,目前只有两个选项。常用的套接字选项名称及含义参见表 7.1～表 7.3。

当一个流式套接字工作在阻塞模式时,如果调用 recv()函数在该套接字上接收数据,在数据没有到达之前线程将会在 recv()函数上阻塞,如果一直没有数据到来,则将一直阻塞下去。有时可能会希望设置一个期限,在期限内如果没有数据到达则 recv()函数就阻塞等待,如果超过期限数据仍未到达,则 recv()函数返回不再等待。这个期限就是套接字的一个选项——SOL_SOCKET 级别选项的 SO_RCVTIMEO,称为套接字的接收超时时间。

套接字接收超时时间选项的值是一个以微秒(μs)为单位的整数。如果要将套接字 newsock 的接收超时时间设为 1s,可使用如下代码。

```
int tv_out = 1;
setsockopt(newsock, SOL_SOCKET, SO_RCVTIMEO, &tv_out, sizeof(tv_out));
```

表 7.1　SOL_SOCKET 选项级别下的各种选项

选 项 名 称	获取/设置	说　　明	数据类型
SO_ACCEPTCONN	获取	检查套接字是否进入监听模式,非 0 值表明套接字进入监听模式	int
SO_BROADCAST	获取/设置	是否允许发送广播数据,非 0 值表示允许发送	int
SO_DEBUG	获取/设置	是否允许调试输出,非 0 值表示允许调试输出	int
SO_DONTROUTE	获取/设置	发送数据是否查找路由表,非 0 值表示直接向网络接口发送信息,不查路由表	int
SO_ERROR	获取	获取并清除以套接字为基础的错误代码	int
SO_KEEPALIVE	获取/设置	只适用于流式套接字,设为非 0 值,如果套接字在一段时间内无数据发送也没收到数据,TCP 将自动发送一个报文段以测试连接对端是否在线	int
SO_LINGER	获取/设置	套接字关闭的时延值	struct linger
SO_OOBINLINE	获取/设置	非 0 值表示带外数据放入正常数据流中	int
SO_RCVBUF	获取/设置	接收缓冲区大小	int
SO_SNDBUF	获取/设置	发送缓冲区大小	int
SO_DONTLINGER	获取/设置	如果为非 0 值,则禁用 SO_LINGER	int
SO_CONNECT_TIME	获取	套接字的建立时间,以秒为单位。如果未建立连接则返回 0xFFFFFFFF	int

续表

选 项 名 称	获取/设置	说　　明	数据类型
SO_RCVTIMEO	获取/设置	阻塞模式下套接字的接收超时时间	int
SO_SNDTIMEO	获取/设置	阻塞模式下套接字的发送超时时间	int
SO_REUSERADDR	获取/设置	重用本地地址和端口,非 0 值允许重用	int
SO_TYPE	获取	获得套接字类型	int
SO_EXCLUSIVEADDRUSE	获取/设置	允许或禁止其他进程在一个本地地址上使用 SO_REUSERADDR,非 0 值为禁止	int

执行上述代码后,就设定了 recv()函数在套接字 newsock 上的超时时间为 1s,当调用 recv()函数后超过 1s 仍没有数据到来,recv()将返回 WSAETIMEDOUT。

要使一个数据报套接字能够发送广播数据,则需要设置 SOL_SOCKET 选项级别下的 SO_BROADCAST 选项,该选项值为 BOOL 型,设为 TRUE 则允许发送广播数据,设为 FALSE 则禁止发送。只对数据报套接字和原始套接字有效。下面的代码将一个已创建好的数据报套接字 BrocadcastSock 设置为允许发送广播数据。

```
BOOL yes = TRUE;
int vsize = sizeof(BOOL);
setsockopt(BrocadcastSock,SOL_SOCKET,SO_BROADCAST,(char * )&yes,vsize);
```

表 7.2　IPPROTO_IP 选项级别下的各种选项

选 项 名 称	获取/设置	说　　明	数据类型
IP_OPTIONS	获取/设置	设置或获取 IP 头内的 IP 选项	char[]
IP_HDRINCL	获取/设置	如果非 0 值,将允许应用程序能接收 IP 层及以上层的所有数据,并允许自行组装包含 IP 首部在内的整个分组,仅适用于原始套接字	int
IP_DONTFRAGMENT	获取/设置	IP 分组是否分段,非 0 值将禁止 IP 分组在传输过程中被分段	int
IP_TOS	获取/设置	服务类型	int
IP_TTL	获取/设置	分组的生存时间	int
IP_ADD_MEMBERSHIP	设置	将套接字加入到指定多播组	struct ip_mreg
IP_DROD_MEMBERSHIP	设置	将套接字从指定多播组中删除	struct ip_mreg
IP_MULTICAST_TTL	获取/设置	多播报文的 TTL	char
IP_MULTICAST_IF	获取/设置	指定提交多播报文的接口	int
IP_MULTICAST_LOOP	获取/设置	使组播报文环路有效或无效	char

表 7.3　IPPRO_TCP 选项级别下的各种选项

选项名称	获取/设置	说　　明	数据类型
TCP_MAXSEG	获取/设置	TCP 最大数据段的大小	int
TCP_NODELAY	获取/设置	非 0 值表示禁用 Nagle 算法	int

7.2.2　广播数据的发送与接收

将一个数据报套接字的 SO_BROADCAST 选项值设置为 TRUE 就可以发送广播数据了,发送广播数据与发送普通数据一样,都是使用 sendto()或 send()函数,所不同的一点就是发送的目的地址应设置为广播地址。

如果要设置广播的目的地址为某一指定网络,则地址中的 IP 地址就应该是一个直接广播地址,如果是本网络,则 IP 地址应是有限广播地址 255.255.255.255。在程序中,有限广播地址可以用宏 INADDR_BROADCAST 表示。

除设置 IP 广播地址外,还必须指定接收者所使用的 UDP 端口号,该端口号必须与接收端的套接字所绑定的端口号一致,否则接收端将接收不到广播数据。下面的代码就是一个设置广播地址并发送广播信息的例子。

```
SOCKADDR_IN  broadaddr;
broadaddr.sin_family = AF_INET;
broadaddr.sin_port = htons(56789);              //在端口号56789上发送广播信息
broadaddr.sin_addr.S_un.S_addr = INADDR_BROADCAST; //在本网内广播
char sendBuffer[] = "this is the broadcast message."; //要广播的信息
int len = sizeof(sendBuffer);
sendto(BrocadcastSock, sendBuffer,len,0,(sockaddr * )&broadaddr,
                                        sizeof(broadaddr)); //发送广播信息
```

接收广播数据的套接字既可以是一个普通套接字,也可以是一个设置了广播属性能发送广播数据的套接字。要接收广播数据的套接字在接收数据前必须绑定地址,而绑定的地址中的 IP 地址则必须是 INADDR_BROADCAST 或者 INADDR_ANY。为 INADDR_ANY 时,套接字不仅可接收广播数据,还可以接收目的地址为本机 IP 地址的单播数据,而绑定的 IP 地址为 INADDR_BROADCAST,则只能接收广播数据。绑定的 UDP 端口号必须与发送广播数据时目的地址中指定的端口号一致。

接收广播数据与接收普通数据完全相同,只需要在绑定好地址的套接字上调用 recvfrom()函数即可。

7.2.3 广播程序流程

除了需要对数据报套接字设置广播选项外,编写广播程序的步骤与普通的数据报套接字编程的步骤基本相同。广播程序的基本流程如图 7.5 所示。

说明:

(1) 如果数据报套接字仅用于发送广播数据,则不必调用 bind()函数绑定本地 IP 地址及端口号,但如果该套接字还用于接收数据,则必须绑定本地地址。

(2) 如果一个数据报套接字只用于接收广播数据而不发送广播数据的话,则没有必要设置该套接字的广播选项,也就是说,一个普通的数据报套接字就可以既能接收单播数据,也能接收广播数据。如果要让一个数据报套接字只接收广播数据,则需要将该套接字绑定的地址中的 IP 地址设置为 INADDR_BROADCAST。

(3) 如果数据报套接字提前使用 connect()函数指定发送目的地址为一个广播地址的话,使用 send()函数也可以发送广播数据。

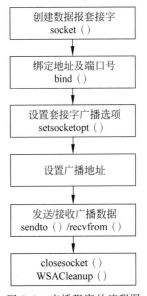

图 7.5 广播程序的流程图

例 7.4 编写一个界面如图 7.6 所示的程序,该程序周期性地在本地网络上广播自己的计算机名、当前登录的 Windows 用户名等信息,同时接收在网络上其他运行着该程序的计算机上广播发来的信息并将这些信息在 ListBox 控件中显示。

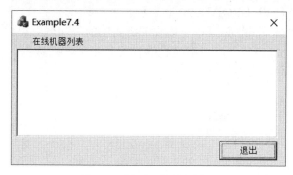

图 7.6　例 7.4 的程序界面

本程序需要周期性发送广播信息,因此需要用到 Windows 定时器(TIMER)组件。定时器是 Windows 的系统资源,为了让应用程序能利用这一资源,Visual C++提供了定时器消息 WM_TIMER 和一些与定时相关的函数。WM_TIMER 是一个 Windows 系统定义的窗口消息,在类向导中的"消息"选项卡的"消息"一栏中可找到该消息。选中该消息并单击"添加处理程序"按钮可为其添加消息处理函数 OnTimer()。

只在窗口类中添加定时器消息的处理函数并不能让窗口收到定时器消息,还必须先设置并启动定时器。设置并启动定时器可以使用 CWnd 类的成员函数 SetTimer(),该函数用于设置定时时间隔并启动定时器。

函数原型

```
UINT SetTimer(
    UINT nIDEvent,
    UINT nElapse,
    void (CALLBACK EXPORT * lpfnTimer)(HWND, UINT, UINT, DWORD)
);
```

函数参数

- nIDEvent:一个非 0 值,用于标识定时器的 id。
- nElapse:以毫秒为单位的定时时间间隔,每经过一个时间间隔,将触发系统发送一个 WM_TIMER 消息。
- lpfnTimer:指向定时时间到达时要调用的函数的指针,如果为 NULL,那么调用 OnTimer()。一般情况下该值都设为 NULL。

返回值

若函数执行成功,返回新计时器的计时器标识符;不成功则返回 0。执行成功后,应用程序调用 KillTimer()函数关闭计时器时,应将该返回值传递给 KillTimer()。

例如,SetTimer(1,200,NULL)设置并启动一个时间间隔为 200ms 的定时器。消息响应函数为 OnTimer()。

CWnd 类的另一个成员函数 KillTimer()用于取消定时器。调用 KillTimer()函数后,相应的定时器将被关闭不再起作用。

函数原型

```
HRESULT KillTimer( DWORD dwTimerId );
```

函数参数

dwTimerId：用 SetTimer()函数创建的定时器标识。

返回值

如果指定的定时器被成功取消则返回一个非 0 值。如果指定参数不是一个合法的定时器标识，该函将返回 0。

该程序可通过如下步骤完成。

（1）使用"应用程序向导"创建"对话框应用程序"框架（项目名称为 Example74），其间应注意要在如图 2.6 所示的"高级功能"对话框中选中"Windows 套接字"复选框。应用程序框架创建完成后还应注意在项目属性页中将"字符集"改为"使用多字节字符集"。

（2）按照如图 7.6 所示的界面，为程序添加控件并调整大小和位置，并将中间用于显示接收到的信息的 ListBox 控件的 ID 属性设置为 IDC_LIST_USR。

（3）在 CExample74Dlg.h 文件的类定义前添加自定义消息 WM_RECVMESSAGE 的定义。

```
#define WM_RECVMESSAGE    WM_USER + 100
```

（4）通过类向导为列表框控件添加控件变量 m_ListUsr（类别为 Control）。

（5）通过类向导或直接在文件 Example74Dlg.h 的对话框类定义中添加如下自定义成员变量。

```
SOCKET m_DGramSocket;                    //套接字变量,用于保存通信用的数据报套接字
struct sockaddr_in addr,fromaddr;        //存放本地地址和目标地址的结构变量
```

在 Example74Dlg.h 文件中对话框类的定义之前添加如下常量定义。

```
#define PORT 65432                       //数据报套接字绑定的本地端口号
```

（6）在 Example74Dlg.cpp 文件中的 BOOL CExample74Dlg::OnInitDialog()函数中添加如下代码，来创建数据报套接字、给套接字绑定地址、设置套接字的广播属性，并调用 WSAAsyncSelect()函数为该套接字注册 FD_READ 异步事件。

```
//创建数据报套接字,失败则退出程序
if ((m_DGramSocket = socket(AF_INET, SOCK_DGRAM,0)) == INVALID_SOCKET)
{
    MessageBox("创建套接字失败!");
    CDialogEx::OnOK();
}
//给数据报套接字绑定地址,以便接收广播信息
memset((void *)&addr,0,sizeof(addr));        //将 addr 的各字段值全部置 0
addr.sin_family = AF_INET;                   //指定协议族为 AF_INET
addr.sin_port = htons(PORT);                 //指定 UDP 端口号
addr.sin_addr.s_addr = htonl(INADDR_ANY);    //指定 IP 地址
if(bind(m_DGramSocket,(LPSOCKADDR)&addr,sizeof(addr))!= 0)
{
```

```
        MessageBox("绑定失败!");
        closesocket(m_DGramSocket);
        CDialogEx::OnOK();
    }
    //设置数据报套接字 m_DGramSocket 的广播属性,使之能发送广播信息
    BOOL yes = TRUE;
    int ret = setsockopt(m_DGramSocket,SOL_SOCKET,SO_BROADCAST,
                                            (char * )&yes, sizeof(BOOL));
    /*** 为 m_DGramSocket 注册 FD_READ 事件,事件发生时将发送 WM_RECVMESSAGE 消息 ***/
    if(WSAAsyncSelect(m_DGramSocket, m_hWnd,WM_RECVMESSAGE,FD_READ)!= 0)
    {
        MessageBox("套接字异步事件注册失败!");
        closesocket(m_DGramSocket);
    }
```

(7) 利用类向导添加自定义消息 WM_RECVMESSAGE 及其消息处理函数。该消息发出时,说明有广播数据到达,因此,在该消息的处理函数中调用 recvfrom()函数接收数据,并将收到的数据添加到 ListBox 控件中显示。消息处理函数代码如下。

```
afx_msg LRESULT CExample74Dlg::OnRecvmessage(WPARAM wParam, LPARAM lParam)
{
    char recvBuffer[1000];
    CString str;
    int len = sizeof(fromaddr);          //recvfrom 函数中的最后一个参数,必须赋初值
    int size = recvfrom(m_DGramSocket,recvBuffer,sizeof(recvBuffer),0,
                                (sockaddr * )&fromaddr, &len); //接收数据
    if(size > 0)
    {
        recvBuffer[size] = '\0';          //在字符串末尾添加字符串结束符
        str.Format("IP:% s 主机名:% s", inet_ntoa (fromaddr.sin_addr),recvBuffer);
        if(m_ListUsr.FindStringExact( - 1,str) == LB_ERR)
        m_ListUsr.AddString(str);          //如果列表框中不存在收到的信息则添加
    }
    return 0;
}
```

(8) 添加定时器及定时器事件处理程序。首先在 Example74Dlg. h 文件中的对话框类的定义之前添加如下常量定义。

```
#define IDTIMER  1                    //定时器 ID
```

在 Example74Dlg. cpp 文件中的 BOOL CExample74Dlg::OnInitDialog()函数中添加如下代码,启动定时器。

```
SetTimer(IDTIMER,5000,0);              //启动定时器
```

利用类向导,在"消息"选项卡中为 WM_TIMER 消息添加消息处理函数,并编辑该函数,该函数代码如下。

```
void CExample74Dlg::OnTimer(UINT_PTR nIDEvent)
{
```

```
    // TODO: 在此添加消息处理程序代码和或调用默认值
    struct sockaddr_in toaddr;                    //存放目标地址的结构变量
    char UsrName[256];
    char HostName[512];
    DWORD len = sizeof(UsrName);
    int namelen = GetUserName(UsrName,&len);  //获取当前登录的 Windows 用户名
    namelen = gethostname(HostName,sizeof(HostName));    //获取主机名
    Strcat_s(HostName," 用户名: ");
    Strcat_s(HostName,UsrName);
    toaddr.sin_family = AF_INET;                  //指定协议族为 AF_INET
    toaddr.sin_addr.s_addr = INADDR_BROADCAST; //指定发送地址为广播地址
    toaddr.sin_port = htons(PORT);
    len = strlen(HostName);
    sendto(m_DGramSocket,HostName,len,0,(sockaddr *)&toaddr,
                                        sizeof(toaddr)); //发送广播数据
    //
    CDialogEx::OnTimer(nIDEvent);
}
```

（9）利用类向导为"退出"按钮添加单击时的事件处理程序。程序代码如下。

```
void CExample74Dlg::OnBnClickedOk()
{
    // TODO: 在此添加控件通知处理程序代码
    KillTimer(IDTIMER);                           //关闭定时器
    CDialogEx::OnOK();                            //关闭对话框
}
```

（10）为了能让 Visual C++ 2017 忽略对 WSAAsyncSelect()函数的警告而顺利编译，在项目属性中将"配置属性"-"C/C++"-"常规"中的"SDL 检查"的值设置为"否(sdl-)"。

习题

1. 选择题

（1）下列对数据报套接字描述错误的是（　　）。

　　A. 数据报套接字使用 UDP 作为传输层协议

　　B. 数据报套接字一般用于网络上轻荷载的计算机之间的通信

　　C. 数据报套接字提供无连接的、不保证可靠的、独立的数据传输服务

　　D. 数据报套接字不具有向多个目标地址发送广播数据报的能力

（2）针对数据报套接字编程，以下叙述错误的是（　　）。

　　A. 不能使用 send()函数发送数据

　　B. 只用于接收数据的数据报套接字必须事先绑定本地 IP 地址和 UDP 端口号

　　C. 已经发送过数据的套接字不必绑定本地 IP 地址和端口号就能接收对方发来的
　　　数据

D. 一个事先绑定本地 IP 地址和 UDP 的端口号可接收到不同机器发来的数据

（3）在基于无连接的数据报套接字的通信程序开发过程中不会调用的函数是（　　）。

    A. sendto()　　　　　B. socket()　　　　　C. listen()　　　　　D. recvfrom()

（4）在数据报套接字编程中，使用 sendto()和 recvfrom()函数收发数据时，（　　）。

    A. 成功调用 sendto()函数则说明数据已成功送到目的方

    B. 调用 sendto()函数时，如果数据过多系统会自动将数据封装到多个 IP 分组中

    C. 如果给定的缓冲区足够大，一次调用 recvfrom()可收到多个 UDP 数据报的数据

    D. recvfrom()函数不仅能从套接字上接收数据，还能捕获数据发送源的地址

（5）在 C/S 模式的数据报套接字编程中，客户端发送数据前调用 connect()函数是（　　）。

    A. 错误操作，因为 UDP 是无连接协议

    B. 无效操作，对后续操作无任何影响

    C. 为套接字指定通信对端的 IP 地址和端口号

    D. 与服务器建立连接

（6）以下叙述正确的是（　　）。

    A. 无论是接收数据还是发送数据，数据报套接字都不必绑定本地地址

    B. 如果只用于发送数据，则数据报套接字不必绑定本地地址

    C. 如果只用于接收数据，则数据报套接字不必绑定本地地址

    D. 用于接收广播数据时，数据报套接字可不必绑定本地地址

（7）针对用于接收广播数据的套接字，以下说法错误的是（　　）。

    A. 绑定的 IP 地址必须是 INADDR_BROADCAST 或 INADDR_ANY

    B. 绑定的 IP 地址为 INADDR_ANY 时，可以接收单播数据和广播数据

    C. 绑定的 IP 地址为 INADDR_BROADCAST 只能接收广播数据

    D. 必须是已设置为允许发送或接收广播数据的数据报套接字

（8）如果将已绑定本地地址的数据报套接字设置为允许发送广播数据，则（　　）。

    A. 该套接字只能发送广播数据

    B. 该套接字可以接收广播数据，但不能收到发给本地地址的单播数据

    C. 该套接字既可以发送广播数据，也可以发送单播数据报

    D. 该套接字可以发送广播数据，也可以发送单播数据，但不可以接收数据

（9）下面表示套接字选项的 Socket 级别的是（　　）。

    A. SOL_SOCKET　　　　　　　　　　B. SOCKET_LEVEL

    C. TCP_IP　　　　　　　　　　　　D. SQL_SOCKET

（10）能够将数据报套接字 Sock1 设置为允许发送广播数据的代码是（　　）。

    A. int yes＝1;

        int size＝ sizeof(int);

        setsockopt(Sock1,SOL_SOCKET,SO_BROADCAST,(char＊)&yes,size);

    B. BOOL yes＝FALSE;

        int size＝ sizeof(BOOL);

        setsockopt(Sock1,SOL_SOCKET,SO_BROADCAST,(char＊)&yes,size);

    C. BOOL yes＝TRUE;

       int size＝ sizeof(BOOL);

       setsockopt(Sock1,IPPROTO_IP,SO_BROADCAST,(char＊)&yes,size);

    D. int yes＝1;

       int size＝ sizeof(int);

       setsockopt(Sock1,IPPROTO_IP,SO_BROADCAST,(char＊)&yes,size);

2. 填空题

（1）socket(AF_INET,SOCK_DGRAM,0);函数的功能是＿＿＿＿＿＿＿＿＿＿＿＿。

（2）用于获取 Socket 选项值的函数是＿＿＿＿＿＿＿＿＿＿＿＿。

（3）使用数据报套接字发送数据时,如果是使用 send()函数,在第一次发送数据之前需要先调用＿＿＿＿函数为套接字指定通信对端的地址。

（4）使用数据报套接字编程有两种通信模式可供选择:一种是＿＿＿＿＿＿＿＿＿＿＿;另一种则是无客户与服务器之分的对等模式(P2P 模式)。

（5）程序中实现广播数据的发送,需要使用＿＿＿＿套接字。

（6）IP 广播地址分为两种:直接广播地址和＿＿＿＿;有限广播地址的点分十进制表示为＿＿＿＿＿＿＿＿。

（7）数据报套接字在默认情况下是不能广播数据的,要让数据报套接字能够发送广播数据,必须先使用＿＿＿＿函数对相应的套接字选项进行设置。

（8）将一个数据报套接字的＿＿＿＿选项值设置为非 0 值(TRUE)就可以使用该套接字发送广播数据了。

（9）发送广播数据时,指定的目的地址结构中的 IP 地址必须是＿＿＿＿,端口号必须与所有接收者的端口号一致。

（10）接收广播数据的套接字所绑定的 IP 地址必须是＿＿＿＿或＿＿＿＿。为＿＿＿＿时,套接字不仅可接收广播数据,还可以接收目的地址为本机 IP 地址的单播数据,而绑定的 IP 地址为＿＿＿＿则只能接收广播数据。

3. 简答题

（1）数据报套接字不必绑定本地地址就可以发送信息,因此接收者难以知道是谁发送的信息。这种说法是否正确? 为什么?

（2）如果数据报套接字已接收到一台机器发来的数据,则该套接字将不会再接收另一台机器发来的数据报,即使数据报的目的端口号与自己绑定的端口号一致。这种说法是否正确? 为什么?

（3）在使用数据报套接字通信的程序中,假设服务器程序向客户程序连续发送了 3 个数据长度分别为 500B、1000B、1500B 的数据报,设置客户端的应用程序接收缓冲区的大小为 1000B,连续调用 3 次 recvfrom()函数,请问能否正确收到这 3 个数据报? 编写程序验证一下,并解释为什么。

4. 编程题

（1）RFC867 描述了一个被称为 DayTime 因特网的标准协议,该协议主要用于网络调试和测试。该协议功能十分简单,在使用 UDP 实现时,服务器在熟知端口 13 上循环等待接收数据报,无论收到任何数据报都会立刻将服务器本地的日期和时间以字符串形式发给客户端,并忽略数据报内容;客户程序在启动后则向服务器端发送一个数据报(内容由编程者指定),然后等待接收服务器返回的日期和时间,收到后将日期和时间在屏幕上显示,如果超过一定时间未收到响应,则显示"无法收到回应"。请使用数据报套接字实现该协议。

提示:客户端需要使用 setsockopt()函数设置超时时间。服务器端获取系统当前时间可使用 C 库函数 time()函数,将 time()返回的系统时间转换为字符串形式则可使用 ctime()函数。使用这两个函数的声明在头文件 time.h 中。

(2)设计一个测试程序:客户端连续发送一定数据长度的数据报,服务器接收并统计收到的报文个数,服务器端通过使用 setsockopt()函数改变套接字接收缓冲区的大小,验证丢包率与服务器端套接字接收缓冲区大小的关系。

(3)编写一个在局域网上发送广播消息的程序,程序界面如图 7.7 所示,该程序允许用户在局域网上发送广播信息,同时也接收其他用户发送的广播信息,收到的信息显示在上面的列表框中,下面的文本框用于编辑用户要广播发送的信息。

图 7.7　广播程序界面

实验 6　数据报套接字编程

一、实验目的

(1)掌握使用数据报套接字编写通信程序的流程,熟悉 sendto()、recvfrom()等相关套接字函数的功能及使用方法;

(2)掌握使用数据报套接字发送和接收广播数据的方法。

二、实验设备及软件

联网的运行 Windows 系统的计算机,Visual Studio 2017 或以上版本。

三、实验内容

使用数据报套接字编写一个简易的 P2P 模式的聊天程序,聊天者使用同一个程序的不同副本。程序界面如图 7.8 所示,上部的列表框用于显示收到的信息(也包括收到的广播信息),编辑框用于输入要发送(包括广播发送)的信息,IP 地址控件用于输入接收者的 IP 地址,单击"发送"按钮,编辑框中的信息便会发送给由 IP 地址控件指定的接收者,单击"广播发送"按钮,则文本编辑框中的信息会被广播给本 IP 网络中的所有计算机。

编写该程序时要求使用两个数据报套接字,一个用于发送广播信息,另一个用于接收信息和发送普通信息。程序所使用 UDP 端口号由编程者在编写程序时指定。

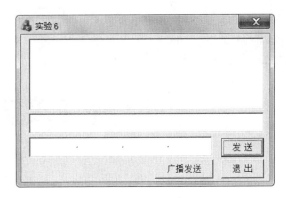

图 7.8 实验 6 程序界面

四、实验步骤

(1) 使用"MFC 应用程序向导"创建一个基于对话框的应用程序框架,注意创建项目过程中需要选中"Windows 套接字"复选框,因为该项目中要调用 WinSock 函数。

(2) 按如图 7.8 所示界面为程序添加控件并设置控件的相关属性。

(3) 为文本编辑框添加控件变量,变量名自己指定,变量类别为 Value;为 IP 地址控件添加控件变量,变量名自己指定,变量类别为 Control。

(4) 使用类向导为程序添加一条自定义消息,消息名称自己指定,消息处理函数名称采用默认名。该消息用于 WSAAsyncSelect() 函数为数据报套接字注册 FD_READ 网络事件。

(5) 作为主对话框类的成员变量,添加通信所使用的套接字变量及地址变量。

(6) 在主对话框类的 OnInitDialog() 成员函数中依次添加完成如下工作的代码:①创建用于收发信息的数据报套接字和发送广播信息的数据报套接字;②调用 setsockopt() 函数将用于发送广播信息的数据报套接字设置为允许发送广播信息;③为用于接收信息的数据报套接字绑定本地地址;④调用 WSAAsyncSelect() 函数为用于接收信息的数据报套接字注册 FD_READ 网络事件。

(7) 给自定义消息处理函数添加代码,该函数接收信息并将收到的信息及信息发送者的 IP 地址添加到列表框中显示。

(8) 添加"发送"按钮的 BN_CLICKED 消息的消息处理函数,该函数首先从编辑框中获取要发送的信息,再从 IP 地址控件中获取发送的目的地址填写到发送地址结构中,然后调用 sendto() 函数将信息发送出去。

(9) 添加"广播发送"按钮的 BN_CLICKED 消息的消息处理函数,该函数先从编辑框中获取要广播发送的信息,填写广播发送的地址,然后调用 sendto() 函数将信息发送出去。

(10) 在"退出"按钮的 BN_CLICKED 消息的消息处理函数中添加关闭套接字的处理代码。

五、思考题

实验题目要求使用两个数据报套接字,一个用于发送广播信息,另一个用于接收信息和发送普通信息,如果要求整个程序只使用一个套接字,还能否实现程序要求的所有功能?

第8章 原始套接字编程

原始套接字(Raw Socket)能提供流式套接字和数据报套接字无法提供的功能,应用程序利用它可以直接访问 ICMP、IP 以及 IGMP 等下层协议,很多网络工具,如 Ping 和 Tracerout 等都是基于原始套接字实现的。本章主要介绍原始套接字的相关概念和编程方法,主要内容包括原始套接字及其功能、利用原始套接字发送和接收 ICMP 协议包、发送自定义的 IP 分组、使用原始套接字编写网络侦听程序(sniffer)的方法等。

8.1 原始套接字及其功能

套接字有流式套接字(SOCK_STREAM)、数据报套接字(SOCK_DGRAM)和原始套接字(SOCK_RAW)三种类型。流式套接字和数据报套接字可以满足绝大多数应用程序的需求,但是对于那些需要控制通信协议本身的应用则不适用,对测试新的传输协议也无能为力,原因是这些应用需要对 IP 首部的某些字段或新协议的首部格式进行直接控制,而使用这两种套接字传输数据时,分组或是报文的结构都是由系统自动构造封装的,应用程序几乎无法对分组首部的各字段做任何设置。

原始套接字可以弥补流式套接字和数据报套接字的不足。它是在传输层之下使用的套接字,提供了一些流式套接字和数据报种套接字所不能提供的特殊功能,可以帮助应用程序对下层协议的数据包进行一定程度的直接控制和操作。

原始套接所提供的特殊功能主要包括以下几个。

(1) 可以对 ICMP、IGMP 等较低层次的协议直接访问,直接发送或接收 ICMP、IGMP 等协议的报文。

(2) 能够接收一些 TCP/IP 栈不能处理的特殊的 IP 分组,通常 TCP/IP 网络核心不能识别这些 IP 分组的协议字段。

(3) 通过设置原始套接字的 IP_HDRINCL 选项,可以使用原始套接字发送用户自定义 IP 分组首部的 IP 分组,因此可编写测试基于 IP 的高层网络协议。

(4) 可以通过原始套接字将网卡设置为混杂模式,从而能够接收所有流经网卡接口的 IP 分组,达到进行网络监听的目的。

正是由于具有这些强大的功能,原始套接字被广泛应用于高级网络编程,是黑客常用的一种编程手段,像是著名的网络抓包工具 Sniffer、拒绝服务攻击(DOS)、IP 欺骗等都可以使用原始套接字编程实现。

原始套接字与流式套接字和数据报套接字的区别如图 8.1 所示。流式套接字和数据报套接字分别"悬浮"于 TCP 和 UDP 之上，它们只能通过这两个传输层协议完成数据通信功能，因此它们只能控制 TCP 报文段以及 UDP 数据报的数据部分，而 IP 分组首部以及 TCP 报文段首部和 UDP 数据报首部的各字段则是由各协议根据创建套接字时输入的参数自动填充的。原始套接字则直接置"根"于操作系统内核的网络核心（Network Core），因而可对 IP 分组直接操控，更不用说 TCP 报文段和 UDP 数据报了。

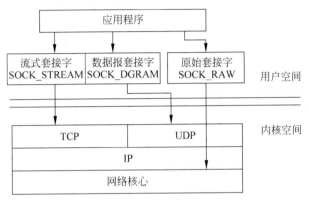

图 8.1　原始套接字和流式套接字的区别

最初的 WinSocket 版本并不支持原始套接字，Windows 系统对原始套接字的支持是从 WinSock2 开始的。早期使用 WinSock2 的 Windows 操作系统，例如 Windows 98、Windows 2000 等，可以提供对原始套接字的完美支持。但是，出于安全方面的考虑，从 Windows XP SP2 开始对原始套接字的使用进行了一些限制，这些限制主要有两个方面：一是要求用户必须具备管理员权限才能创建原始套接字；二是不允许使用原始套接字发送 TCP 数据包，也不允许通过原始套接字发送伪造源 IP 地址的 UDP 数据包。

需要强调，Windows 7 的有些版本以及 Windows 8 和 Windows 10 要求必须具有管理员身份才能创建原始套接字，因此，在调试本章例题时应**以管理员权限启动 VS**。

8.2　原始套接字的通信流程

原始套接字的通信是基于 IP 分组传输的，因而是无连接、不可靠的，其编程流程与数据报套接字类似。但由于发送数据时涉及复杂的数据包首部字段的构造与填写，接收数据时又涉及数据包首部中各字段的分析解释，因此十分烦琐，并且需要编程者对 TCP/IP 的原理有较为深入的理解。

使用原始套接字的程序流程如图 8.2 所示。原始套接字程序的基本流程分为发送数据和接收数据两部分。要使用原始套接字发送数据，必须经过创建原始套接字、构造要发送的数据包（包括创建并填充相应协议首部字段和数据字段）、发送数据包这三个步骤。

使用原始套接字接收数据的过程包括创建原始套接字、设定套接字选项、接收数据、解析/过滤数据等几个步骤。之所以需要设定套接字选项，是因为在默认情况下，WinSock 的原始套接字只能接收到运载 ICMP 报文、IGMP 报文和 TCP/IP 不能识别的内容的 IP 分组，要想接收运载 TCP 报文段和 UDP 数据报的 IP 分组，需要对原始套接字的选项进行设置。

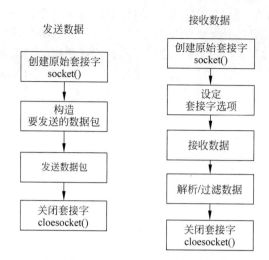

图 8.2　原始套接字程序的基本流程

8.2.1　创建原始套接字

与流式套接字和数据报套接字一样,创建原始套接字所使用的函数仍然是 socket()或 WSASocket(),但用于指定套接字类型的第二个参数应使用 SOCK_RAW。使用 socket() 函数和 WSASocket()函数创建原始套接字的格式如下。

```
int sockROW = socket(AF_INET, SOCK_RAW, protocol);
SOCKET sockROW = WSASocket(AF_INET, SOCK_RAW, protocol,0,0,0);
```

第三个参数 protocol 用来指明创建的原始套接字所能接收或发送的 IP 分组的协议字 段的协议类型,可取如下值。

IPPROTO_ICMP——表示 ICMP。

IPPROTO_IGMP——表示 IGMP。

IPPROTO_TCP——表示 TCP。

IPPROTO_UDP——表示 UDP。

IPPROTO_IP——原始 IP,该类原始套接字可用于接收任何的 IP 数据包。

IPPROTO_RAW——原始 IP,该类 socket 只能用来发送 IP 包,而不能接收任何数据。 发送的数据需要自己填充 IP 包头,并且自己计算校验和。

创建一个原始套接字时,如果将参数 protocol 指定为 IPPROTO_RAW,则所创建的原 始套接字只能用来发送 IP 包,而不能接收任何数据,而且要发送的数据需要自己填充 IP 首部。

如果将参数 protocol 指定为 IPPROTO_IP,则所创建的原始套接字可用于接收任何 IP 分组,但 IP 分组的校验、验证和协议分析等需要由程序自己完成。

如果参数 protocol 指定为 IPPROTO_ICMP 或 IPPROTO_UDP 等这种既不是 IPPROTO_IP(值为 0)也不是 IPPROTO_RAW(值为 255)的值,那么发送数据时,系统将 会按照该参数指定的协议类型自动构造 IP 分组首部,而不用自己填充。接收数据时,系统只会将首部协议字段值和该参数值相同的 IP 分组交给该原始套接字。因此，一般来说，要想接收或发送哪个协议的数据包，就应该在创建套接字时将参数 protocol 指定为哪个协议。

例如，使用如下代码创建的原始套接字 sockRaw 只能发送或接收 ICMP 数据包。

```
sockRaw = socket(AF_INET, SOCK_RAW, IPPROTO_ICMP);
```

8.2.2　使用原始套接字发送和接收数据

与数据报套接字相似，使用原始套接字发送或接收数据一般要分别使用 sendto()函数和 recvfrom()函数，但如果事先调用 connect()函数绑定了通信对方的 IP 地址，也可以使用 send()函数和 recv()函数来收发数据。

发送数据时，如果没有设置原始套接字的 IP_HDRINCL 选项，并且创建套接字时指定的协议类型不是 IPPROTO_RAW，系统将根据创建套接字时 protocol 参数指定的协议类型来自动构造 IP 分组的首部，程序可填写的部分从 IP 分组的数据部分的第一个字节开始。

如果已经设置了原始套接字的 IP_HDRINCL 选项，则程序需要自己构造 IP 分组的首部，程序需要填写的内容为包括 IP 首部在内的整个 IP 分组。

在使用原始套接字接收数据时，无论是否设置 IP_HDRINCL 选项，原始套接字收到的数据都是包括 IP 首部在内的完整的 IP 分组，并且首部所有数值字段均为网络字节顺序。

原始套接字可以发送载有任何数据的 IP 分组，但是，原始套接字不能接收任何运送 TCP 或 UDP 数据的 IP 分组，这是由于网络核心有专门的 TCP 和 UDP 模块处理，网络核心不会将收到的运送 TCP 或 UDP 数据的 IP 分组传递给任何原始套接字。如果进程希望读取运送 TCP 或 UDP 数据的 IP 分组，一种方法是在数据链路层的帧中直接读取，从链路层读取数据的方法已超出了本书的范围；还有一种方法，就是通过原始套接字将网卡设置为混杂模式，这种方法将在 8.5 节详细介绍。

原始套接字能够接收运送 ICMP 和 IGMP 报文的 IP 分组和系统不能识别其协议字段的 IP 分组。系统在处理完收到的 ICMP 应答请求、ICMP 时间戳请求、ICMP 子网掩码请求等之后，将这些包含 ICMP 包的 IP 分组传递给匹配的原始套接字。同样，对 IGMP 数据包，系统在完成处理后也会将 IP 分组传送给匹配的原始套接字。对于一个收到的不能识别协议字段值的 IP 分组，系统将在检验完 IP 首部中的 IP 版本、头部校验和、头部长度、目的 IP 地址等字段后，也会将该 IP 分组传递给相应的原始套接字。

对收到的每一个能够传递给原始套接字的 IP 分组，系统核心在完成必要的处理之后，将会对所有进程的原始套接字进行检查，每一个匹配的套接字都会收到该 IP 分组的一个副本。系统核心选择匹配套接字的规则如下。

（1）创建原始套接字时为原始套接字指定的协议类型必须与 IP 分组的协议字段值匹配，如果原始套接字的协议类型值为 0，则与所有协议类型的 IP 分组相匹配。

（2）如果原始套接字已通过调用 connect()函数绑定了通信对端的 IP 地址，则该原始套接字只能接收源地址为该绑定地址的 IP 分组。

（3）如果原始套接字已通过调用 bind()函数绑定了本地 IP 地址，则该原始套接字只能接收目的地址为该绑定地址的 IP 分组。

8.3 收发 ICMP 数据包

ICMP(Internet Control Message Protocol)的全称是因特网控制报文协议,主要用于主机或路由器向源主机报告 IP 分组的差错情况,测试网络联通性,同步互联网中各个主机的时钟等。

ICMP 不是高层协议而是 IP 层的协议,ICMP 报文是作为 IP 分组的数据直接加上 IP 分组首部组成 IP 分组发送出去的。

ICMP 报文可分为三大类,即 ICMP 差错报告报文、ICMP 询问报文和 ICMP 控制报文;每一大类又有多种类型。差错报告报文用于报告路由器或目的主机在处理 IP 报文时可能遇到的一些问题,主要有目的不可达报文、超时报文和参数出错报文三种类型;查询报文通常是成对出现的,它主要是为了方便管理员或主机查询网络中的某些信息,主要有回送请求/应答报文、时间戳请求/应答报文、地址掩码请求/应答报文以及路由询问/通告报文 4 对 8 种类型的报文;控制报文主要用于网络拥塞机制的源抑制报文和用于路由控制的路由重定向报文两种。

ICMP 报文的格式如图 8.3 所示。所有 ICMP 报文的前 4 字节是统一的格式,共有三个字段,即类型(1 字节)、代码(1 字节)和检验和(2 字节),随后的 4 字节的内容与 ICMP 的类型有关,不同的类型会有所不同。再往后是 ICMP 报文的数据区,不同类型和代码的 ICMP 报文数据区内容也各不相同,对差错报告报文,数据区通常包括出错数据报报头及该数据报前 64 位的数据,这些信息可以帮助源主机确定出错的数据报。

0	8	16	32
类型	代码	检验和	
内容取决于类型和代码			

图 8.3　ICMP 报文首部格式

类型字段占 1 字节,不同的值代表不同的 ICMP 报文类型,例如,回送请求和回送应答报文对应于该字段的类型值分别为 8 或 0,而数据报时间超时报文的类型值为 11。常见 ICMP 报文的类型及其类型值参见表 8.1。其中,回送请求和回送应答、时间戳请求和时间戳应答属于 ICMP 询问报文;终点不可达、源抑制、时间超过、路由重定向等属于差错报告报文。

代码字段表示了该类型 ICMP 报文的几种不同情况,相当于子类型。例如,当类型为 11(超时报文)时,代码字段值为 0 表示 TTL 超时,为 1 则表示片重组超时。检验和用于检查 ICMP 报文在传输过程中是否出错,其校验范围为整个 ICMP 报文。

表 8.1　几种常见的 ICMP 报文类型

类　型　值	ICMP 报文类型	类　型　值	ICMP 报文类型
0	回送应答	12	数据报参数错
3	终点不可达	13	时戳请求
4	源抑制	14	时戳应答
5	重定向	17	掩码地址请求
8	回送请求	18	掩码地址响应
11	时间超过		

使用原始套接字收发 ICMP 数据包的编程步骤与数据报套接字的编程步骤大体相同，基本流程如下。

（1）WinSocket 初始化；

（2）创建原始套接字，指定协议类型为 IPPROTO_ICMP；

（3）指定目的地址（发送）或绑定本地地址（接收）；

（4）填充 ICMP 首部（发送）；

（5）发送/接收 ICMP 报文；

（6）过滤并解析数据包；

（7）关闭套接字，并释放 WinSock 库。

但需要注意，直接创建的原始 ICMP 套接字在 Windows XP 或 Windows Server 2003 以前的系统上可以接收所有的 ICMP 包，但是在 Windows Vista 或 Windows Server 2008 以后的 Windows 系统上，则收不到运载 UDP 或 TCP 的 IP 分组出错产生的 ICMP 包。

例 8.1 Ping 程序的实现。

Ping 程序主要用来测试两个主机之间的连通性，是一个经典的网络工具程序。该程序使用了 ICMP 的回送请求和应答报文。其基本工作原理是：源主机首先向目的主机发送一个类型为 8 的回送请求报文；如果目的主机收到该回送请求报文，目的主机系统网络核心中的 ICMP 模块把运送该报文的 IP 首部中的目的 IP 地址与源 IP 地址交换，并将 ICMP 报文的类型由 8 改为回送回答类型 0，重新计算校验和后再发回源主机；若源主机收到了该回送的报文，则不但说明了目的主机可达，而且说明目的主机与源主机之间的路由器工作正常，源主机和目的主机的 IP、ICMP 软件运行正常。

Ping 程序的流程如图 8.4 所示。根据 Ping 程序的流程，在实现过程中需要解决以下问题。

（1）如何从传递给 main()函数的命令行参数获取目的地址；

（2）如何设置套接字接收超时时间；

（3）如何构造 ICMP 包；

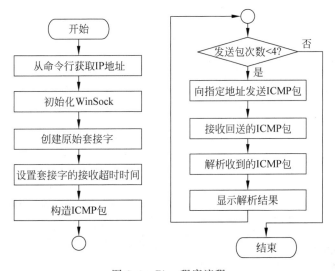

图 8.4 Ping 程序流程

（4）如何计算 ICMP 包的校验和；

（5）如何解析 ICMP 包。

下面将针对这几个问题，给出具体的解决方法。

（1）从传给 main()函数的参数中读取目的地址。

在编写控制台应用程序时，可以通过运行 C/C++程序的命令行，把 main()的参数传给
C 程序。通常使用的 main 函数的原型如下。

```
int main( int argc, char * argv[ ] )
```

函数参数

- argc：int 型变量，命令行参数个数(包括编译后生成的可执行文件的文件名)。
- argv：指向字符串的指针数组，每个命令行参数都是一个字符串，该数组的各元素依
  次指向命令行的不同参数。

例如，假定当前盘符为 C:，输入命令格式如下。

```
C:\> 可执行文件名 字符串 1 字符串 2 … 字符串 n
```

则 argc 的值应为 n+1,argv[0]指向可执行文件名,argv[1]指向字符串 1 等。

使用如下代码可完成从命令行读取 IP 地址的工作，并将点分十进制表示的 IP 地址转
换为 32 位二进制表示的 IP 地址，如果输入的是域名，还要完成域名的解析工作。

```
char szDestIp[256] = {0};                //存放要 Ping 的 IP 地址或域名
/*** 检查命令行参数 ***/
if (argc < 2)
{
    cout <<"\n 用法: ping IP 地址|域名\n";
    return -1;
}
strcpy(szDestIp,argv[1]);                //从命令行读取 IP 地址或域名
/*** 初始化 WinSock2.2 ***/
WSADATA wsaData;
int ret;
if((ret = WSAStartup(MAKEWORD(2,2),&wsaData))!= 0)
{
    cout <<"初始化 WinSock 出错!\n";
    return 0;
}
/*** 将 IP 地址转换为 32 位二进制形式,保存于变量 ulDestIP 中 ***/
unsigned long ulDestIP = inet_addr(szDestIp);
if(ulDestIP == INADDR_NONE)              //转换不成功时按域名解析
{
    hostent * pHostent = gethostbyname(szDestIp);  //可使用 getaddrinfo(),参见第 3 章
    if (pHostent!= NULL)
        ulDestIP = ( * (in_addr * )pHostent -> h_addr).s_addr;
    else //解析主机名失败
    {
        cout <<"不能解析域名:"<< aszDestIp <<" 错误码:" << WSAGetLastError()<< endl;
```

```
        WSACleanup();
        return -1;
    }
}
```

在进行程序调试时,由于在集成开发环境中输入命令行参数并不方便,所以目的 IP 地址或域名的输入可暂时不从命令行获取,而改由程序运行后从键盘输入,此时只要将上面代码中的第 2～7 行替换为如下代码即可。

```
cout <<"请输入目的地址:\n";
cin.getline(szDestIp,sizeof(szDestIp));
```

(2) 设置套接字接收超时时间。

在 Ping 程序的实现中,原始套接字是工作在阻塞模式下的。Ping 程序发送一个回送请求包后,就要等待接收对方回送的应答包。但在网络不通、ICMP 回送请求包或是回送应答包丢失、目的主机关机等情况下,Ping 程序是接收不到应答包的。在阻塞模式下,recvfrom()函数如果接收不到数据将会一直阻塞,这样就会造成 Ping 程序的死锁。为了防止这种情况发生,需要设置原始套接字的接收超时时间。设置接收超时时间后,如果到了设定的时间仍没收到数据,recvfrom()函数也将返回,此时返回值为 SOCKET_ERROR,这时可调用 WSAGetLastError()函数获得其错误码为 10060(对应宏定义为 WSAETIMEDOUT)。

设置套接字接收超时时间需要使用 setsockopt()函数设置套接字的 SO_RECVTIMEO 选项,该选项值是以毫秒(ms)为单位的要设定的超时时间。可使用如下代码。

```
int nTime = 3000;                    //指定超时时间为3000ms
int r;
r = setsockopt(sockRaw,SOL_SOCKET,SO_RECVTIMEO,(char * )&nTime,sizeof(nTime));
```

思考：Ping 程序的实现中可不可以将套接字设为非阻塞模式? 在非阻塞模式下,Ping 程序中遇到的问题容易解决吗?

(3) 构造 ICMP 包。

构造 ICMP 包就是按照 ICMP 包的格式要求填写数据包的各个字段的值。Ping 程序使用的是 ICMP 回送请求和应答报文,这两种报文的格式完全相同,如图 8.5 所示。

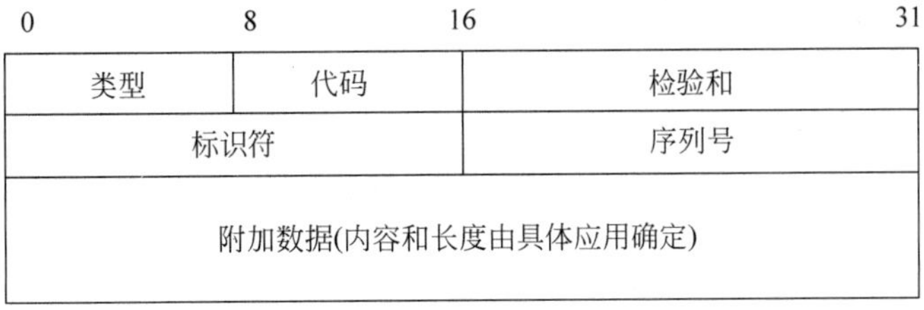

图 8.5　ICMP 回送请求和应答报文格式

除了具备所有 ICMP 包都有的类型、代码、校验和这三个字段外,回送请求和应答报文首部还有标识符(2 字节)和序列号(2 字节)两个字段。ICMP 规定,回送应答报文的标识符、序列号和附加数据必须与回送请求报文相同,由此可以看出,标识符和序列号主要用于区分不同的回送请求报文所对应的回送应答报文。

Ping 程序除了检查网络的连通性外,还可以测量两台主机间的延迟,为了实现这一功能,应在 ICMP 回送请求报文的附加数据中保存发送该请求报文的时间戳,在应答报文中该时间戳将会被原样返回,这样,用接收到回送应答报文时的时间戳减去应答报文中的时间戳所得的值就可以估计两台主机间的延迟。

为了便于填充回送请求包首部各字段值和时间戳,定义如下结构体。

```
typedef struct icmphdr
{
    unsigned char icmp_type;              // ICMP 包类型
    unsigned char icmp_code;              // 代码
    unsigned short icmp_checksum;         // 校验和
    unsigned short icmp_id;               // 唯一确定此请求的标识,通常设置为进程 ID
    unsigned short icmp_sequence;         // 序列号
    unsigned long icmp_timestamp;         // 时间戳
}IcmpHeader;
```

通过填写用该结构定义的变量的各个域就可以完成 ICMP 包首部的构造。

第一个域是 ICMP 包的类型码,对回送请求包来说,它的值是 8;第二个域是代码,回送请求包只有一个代码 0;校验和需要在整个 ICMP 包的其余部分都构造完成后才能计算,但在计算之前,其值必须设为 0;标识符一般使用进程 ID,本进程 ID 可用如下函数获得。

```
HANDLE WINAPI GetCurrentProcessId(void);
```

序列号是根据实际需要确定的,在 Ping 程序中,由于要连续发送多个 ICMP 回送请求包,为了表明这多个不同包的发送顺序,第一个请求应答包的序列号可设为 0,当然也可以设为 1,随后每发送一个包序列号都应加 1。

时间戳并不是 ICMP 回送请求包必需的部分,是为了计算从发送请求包开始到收到应答包所经历的时间而在 ICMP 包的附加数据部分自己添加的。时间戳通常都采用从操作系统启动到发送请求包时所经历的时间,该时间可用 GetTickCount() 函数如下获得。

```
DWORD GetTickCount(void);
```

该函数返回从操作系统启动到当前所经过的毫秒数。返回值以 32 位的双字类型 DWORD 存储,因此可以存储的最大值约为 49.71 天,因此若系统运行时间超过 49.71 天时,这个数就会归 0。

ICMP 包的内容除 ICMP 包头外还应包括一部分附加数据,用以调整 ICMP 包的长度,其大小可根据需要而定,其内容根据具体需要来确定。

为了便于发送,应使 ICMP 包头和附加的数据存放在一个连续的存储区中,为此可以事先定义一个用于存放 ICMP 包的缓冲区,该缓存空间大小应为 ICMP 首部长度与数据部分的长度之和。定义存放 ICMP 包的缓冲区可采用类似下面的代码。

```
//定义 ICMP 包缓冲区,DATALEN 为填充数据长度
char buff[sizeof(IcmpHeader) + DATALEN];
```

完成缓冲区的定义以后,就可以将填好的 ICMP 包头复制到缓冲区的前面,然后再将附加数据填写到缓冲区的其余部分。

其实,为了简化构造过程,节省存储空间,可以不必定义 ICMP 包头的结构变量,而是直接定义存放 ICMP 包的缓冲区,然后定义一个 ICMP 包头结构类型的指针,让该指针指向缓冲区首部,并通过该指针直接将包头数据填到缓冲区中,具体做法参见如下代码。

```
//定义 ICMP 包头结构指针并指向缓冲区首部
IcmpHeader * pIcmp = (IcmpHeader * )buff ;
//填写 ICMP 包数据
pIcmp -> icmp_type = 8;                        // 回送请求的类型码为 8
pIcmp -> icmp_code = 0;                        // 代码为 0
pIcmp -> icmp_id = (unsigned short)GetCurrentProcessId();  //标识符设为进程 ID
pIcmp -> icmp_checksum = 0;                    //校验和初始化为 0
pIcmp -> icmp_sequence = 0;   //序列号初始化为 0,以后每发送一个包该值就累加 1
pIcmp -> icmp_timestamp = GetTickCount();
memset(&buff[sizeof(IcmpHeader)], 'A', DATALEN); //填充数据可以为任意数据
```

(4) 计算校验和。

校验和是在所有 ICMP 包的其他数据填充完后计算填充的。在 TCP/IP 协议族中,计算 IP 分组首部校验和、UDP 和 TCP 数据包的校验和,以及 ICMP 数据包的校验和等,所采用的算法都是相同的,差别只在于它们各自计算时所覆盖的数据范围。

为了减小计算检验和的工作量,提高协议处理数据包的速度,TCP/IP 协议组中的数据检验并没有采用通信中常用的 CRC 校验码,而是采用了一种较为简单的计算方法:首先把校验和字段的值先置为 0,把要校验的所有数据(包含校验和字段)划分为若干个 16 位字组成的序列,然后把这些 16 位字用反码算术运算求和,得到的结果取反后就是所求的校验和。二进制反码算术运算求和方法是:先进行普通的二进制算术加法运算,再将最高位的进位值加到个位,最后将所得和按位取反。

发送方将计算得到的校验和填入数据包的校验和字段后就可将数据发送出去了。接收方对收到数据采用同样的方法进行校验和计算(含校验和字段),由于校验和字段的值已是除校验和字段外的其他数据的校验和,如果数据在传输过程中没出现任何错误,接收方计算的结果必为 0,如果计算结果非 0,则说明传输过程中出现了错误。

为了便于程序编写,计算校验和的算法一般按如下步骤:首先将被校验数据以 16 位字为单位累加到一个双字(32 位)中,如果数据长度为奇数,最后一个字节将扩展为字;然后将累加结果的高 16 位和低 16 位相加;最后将所得和取反便得到校验和。

下面就是根据上述算法编写的计算校验和的函数。

```
//buff 指向要被校验数据的第一个字,size 为数据的长度,单位是字节
unsigned short checksum(unsigned short * buff, int size)
{
    //将数据以字为单位累加到 cksum 中
    unsigned long cksum = 0;
    while(size > 1)
    {
        cksum += * buff; buff ++;
        size -= sizeof(unsigned short);
    }
//如果总字节数 size 为奇数,将单独处理最后一个字节,累加到 cksum 中
```

```
if(size)cksum += * (char * )buff;                    //此时 size 值为 1
//将 cksum 的高 16 位和低 16 位相加,取反后得到校验和
cksum = (cksum >> 16) + (cksum & 0xffff);
cksum += (cksum >> 16);
return (unsigned short)(~cksum);
}
```

ICMP 包校验和校验的数据范围是包含 ICMP 包的首部和附加数据在内的整个 ICMP 包,在计算校验和前应保证首部校验和字段的值已初始化为 0。调用上面的函数,为前面构造的 ICMP 包计算并填充校验和字段的代码如下。

```
pIcmp - > icmp_checksum = checksum((unsigned short * )buff, sizeof(IcmpHeader) + DATALEN);
```

(5) 解析 ICMP 包。

所谓解析 ICMP 包就是将收到的 ICMP 回送应答包带来的各种信息在屏幕上输出显示,关注的信息主要包括: ICMP 报长度(是否与发送的回送请求包长度一致);从发送请求到收到应答经历的时间(RTT),可以用收到应答包时的时间减去包中的时间戳值得到。

在解析以上信息前必须先判断所收到的应答包是否与所发送的请求包相对应,这可以通过验证收到标识符和序列号是否与请求包的一致来实现。

在读取 ICMP 包头时应注意,接收到的数据中包含 IP 头,IP 头大小为 20 字节,所以接收缓冲区首地址加 20 才是 ICMP 头的起始地址。

Ping 程序详细代码如下。

```
# include < iostream >
# include < winsock2.h >
# pragma comment(lib, "WS2_32")
# pragma warning(disable : 4996)          //让编译器忽略对 inet_ntoa()等函数的警告
# define DATALEN 1012
# define PACKAGENUM 10                    //发送 ICMP 回送请求报文的个数
using namespace std;
/ *** 定义 ICMP 包结构 *** /
typedef struct icmp_hdr
{
    unsigned char icmp_type;            // ICMP 包类型
    unsigned char icmp_code;            // 代码
    unsigned short icmp_checksum;       // 校验和
    unsigned short icmp_id;             // 唯一确定此请求的标识,通常设置为进程 ID
    unsigned short icmp_sequence;       // 序列号
    unsigned long icmp_timestamp;       // 时间戳
} IcmpHeader;
unsigned short checksum(unsigned short * buff, int size); //校验和计算函数的声明
int main(int argc, char * argv[])
{
    / *** 加载 WinSock2.2 *** /
    WSADATA wsaData;
    int ret;
    if ((ret = WSAStartup(MAKEWORD(1, 0), &wsaData)) != 0)
    {
        cout << "初始化 WinSock2.2 出错!";
```

```
        exit(0);
    }
    char szDestIp[256] = { 0 };              //存放要 Ping 的 IP 地址或域名
    //检查 Ping 命令的使用格式是否正确,程序调试时可用后面的代码替换
    /* if (argc < 2)
    {
    cout <<"\n 用法: ping IP 地址|域名\n";
    return - 1;
    }
    strcpy(szDestIp,argv[1]); */
    /*** 输入对方 IP 地址,调试程序时使用 ***/
    cout << "请输入你要 Ping 的 IP 地址...\n";
    cin.getline(szDestIp, sizeof(szDestIp));
    /*** 将点分十进制 IP 地址转换为 32 位二进制表示的 IP 地址 ***/
    unsigned long ulDestIP = inet_addr(szDestIp);
    /**** 转换不成功时按域名解析 ****/
    if (ulDestIP == INADDR_NONE)
    {
        hostent * pHostent = gethostbyname(szDestIp);
        if (pHostent != NULL)
            ulDestIP = (*(in_addr *)pHostent -> h_addr).s_addr;
        else //解析主机名失败
        {
            cout <<"域名解析失败!"<< argv[1]<<"错误码:"<< WSAGetLastError()<< endl;
            WSACleanup();
            return - 1;
        }
    }
    /**** 创建收发 ICMP 包的原始套接字 ***/
    SOCKET sRaw;
    if ((sRaw = socket(AF_INET, SOCK_RAW, IPPROTO_ICMP)) == INVALID_SOCKET)
    {
        cout <<"创建套接字失败!错误码:" << WSAGetLastError() << endl;
        WSACleanup();
        return - 1;
    }
    /*** 设置接收超时时间 ***/
    int nTime = 1000;
    ret = setsockopt(sRaw,SOL_SOCKET,SO_RCVTIMEO,(char *)&nTime,sizeof(nTime));
    if (ret == SOCKET_ERROR)
    {
        cout << "套接字选项设置出错!错误码:" << WSAGetLastError() << endl;
        return - 1;;
    }
    /*** 设置 ICMP 包发送的目的地址 ***/
    SOCKADDR_IN dest;
    dest.sin_family = AF_INET;
    dest.sin_port = htons(0);
    dest.sin_addr.S_un.S_addr = ulDestIP;
    /*** 创建 ICMP 包 ***/
    char buff[sizeof(IcmpHeader) + DATALEN];
```

```
IcmpHeader * pIcmp = (IcmpHeader * )buff;
/ * * * 填写 ICMP 包数据 * * * /
pIcmp -> icmp_type = 8;                    // ICMP 回送请求
pIcmp -> icmp_code = 0;
pIcmp -> icmp_id = (unsigned short)GetCurrentProcessId();   //获取进程号作为 ID
pIcmp -> icmp_timestamp = 0;            //时间戳暂设置为 0,具体值发送时再填
pIcmp -> icmp_checksum = 0;             //校验和在计算前应先设置为 0
pIcmp -> icmp_sequence = 0;             //初始序列号
/ * * * 填充数据部分,可以为任意 * * * /
memset(&buff[sizeof(IcmpHeader)], 'A', DATALEN);
/ * * * 调用 connect()函数为原始套接字指定通信对端地址 * * * /
connect(sRaw, (SOCKADDR * )&dest, sizeof(dest));
/ * * * 收发 ICMP 报文 * * * /
int n = 0;
bool bTimeout;
unsigned short nSeq = 0;               //发送的 ICMP 报文的序号
char recvBuf[32 + DATALEN];            //定义接收缓冲区
SOCKADDR_IN from;                      //保存收到的数据的源地址
int nLen = sizeof(from);               //地址长度
IcmpHeader * pRecvIcmp = NULL;         //指向 ICMP 报文首部的指针
while (TRUE)
{
    static int nCount = 0;
    int nRet;
    if (nCount++ == PACKAGENUM)
        break;
    / * * * 填写发送前才能填写的一些字段并发送 ICMP 包 * * * /
    pIcmp -> icmp_checksum = 0;
    pIcmp -> icmp_timestamp = GetTickCount();   //时间戳
    pIcmp -> icmp_sequence = nSeq++; //包序号
    pIcmp -> icmp_checksum =
                    checksum((unsigned short * )buff, sizeof(IcmpHeader) + DATALEN);
    nRet = send(sRaw, buff, sizeof(IcmpHeader) + DATALEN, 0);
    if (nRet == SOCKET_ERROR)
    {
        cout << "发送失败!错误码:" << WSAGetLastError() << endl;
        closesocket(sRaw);
        WSACleanup();
        return - 1;
    }
    //接收对方返回的 ICMP 应答
    bTimeout = FALSE;
    n = 0;
    do {
        n++;                        //接收预期 ICMP 应答报文的尝试次数加 1
        memset((void * )recvBuf, 0, sizeof(recvBuf));
        if((recvfrom(sRaw,recvBuf,sizeof(recvBuf),0,(sockaddr * )&from,
                                                    &nLen)) == SOCKET_ERROR)
        {
            if (WSAGetLastError() == WSAETIMEDOUT)
            {
```

```
                    cout << " timed out!\n";
                    bTimeout = TRUE;    //接收时间超时
                    break;
                }
                cout << "接收失败!错误码:" << WSAGetLastError() << endl;
                return - 1;
            }
            pRecvIcmp = (IcmpHeader * )(recvBuf + 20);
                        //收到的数据包含20字节的IP首部,加20才是ICMP首部位置
            if (pRecvIcmp -> icmp_id != GetCurrentProcessId())
                    //收到报文是否为本程序发送的请求报文的应答报文,不是则重新接收
                cout << " 收到一个非预期的ICMP报文,忽略!\n";
            else   //是则退出循环
                break;
        } while (n < 10);              //重新接收次数不超过10则继续重试
            if (n >= 10) { cout << "非预期ICMP包太多!\n"; break; }
        if (bTimeout)continue;          //接收超时则发送下一个ICPM报文
        /**** 解析接收到的ICMP包 ****/
        if (nRet < 20 + sizeof(IcmpHeader))  //收到的报文长度不足则不予解析
        {
            cout << "Too few bytes from" << inet_ntoa(from.sin_addr) << endl;
            continue;
        }
        else
        {
            //解析收到报文
            cout << nRet <<" bytes from :" << inet_ntoa(from.sin_addr);
            cout <<" icmp_seq = " << pRecvIcmp -> icmp_sequence;
            cout <<" time:"<< GetTickCount() - pRecvIcmp -> icmp_timestamp <<"ms\n";
            Sleep(1000);                //延时1s再发送下一个数据包
        }
    }
    closesocket(sRaw);
    WSACleanup();
    return 0;
}
/************* 计算校验和的函数 ************* /
unsigned short checksum(unsigned short * buff, int size)
{
    unsigned long cksum = 0;
    while (size > 1)
    {
        cksum += * buff++;
        size -= sizeof(unsigned short);
    }
    if (size)// 是奇数
        cksum += * (char * )buff;
    //将32位的chsum高16位和低16位相加然后取反
    cksum = (cksum >> 16) + (cksum & 0xffff);
    cksum += (cksum >> 16);
    return (unsigned short)(~cksum);
}
```

例 8.2　路由跟踪程序 Traceroute。

跟 Ping 一样,Traceroute 也是一个很有用的网络工具,利用它可以确定分组从本机传输到目标机器的路径上要经过的路由器。该工具在 Windows 中对应的命令是 tracert。利用原始套接字编程,可以实现该工具的功能。

Traceroute 程序的实现主要利用了 IP 首部中的 TTL 字段以及 ICMP 超时报文。我们知道,每一个 IP 分组的首部都有一个 1 字节的 TTL 字段,该字段的目的主要是为了控制 IP 分组在网络中的存活时间,防止由于路由表错误或其他软件故障导致 IP 分组在网络中传播的死循环。TTL 的初始值由源主机设置,当 IP 分组经过一个路由器时,路由器都将把分组的 TTL 值减去 1。一旦 IP 分组的 TTL 值减为 0,路由器就会丢弃该分组,并产生一个 ICMP 超时差错报文(类型码为 11,代码为 0)发往源主机以报告错误的发生,ICMP 超时差错报文的源地址就是丢弃报文的路由器的 IP 地址。

通过向目的地址依次发送一系列 TTL 字段值从 1 开始逐渐递增的 IP 探测报文,并依次接收并分析各路由器返回的 ICMP 超时报文,就可以得到 IP 分组到达目的地所经路径上的所有路由器的信息。

在 Traceroute 程序的实现中,通常采用的 IP 探测报文有两种,一种是 UDP 数据报,还有一种是 ICMP 的回送请求报文。

使用 UDP 报文作为探测报文的一个好处是程序可不必亲自构造 UDP 数据报。使用数据报套接字(SOCK_DGRAM)发送信息时,系统会自动将缓冲区中要发送的信息封装到 UDP 数据报中,再将 UDP 数据报封装到 IP 分组中发送出去,这一过程由系统自动完成,不需要我们编写的程序参与,我们只要在发送时提供目的地址就可以了,这比构造 ICMP 回送请求报文要简单很多。

使用 UDP 数据报作为探测报文实现的 Traceroute 程序在 Windows XP 的各个版本上以及 Windows 2003 上测试均没有问题,将程序稍做修改后在 Linux 上编译运行也没有问题。但遗憾的是由于 Windows 7 及以上版本在实现原始套接字时对原始套接字的使用所做的限制,系统核心在收到 UDP 探测分组所对应的 ICMP 超时报文时并不会交给我们程序中等待接收 ICMP 报文的原始套接字,因此在 Windows 7 及以上版本中,使用 UDP 作为探测报文就无法实现 Traceroute 的功能了。

下面只介绍使用 ICMP 报文做探测报文的 Traceroute 程序的实现。

在使用 ICMP 报文作探测报文时,Traceroute 程序一般是使用回送请求报文作为探测报文,ICMP 回送请求报文的构造方法在 Ping 程序的实现中已经学过,此处不再赘述。

探测报文序列中每个 IP 分组的 TTL 值都是不同的。但是,一般情况下,原始套接字发送 ICMP 报文时,对应的 IP 分组的首部是由系统自动构造的,其 TTL 值由系统自动设置为默认值,要改变该默认值,需要设置套接字的 IP_TTL 选项。为此,需要在每次发送 ICMP 报文前,都必须调用 setsockopt()函数将套接字的 IP_TTL 选项值设为指定的值。下面的代码演示了设置套接字 TTL 的方法,执行这两行代码后,每次使用套接字 sRaw 发送数据时相应 IP 分组的 TTL 都将是 32。

```
int nTTL = 32;
setsockopt(sRaw, IPPROTO_IP, IP_TTL, (char * )&nTTL, sizeof(nTTL));
```

如图 8.6 所示是使用 ICMP 回送请求报文作为探测包时的 Traceroute 程序的流程图。

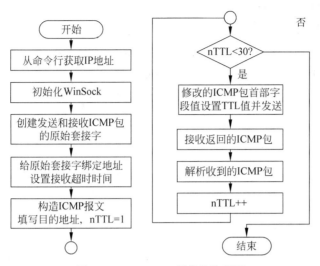

图 8.6 Traceroute 程序的流程图

给原始套接字设置接收超时时间,是为了防止丢包或者某个路由器拒绝返回 ICMP 包时循环中用于接收 ICMP 包的 recev() 函数或 recvfrom() 函数一直阻塞。

由于程序中的探测报文和返回报文都是 ICMP 报文,因此发送探测报文和接收返回报文可使用同一个 ICMP 原始套接字,当然,收发分别使用不同的两个原始套接字也是可以的。

程序进入循环后,先修改 ICMP 回送请求报文的序列号、时间戳并计算校验和,再设置套接字的 TTL 值后发送 ICMP 回送请求包。发送第一个 ICMP 报文时套接字的 TTL 值设置为 1,以后每发送一个 ICMP 包,该值都将增加 1。第一个 ICMP 报文到达第一个路由器后,其 TTL 减 1 将变为 0,此时路由器将丢弃该包并产生一个 ICMP 超时报文(类型为 11,代码为 0)发回,Traceroute 程序等待并接收该 ICMP 超时报文,收到后通过分析超时报文可得到第一个路由器的 IP 地址;然后再次循环,设置 TTL 值为 2,可收到第二个路由器的超时报文。如此往复,当 TTL 值增大到一定程度后,探测报文将能够到达目的地,这时目的主机将返回一个回送应答报文(类型码为 0,代码为 0),当收到该报文后,说明探测已经完成,应结束循环。

当目的主机未开机,或是由于网络原因目的主机所在的网络不可达时,相关的路由器将返回 ICMP 的目的不可达报文(类型为 3,代码因不同情况而不同),此时探测也应结束,从而退出循环。

以下是采用 ICMP 回送请求报文作为探测报文的 Traceroute 程序的源代码。

```
# include < iostream >
# include < winsock2.h >
# include "ws2tcpip.h"
# pragma comment(lib, "WS2_32")
# pragma warning(disable : 4996)        //让编译器忽略对 inet_ntoa() 等函数的警告
# define DEF_ICMP_DATA_SIZE 1024
# define MAX_ICMP_PACKET_SIZE 2048
```

```
/ *** ICMP 回送请求报文首部 *** /
using namespace std;
typedef struct icmp_hdr
{
    unsigned char icmp_type;              // 消息类型
    unsigned char icmp_code;              // 代码
    unsigned short icmp_checksum;         // 校验和
    unsigned short icmp_id;               // 用来唯一标识此请求的 ID 号,通常设置为进程 ID
    unsigned short icmp_sequence;         // 序列号
    unsigned long icmp_timestamp;         // 时间戳
} IcmpHeader;
/ ********* ICMP 报文首部校验和计算函数 *********** /
unsigned short Checksum(unsigned short * pBuf, int iSize)
{
    unsigned long cksum = 0;
    while (iSize > 1)
    {
        cksum +=  * pBuf++;
        iSize -= sizeof(unsigned short);
    }
    if (iSize)
        cksum +=  * (char * )pBuf;
    cksum = (cksum >> 16) + (cksum & 0xffff);
    cksum += (cksum >> 16);
    return (unsigned short)(~cksum);
}
/ ******************* 主函数 ******************** /
int main(int argc, char * argv[])
{
    char szDestIp[256];                   //存放目的 IP 地址
    WSADATA wsaData;
    int ret;
    if ((ret = WSAStartup(MAKEWORD(2, 2), &wsaData)) != 0)
    {
        cout << "初始化 WinSock 出错!\n";
        return -1;
    }
    cout << "请输入目的 IP 地址或域名: \n";
    cin.getline(szDestIp, sizeof(szDestIp));
    unsigned long ulDestIP = inet_addr(szDestIp);
    if (ulDestIP == INADDR_NONE)
    {
        //转换不成功时按域名解析
        hostent * pHostent = gethostbyname(szDestIp);
        if (pHostent != NULL)
            ulDestIP = ( * (in_addr * )pHostent -> h_addr).s_addr;
        else //解析主机名失败
        {
```

```
        cout <<"不能解析域名!"<< szDestIp <<"错误码:"<< WSAGetLastError()<< endl;
        WSACleanup();
        return -1;
    }
}
cout <<"路由跟踪:"<< szDestIp <<"("<< inet_ntoa( * (in_addr * )(&ulDestIP))
                                                        << ")" << endl;
/****** 创建用于接收 ICMP 包的原始套节字,绑定到本地端口 *****/
SOCKET sRaw = socket(AF_INET, SOCK_RAW, IPPROTO_ICMP);
sockaddr_in in;
in.sin_family = AF_INET;
in.sin_port = 0;
in.sin_addr.S_un.S_addr = INADDR_ANY;
if (bind(sRaw, (sockaddr * )&in, sizeof(in)) == SOCKET_ERROR)
{
    cout << "地址绑定失败\n ";
    WSACleanup();
    return -1;
}
int nTime = 10 * 1000;
setsockopt(sRaw, SOL_SOCKET, SO_RCVTIMEO, (char * )&nTime, sizeof(nTime));
/****** 构造待发送的 ICMP 包 ******/
char IcmpSendBuf[sizeof(IcmpHeader) + DEF_ICMP_DATA_SIZE];   //发送缓存
char IcmpRecvBuf[MAX_ICMP_PACKET_SIZE];   //接收缓存
memset(IcmpSendBuf, 0, sizeof(IcmpSendBuf));
memset(IcmpRecvBuf, 0, sizeof(IcmpRecvBuf));
//填充待发送的 ICMP 包
IcmpHeader * pIcmpHeader = (IcmpHeader * )IcmpSendBuf;
pIcmpHeader -> icmp_type = 8;
pIcmpHeader -> icmp_id = 0;
pIcmpHeader -> icmp_id = (unsigned short)GetCurrentProcessId();
memset(IcmpSendBuf + sizeof(IcmpHeader), 'E', DEF_ICMP_DATA_SIZE);
/***** 填充发送目的地址 ****/
sockaddr_in destAddr;
destAddr.sin_family = AF_INET;
destAddr.sin_port = htons(22);
destAddr.sin_addr.S_un.S_addr = ulDestIP;
int nRet, nTick, nTTL = 1, iSeqNo = 0;
/*** 发送报文并接收路由器的差错报告报文 ***/
IcmpHeader * pICMPHdr;              //指向 ICMP 报文首部的指针
char * szIP;
SOCKADDR_IN recvAddr;
int n;
do
{
    /*** 设置 TTL 值 ***/
    setsockopt(sRaw, IPPROTO_IP, IP_TTL, (char * )&nTTL, sizeof(nTTL));
    nTick = GetTickCount();
    /*** 填写 ICMP 报文的序列号并计算校验和 ***/
    ((IcmpHeader * )IcmpSendBuf) -> icmp_checksum = 0;
    ((IcmpHeader * )IcmpSendBuf) -> icmp_sequence = htons(iSeqNo++);
```

```
((IcmpHeader *)IcmpSendBuf) -> icmp_checksum =
    Checksum((unsigned short *)IcmpSendBuf, sizeof(IcmpHeader) +
                                            DEF_ICMP_DATA_SIZE);
/ *** 发送数据 *** /
nRet = sendto(sRaw, IcmpSendBuf, sizeof(IcmpSendBuf), 0,
    (sockaddr *)&destAddr, sizeof(destAddr));
if (nRet == SOCKET_ERROR)
{
    cout << "发送数据出错!错误码: " << WSAGetLastError() << endl;
    break;
}
/ **** 接收路由器返回的 ICMP 差错报文 *** /
int nLen = sizeof(recvAddr);
n = 0;
do {
    n++;
    nRet = recvfrom(sRaw, IcmpRecvBuf, sizeof(IcmpRecvBuf), 0,
                                    (sockaddr *)&recvAddr, &nLen);
    if (nRet == SOCKET_ERROR)
    {
        cout << "接收数据出错!错误码:" << WSAGetLastError() << endl;
        closesocket(sRaw);
        WSACleanup();
        return -1;
    }
    pICMPHdr = (IcmpHeader *)&IcmpRecvBuf[20];
    szIP = inet_ntoa(recvAddr.sin_addr);
    if (pICMPHdr -> icmp_type == 11 || pICMPHdr -> icmp_type == 0 ||
                                        pICMPHdr -> icmp_type == 3)
        break;
} while (n < 10);
if (n > 10)continue;
cout << nTTL << " " << szIP << " " << GetTickCount() - nTick << "ms\n";
if (pICMPHdr -> icmp_type == 3)
{
    switch (pICMPHdr -> icmp_code)
    {
    case 0: cout << "目的网络不可达!\n"; break;
    case 1: cout << "目的主机不可达!\n"; break;
    case 6: cout << "不知道的目的网络!\n"; break;
    case 7: cout << "不知道的目的主机!\n"; break;
    }
    break;
}
if (destAddr.sin_addr.S_un.S_addr == recvAddr.sin_addr.S_un.S_addr)
{
    cout << "目标可达.\n";break;
}
} while (nTTL++< 30);
closesocket(sRaw);
WSACleanup();
return 0;
}
```

8.4　发送自定义的 IP 分组

　　使用原始套接字可以发送自定义的 IP 分组,所谓自定义 IP 分组是指 IP 首部各字段值均由应用程序填写的 IP 分组。虽然 Windows XP SP2 及以后各版本已经不再支持原始套接字发送 TCP 数据和伪造源地址的 UDP 包,但作为一项技术而言,掌握原始数据包的封装、发送也是非常重要的。下面将以发送一个承载 UDP 数据报的自定义的 IP 分组为例,介绍自定义 IP 分组的封装和发送方法。在掌握了如何构造封装 IP 分组和 UDP 数据报后,其他协议包的构造封装也将是轻而易举的。

　　在构造一种协议数据包之前,必须先了解该数据包的格式。IP 分组的格式见图 1.11,IP 分组的前 20 字节为 IP 分组的固定首部,固定首部之后可以紧跟一个或多个可选字段,这一个或多个可选字段被称为 IP 分组首部的可变部分。可变部分的各字段主要用于网络测试、调试、保密等特殊用途,但不是必需的,只有在需要时才加上。事实上,绝大多数的 IP 分组都不需要可变部分。IP 分组的数据部分就是该 IP 分组所要运输 UDP、TCP 或是 ICMP 等协议的数据包。

　　根据 IP 分组首部格式,可以定义 IP 首部结构如下。

```
typedef struct _IPHeader          // 20 字节的 IP 头
{
    unsigned char iphVerLen;      // 版本号和头长度(各占 4 位)
    unsigned char ipTOS;          // 服务类型
    unsigned short ipLength;      // 封包总长度,即整个 IP 报的长度
    unsigned short ipID;          // 封包标识,唯一标识发送的每一个数据报
    unsigned short ipFlags;       // 标志
    unsigned char ipTTL;          // 生存时间,就是 TTL
    unsigned char ipProtocol;     // 协议,可能是 TCP、UDP、ICMP 等
    unsigned short ipChecksum;    // 校验和
    unsigned long ipSource;       // 源 IP 地址
    unsigned long ipDestination;  // 目的 IP 地址
} IPHeader;
```

　　UDP 数据报是作为数据封装在 IP 分组内的,其分组格式请参见图 1.18。UDP 包的长度为包括头部和数据部分在内的整个 UDP 数据包的长度。UDP 校验和的计算方法与 IP 首部校验和以及 ICMP 校验和的算法完全相同,只不过它的计算范围要包括伪首部、UDP 报文头部和 UDP 报文数据三个部分。所谓伪首部并非是 UDP 数据包中实际存在的首部,它是在计算校验和时临时构造的首部,它由来自于 IP 首部的源 IP 地址、目的 IP 地址、协议字段和一个 1 字节的填充字段、UDP 报文长度组成,其格式如图 8.7 所示。

0		4		8	9	10	12
源IP地址		目的IP地址		1	17	UDP长度	

图 8.7　UDP 伪首部格式

下面是 UDP 首部结构的定义。

```
//定义 UDP 首部
typedef struct _UDPHeader
{
    unsigned short sourcePort;         // 源端口号
    unsigned short destinationPort;    // 目的端口号
    unsigned short len;                // 包长度
    unsigned short checksum;           // 校验和
} UDPHeader;
```

下面是 UDP 伪首部的结构定义。

```
//定义 UDP 伪首部
typedef struct tsd_hdr 部
{
    unsigned long saddr;        //源 IP 地址
    unsigned long daddr;        //目的 IP 地址
    char mbz;                   //填充
    char ptcl;                  //协议类型
    unsigned short udpl;        //TCP 长度
}PSDHEADER;
```

用于发送自定义 IP 分组的原始套接字,在创建时其协议类型通常使用 IPPROTO_RAW,而且需要将其 IP_HDRINCL 选项设置为 1。示例代码如下。

```
int sockRow = socket(AF_INET, SOCK_RAW, IPPROTO_RAW)
if(sockRow < 0)
{
    cout <<"创建套接字失败,错误码: "<< WSAGetLastError()<< endl;
    WSACleanup();
    return -1;
}
int on = 1, size = sizeof(on);
if(setsockopt(sockRow, IPPROTO_IP, IP_HDRINCL, &on, size)< 0)
{
    cout <<"设置 IP_HDRINCL 选项出错!错误码: "<< WSAGetLastError()<< endl;
    WSACleanup();
    return -1;
}
```

其中的参数 on 为要设置的 IP_HDRINCL 选项的值,为 1 时,需要由应用程序填写 IP 分组的首部,为 0 时则由系统自动填写 IP 分组首部。

下面的例子演示了一个用自定义的 IP 分组发送 UDP 报文的过程。

例 8.3　使用自定义的 IP 分组,发送 UDP 包。

```
# include < iostream >
# include < winsock2.h >
# include < ws2tcpip.h >
# pragma warning(disable : 4996)        //让编译器忽略对 inet_ntoa()等函数的警告
# pragma comment(lib,"ws2_32.lib")
```

```cpp
#define DestPort 65432                          //目的 UDP 端口
#define SourcePort 65431                        //源 UDP 端口
using namespace std;
typedef struct _IPHeader                        // 定义 IP 首部结构
{
    unsigned char iphVerLen;                    // 版本号和头长度各占 4 位
    unsigned char ipTOS;                        // 服务类型
    unsigned short ipLength;                    // 分组总长度
    unsigned short ipID;                        //分组标识,唯一标识发送的每一个数据报
    unsigned short ipFlags;                     // 标志
    unsigned char ipTTL;                        // 生存时间,TTL
    unsigned char ipProtocol;                   // 协议可以是 TCP、UDP、ICMP 等
    unsigned short ipChecksum;                  // 校验和
    unsigned long ipSource;                     // 源 IP 地址
    unsigned long ipDestination;                // 目的 IP 地址
} IPHeader;
typedef struct _UDPHeader                       //定义 UDP 首部结构
{
    unsigned short sourcePort;                  // 源端口号
    unsigned short destinationPort;             // 目的端口号
    unsigned short len;                         // 包长度
    unsigned short checksum;                    // 校验和
} UDPHeader;
typedef struct tsd_hdr                          //定义 UDP 伪首部结构
{
    unsigned long saddr;                        //源 IP 地址
    unsigned long daddr;                        //目的 IP 地址
    char mbz;                                   //填充
    char ptcl;                                  //协议类型
    unsigned short udpl;                        //TCP 长度
}PSDHEADER;
/******** CheckSum:计算校验和的函数 *************** /
unsigned short checksum(unsigned short * buffer, int size)
{
    unsigned long cksum = 0;
    while (size > 1)
    {
        cksum += * buffer++;
        size -= sizeof(unsigned short);
    }
    if (size)
    {
        cksum += * (char * )buffer;
    }
    cksum = (cksum >> 16) + (cksum & 0xffff);
    cksum += (cksum >> 16);
    return (unsigned short)(~cksum);
}
/*************** 主函数 ********************* /
int main(int argc, char * argv[])
{
```

```
// 输入参数信息
char szDestIp[] = "192.168.1.103";        //目的 IP 地址
char szSourceIp[] = "192.168.1.103";   //源 IP 地址,必须是本机 IP 地址
char szMsg[] = "Hello! This is a test UDP Package!";
int nMsgLen = strlen(szMsg) + 1;
WSADATA WSAData;
if (WSAStartup(MAKEWORD(2, 2), &WSAData) != 0)
{
    cout << "WSAStartup Error!\n";
    return false;
}
/*** 创建原始套接字 ***/
SOCKET sRaw = socket(AF_INET, SOCK_RAW, IPPROTO_RAW);
/*** 设置 IP_HDRINCL 选项 ***/
int bIncl = 1;
setsockopt(sRaw, IPPROTO_IP, IP_HDRINCL, (char *)&bIncl, sizeof(bIncl));
/**** 创建并填充 IP 首部 ****/
char buff[1024] = { 0 };              //存放自定义 IP 分组的存储区
//填充 IP 分组首部
IPHeader * pIphdr = (IPHeader *)buff;
pIphdr->iphVerLen = (4 << 4 | (sizeof(IPHeader) / sizeof(unsigned long)));
pIphdr->ipLength = htons(sizeof(IPHeader) + sizeof(UDPHeader) + nMsgLen);
pIphdr->ipTTL = 128;                            //生存时间
pIphdr->ipProtocol = IPPROTO_UDP;               //协议为 UDP
pIphdr->ipSource = inet_addr(szSourceIp);       //源 IP 地址
pIphdr->ipDestination = inet_addr(szDestIp);    //目的 IP 地址
pIphdr->ipChecksum = checksum((unsigned short *)pIphdr, sizeof(IPHeader));
/**** 填充 UDP 首部 ***/
UDPHeader * pUdphdr = (UDPHeader *)&buff[sizeof(IPHeader)];
pUdphdr->sourcePort = htons(SourcePort);        //源端口
pUdphdr->destinationPort = htons(DestPort);     //目的端口
pUdphdr->len = htons(sizeof(UDPHeader) + nMsgLen); //报头长度⋯
pUdphdr->checksum = 0;                          //校验和
/*** 填充 UDP 数据 ****/
char * pData = &buff[sizeof(IPHeader) + sizeof(UDPHeader)];
memcpy(pData, szMsg, nMsgLen);
/**** 计算 UDP 校验和 ***/
PSDHEADER psdHeader;                            //构造伪首部
psdHeader.saddr = pIphdr->ipSource;
psdHeader.daddr = pIphdr->ipDestination;
psdHeader.mbz = 0;
psdHeader.ptcl = IPPROTO_UDP;
psdHeader.udpl = htons(sizeof(UDPHeader) + nMsgLen);
char szBuff[1024];
memcpy(szBuff, &psdHeader, sizeof(psdHeader));
memcpy(szBuff + sizeof(psdHeader), pUdphdr, sizeof(UDPHeader));
memcpy(szBuff + sizeof(psdHeader) + sizeof(UDPHeader), pData, nMsgLen + 1);
pUdphdr->checksum = checksum((unsigned short *)szBuff,
                            sizeof(psdHeader) + sizeof(UDPHeader) + nMsgLen);
/*** 设置目的地址 ***/
SOCKADDR_IN destAddr = { 0 };
```

```
destAddr.sin_family = AF_INET;
destAddr.sin_port = htons(DestPort);
destAddr.sin_addr.S_un.S_addr = inet_addr(szDestIp);
/*** 发送 5 个同样的原始 UDP 数据报 ***/
int nRet;
for (int i = 0; i < 5; i++)
{
    nRet = sendto(sRaw, buff, sizeof(IPHeader) + sizeof(UDPHeader) + nMsgLen ,
                               0, (sockaddr *)&destAddr, sizeof(destAddr));
    if (nRet == SOCKET_ERROR)
    {
        cout << " 发送错误,错误码: " << WSAGetLastError() << endl;
        break;
    }
    else
        cout << "发送字节数: " << nRet << endl;
    Sleep(1000);
}
/*** 结束处理 ***/
closesocket(sRaw);
WSACleanup();
return 0;
}
```

为了验证本例题程序的正确性,可使用例 7.2 或例 7.3 的程序接收本程序发送的 UDP 数据报,本程序中的 szDestIp 应存放运行例 7.2 或例 7.3 的计算机的 IP 地址,常量 DestPort 的值应为例 7.2 或例 7.3 中的套接字绑定的本地端口 PORT 的值。

8.5　捕获 IP 数据包

使用原始套接字可以捕获通过本机网卡的所有 IP 数据包,利用这一功能可以实现一种常用的网络监听工具——网络嗅探器(Sniffer)。网络嗅探器也被称为网络协议分析软件,它最基本的功能就是捕获流经网络接口的数据包并对这些数据包进行分析。网络嗅探是网络实时监测和数据分析等管理活动常用的方法,目前有很多种商业的或是免费的网络嗅探器,最为著名的免费的网络协议分析软件是 Wireshark(以前的名字是 Ethereal)。

网络嗅探器一般通过网络传输介质的共享特性实现抓包,从而获得当前网络的使用状况。在共享传输介质的广播网络中,一旦有数据包到达网络,该数据包将被传送给连接到网络的所有网络接口,任何网络接口都可以收到该数据包。这里的网络接口就是通常所说的网卡。

网卡有两种工作模式,混杂模式和非混杂模式。在混杂模式下,网卡可以接收它所收到的任何数据包。但是,一般情况下,网卡是处于非混杂模式的。在非混杂模式下,网卡只有在收到目的地址与本网卡的物理地址相同,或者是目的地址为广播地址的数据包时才会接收,其他的数据包将会被丢弃。为了捕获网络中的所有数据包,需要将网卡设置成混杂模式。

1. 设置网卡为混杂模式

在程序中,设置网卡的混杂模式是通过设置原始套接字的 I/O 模式实现的,需要强调的是,设置混杂模式只能在原始套接字进行,不能在流式套接字和数据报套接字进行。由于该原始套接字是用于捕获所有流经网卡的 IP 分组的,因此在创建时应指定其协议类型为 IPPROTO_IP。

创建原始套接字之后,必须将它绑定到一个确定的本地 IP 地址才能设置其 I/O 模式为混杂模式。这里确定的本地 IP 地址是指一个具体的配置到本地网卡上的 IP 地址,不能使用 INADDR_ANY。设为混杂模式后就可以使用 recv()或 recvfrom()函数接收所有收到的 IP 数据包了。

要设置网卡的工作模式为混杂模式需要使用 ioctlsocket()函数。ioctlsocket()函数用于设置网卡是否工作在混杂模式的命令为 SIO_RCVALL。使用 SIO_RCVALL 命令时,如果参数 argp 所指向变量的值为 1,则将套接字绑定的 IP 地址所对应的网卡设置为混杂模式,为 0 则将对应网卡设为非混杂模式。注意,使用 SIO_RCVALL 宏需要♯include "mstcpip. h"。

下面是创建原始套接字并将网卡设为混杂模式的示例代码。

```
int sRaw = socket(AF_INET, SOCK_RAW, IPPROTO_IP);
if(sRaw < 0)
{
    cout <<"创建原始套接字错误,错误码: "<< WSAGetLastError()<< endl;
    return - 1;
}
// 在调用 ioctl 之前,套接字必须绑定一个本地 IP 地址
sockaddr_in addr_in;
addr_in.sin_family = AF_INET;
addr_in.sin_port = htons(0);
addr_in.sin_addr.S_un.S_addr = inet_addr("192.168.1.100");
if(bind(sRaw, (PSOCKADDR)&addr_in, sizeof(addr_in)) == SOCKET_ERROR)
{
    cout <<"绑定 IP 地址出错,错误码: "<< WSAGetLastError()<< endl;
    return - 1;
}
// 设置 SIO_RCVALL 控制代码,以便接收所有的 IP 包
DWORD dwValue = 1;
if(ioctlsocket(sRaw, SIO_RCVALL, &dwValue) != 0)
{
    cout <<"设置混杂模式不成功,错误码: "<< WSAGetLastError()<< endl;
    return - 1;
}
```

WinSock2 为 ioctlsocket()函数提供的异步扩展版本为 WSAIoctl()函数,其原型如下。

```
int WSAAPI WSAIoctl(
    SOCKETs,
    DWORD     dwIoControlCode,
    LPVOID    lpvInBuffer,
    DWORD     cbInBuffer,
    LPVOID    lpvOutBuffer,
```

```
DWORD      cbOutBuffer,
LPDWORD    lpcbBytesReturned,
LPWSAOVERLAPPED lpOverlapped,
LPWSAOVERLAPPED_COMPLETION_ROUTINE lpCompletionRoutine
);
```

函数参数

- s：套接字的标识。
- dwIoControlCode：对套接字 s 进行操作的命令代码。
- lpvInBuffer：指向函数输入参数缓冲区。
- cbInBuffer：输入参数缓冲区所占的存储空间大小。
- lpvOutBuffer：指向函数输出参数缓冲区。与 cbInBuffer 一起确定函数的输入参数。
- cbOutBuffer：输出参数缓冲区所占的存储空间大小。
- lpcbBytesReturned：指向函数实际返回字节数的地址。与 cbOutBuffer 一起确定函数实际返回的数据。
- lpOverlapped：WSAOVERLAPPED 结构的地址。
- lpCompletionRoutine：一个指向操作结束后调用的函数的指针。与参数 lpOverlapped 一起应用于重叠 I/O 模型。

返回值

函数成功执行后将返回 0，否则返回 INVALID_SOCKET。

2．网络嗅探器的基本工作流程

网络嗅探器的基本工作流程如图 8.8 所示。

主要实现步骤如下。

（1）创建原始套接字并绑定要嗅探的本机网卡的 IP 地址；

（2）向原始套接字发送 I/O 控制命令，将网卡工作模式设置为混杂模式；

（3）接收网卡收到的 IP 分组，并存入缓存；

（4）解析收到的每一个 IP 分组，并显示解析结果。

在这 4 个主要步骤中，实现最为复杂的是第 4 步解析捕获的 IP 分组，IP 分组首部以及各种传输层数据包首部的解析相对容易实现，但对传输内容的解析则需要具备更深入、更全面的知识，而且实现十分繁杂，已超出本书内容。

3．网络协议首部解析

解析收到的数据包首部就是读取各层协议首部中那些需要关注的字段的值，并解释其含义。要解析各层协议首部，首先需要清楚各层协议包首部的格式，了解各字段

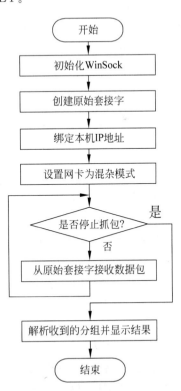

图 8.8 网络嗅探器的基本工作流程

的取值及含义。根据首部格式可以定义出相应的结构体,通过对应的结构体指针就可以读写首部各字段的值。对于 IP、UDP 以及 ICMP 协议包的格式及对应的结构定义,在前面几节中已经给出。TCP 报文段格式请参见图 1.17,其首部除了 20 字节的固定部分外,还包括由选项和填充数据组成的可变部分。与 IP 类似,其可变部分也只是在需要时才会有,一般情况下 TCP 包的首部只包含固定部分。

根据 TCP 首部格式,可给出如下 TCP 固定首部对应的结构定义。

```
//TCP 首部结构
typedef struct _TCPHeader
{
    unsigned short sourcePort;              // 16 位源端口号
    unsigned short destinationPort;         // 16 位目的端口号
    unsigned long sequenceNumber;           // 32 位序列号
    unsigned long acknowledgeNumber;        // 32 位确认号
    char dataoffset;                        //高 4 位表示数据偏移
    char flags;                             //低 6 位为 URG、ACK、PSH、RST、SYNhe FIN 这 6 个标志位
    unsigned short windows;                 // 16 位窗口大小
    unsigned short checksum;                // 16 位校验和
    unsigned short urgentPointer;           // 16 位紧急数据偏移量
} TCPHeader;
```

如图 8.9 所示,TCP 报文段同 UDP 数据报以及 ICMP 报文一样,是直接被封装到 IP 分组的数据部分的。因此,当对捕获的 IP 分组的各层协议进行解析时,从协议层次上说应从下及上,从数据包封装格式上说应由外及里逐层进行解析。首先解析 IP 首部,然后根据 IP 首部中协议字段的值判断 IP 分组的数据部分是 TCP 报文段、UDP 数据报、ICMP 报文还是其他协议的数据包,再根据不同类型的上层协议做进一步的解析。

| IP首部 (20字节) | TCP首部 (20字节) | TCP数据 |

图 8.9　封装有 TCP 报文段的 IP 分组

在这里需要注意,ICMP 尽管也属于网络层协议,但它也是建立在 IP 之上的协议,因此可以由原始套接字捕获,同样 IGMP 也是建立在 IP 之上的网络层协议,也可以由原始套接字捕获。而网络层的另外一个常用协议 ARP 则不是建立在 IP 之上的,它是直接被封装在链路层帧中的,所以要捕获 ARP 包,需要通过捕获链路层的帧才能实现。由于 WinSock 的原始套接字并不支持对数据链路层帧的读写,因此是无法使用原始套接字来捕获 ARP 包的。但在 UNIX 和 Linux 系统中采用的 BSD Socket 中,提供了多种底层原始套接字,可以方便地收发链路层帧,因此可以实现对链路层帧的捕获,从而实现对 ARP 包的抓取和解析。

例 8.4　编写一个简单的 IP 数据包捕获程序,该程序能捕获经过本地网卡的 IP 分组。要求能输入要捕获的分组数量,输出每个分组的源 IP 地址、目的 IP 地址、上层协议类型,如果是 TCP 或 UDP 则进一步输出源端口号和目的端口号,如果是 ICMP 则输出 ICMP 报文的类型和代码。

程序代码如下。

```cpp
#include <iostream>
#include <winsock2.h>
#include "mstcpip.h"
#pragma comment(lib, "WS2_32")
#pragma warning(disable : 4996)          //让编译器忽略对 inet_ntoa()等函数的警告
using namespace std;
void DecodeIPPacket(char * pData);
void DecodeTCPPacket(char * pData);
void DecodeUDPPacket(char * pData);
void DecodeICMPPacket(char * pData);
/***** IP 分组首部结构 ******/
typedef struct _IPHeader                 // 定义 IP 首部结构
{
    unsigned char iphVerLen;             // 版本号和首部长度各占 4 位
    unsigned char ipTOS;                 // 服务类型
    unsigned short ipLength;             // 分组总长度
    unsigned short ipID;                 //分组标识,唯一标识发送的每一个数据报
    unsigned short ipFlags;              // 标志
    unsigned char ipTTL;                 // 生存时间,TTL
    unsigned char ipProtocol;            // 协议可以是 TCP、UDP、ICMP 等
    unsigned short ipChecksum;           // 校验和
    unsigned long ipSource;              // 源 IP 地址
    unsigned long ipDestination;         // 目的 IP 地址
} IPHeader, * PIPHeader;
/**** ICMP 包头结构 ******/
typedef struct icmphdr
{
    char i_type;                         // ICMP 包类型码
    char i_code;                         //代码
    unsigned short i_cksum;              //校验和
    unsigned short i_id;                 //标识符,一般可设为发送进程的 ID
    unsigned short i_seq;                //序列号
    unsigned long timestamp;             //时间戳
}ICMPHeader;
/********** UDP 包头结构 ******/
typedef struct _UDPHeader
{
    unsigned short sourcePort;           // 源端口号
    unsigned short destinationPort;      // 目的端口号
    unsigned short len;                  // 包长度
    unsigned short checksum;             // 校验和
} UDPHeader;
/****** TCP 包头结构 ******/
typedef struct _TCPHeader
{
    unsigned short sourcePort;           // 16 位源端口号
    unsigned short destinationPort;      // 16 位目的端口号
    unsigned long sequenceNumber;        // 32 位序列号
    unsigned long acknowledgeNumber;     // 32 位确认号
```

```
        char dataoffset;                     //高 4 位表示数据偏移
        char flags;        //低 6 位为 URG、ACK、PSH、RST、SYNhe FIN 这 6 个标志位
        unsigned short windows;              // 16 位窗口大小
        unsigned short checksum;             // 16 位校验和
        unsigned short urgentPointer;        // 16 位紧急数据偏移量
} TCPHeader;
/****** 主函数 ******/
int main()
{
    WSADATA wsaData;
    int ret;
    if ((ret = WSAStartup(MAKEWORD(2, 2), &wsaData)) != 0)
    {
        cout << "初始化 WinSock 出错!";
        return - 1;
    }
    /**** 创建原始套节字 ******/
    SOCKET sRaw = socket(AF_INET, SOCK_RAW, IPPROTO_IP);
    /****** 获取本地 IP 地址 ******/
    char sHostName[256];
    SOCKADDR_IN addr_in;
    struct hostent * hptr;
    gethostname(sHostName, sizeof(sHostName));
    if ((hptr = gethostbyname(sHostName)) == NULL)
    {
        cout << "未能获取本地 IP 地址.错误码" << WSAGetLastError() << endl;
        WSACleanup();
        return - 1;
    }
    char ** pptr = hptr -> h_addr_list;
    /****** 在屏幕上显示本机所有的 IP 地址 ******/
    cout << "本机 IP 地址: \n";
    while ( * pptr != NULL)
    {
        cout << inet_ntoa( * (struct in_addr * )( * pptr)) << endl;
        pptr++;
    }
    /***** 输入想要监听的接口的 IP 地址 ******/
    cout << "请输入要监听接口的 IP 地址:\n";
    char snfIP[20];
    cin.getline(snfIP, sizeof(snfIP));

    addr_in.sin_family = AF_INET;
    addr_in.sin_port = htons(0);
    addr_in.sin_addr.S_un.S_addr = inet_addr(snfIP);
    /**** 绑定网卡 IP 地址 ******/
    if (bind(sRaw, (PSOCKADDR)&addr_in, sizeof(addr_in)) == SOCKET_ERROR)
    {
        cout << "地址绑定出错!错误码" << WSAGetLastError() << endl;
        closesocket(sRaw);
        WSACleanup();
```

```
            return -1;
        }
    /**** 在调用 ioctlsocket 将网卡设为混杂模式前,套接字必须绑定该网卡的 IP 地址 ******/
    DWORD dwValue = 1;
    if (ioctlsocket(sRaw, SIO_RCVALL, &dwValue) != 0)
    {
        cout << "设置网卡为混杂模式时出错!错误码: " << WSAGetLastError() << endl;
        closesocket(sRaw);
        WSACleanup();
        return -1;
    }
    // 开始抓取 IP 分组
    char buff[50][4096];
    int packetNumber;
    cout << "请输入要抓取的分组数量(不超过 50): " << endl;
    cin >> packetNumber;
    cout << "正在等待抓取 IP 数据包...";
    int i, nRet;
    for (i = 0; i < packetNumber; i++)
    {
        if (i >= 50)break;
        nRet = recv(sRaw, buff[i], 4096, 0);
        cout << "#";
        if (nRet <= 0)
        {
            cout << "抓取数据时出错!错误码: " << WSAGetLastError() << endl;
            break;
        }
    }
    //解析 IP 包
    int j = 0;
    for (j = 0; j < i; j++)
    {
        cout << endl << j << " -------------------------------- " << endl;
        DecodeIPPacket(buff[j]);          //解析 IP 包
    }
    closesocket(sRaw);
    WSACleanup();
    return 0;
}
/*********** IP 分组解析函数 *************/
void DecodeIPPacket(char * pData)
{
    IPHeader * pIPHdr = (IPHeader * )pData;
    in_addr source, dest;
    char szSourceIp[32], szDestIp[32];
    /*** 从 IP 头中取出源 IP 地址和目的 IP 地址 ***/
    source.S_un.S_addr = pIPHdr->ipSource;
    dest.S_un.S_addr = pIPHdr->ipDestination;
    strcpy_s(szSourceIp, inet_ntoa(source));
    strcpy_s(szDestIp, inet_ntoa(dest));
```

```
cout << "Source IP:" << szSourceIp;
cout << " Destionation IP: " << szDestIp << endl;
int nHeaderLen = (pIPHdr -> iphVerLen & 0xf) * sizeof(ULONG);  // IP 头长度
switch (pIPHdr -> ipProtocol)
{
case IPPROTO_TCP:                    // 调用函数解析 TCP 包
    DecodeTCPPacket(pData + nHeaderLen);
    break;
case IPPROTO_UDP:                    // 调用函数解析 UDP 包
    DecodeUDPPacket(pData + nHeaderLen);
    break;
case IPPROTO_ICMP:                   // 调用函数解析 ICMP 包
    DecodeICMPPacket(pData + nHeaderLen);
    break;
default:
    cout << " 协议号:" << (int)pIPHdr -> ipProtocol << endl;
}
}
/ ********** TCP 包解析函数 ********** /
void DecodeTCPPacket(char * pData)
{
    TCPHeader * pTCPHdr = (TCPHeader * )pData;
    cout << "TCP Source Port: " << ntohs(pTCPHdr -> sourcePort);
    cout << " Destination Port: " << ntohs(pTCPHdr -> destinationPort) << endl;
}
/ ********** UDP 包解析函数 ********** /
void DecodeUDPPacket(char * pData)
{
    UDPHeader * pUDPHdr = (UDPHeader * )pData;
    cout << "UDP Source Port: " << ntohs(pUDPHdr -> sourcePort);
    cout << " Destination Port: " << ntohs(pUDPHdr -> destinationPort) << endl;
}
/ ********** ICMP 包解析函数 ********** /
void DecodeICMPPacket(char * pData)
{
    ICMPHeader * pICMPHdr = (ICMPHeader * )pData;
    cout << "ICMP Type: " << pICMPHdr -> i_type << "Code: " << pICMPHdr -> i_code << endl;
    switch (pICMPHdr -> i_type)
    {
    case 0:
        cout << "Echo Response.\n"; break;
    case 8:
        cout << "Echo Request.\n"; break;
    case 3:
        cout << "Destination Unreachable.\n"; break;
    case 11:
        cout << "Datagram Timeout(TTL = 0).\n"; break;
    }
}
```

作为练习,读者可以利用所掌握的 MFC 对话框程序编程技术及多线程技术,将上面的程序改为图形界面的程序。

习题

1. 选择题

(1) 关于原始套接字,以下叙述错误的是( )。

    A. 可以直接发送或接收 IP、ICMP、IGMP 等网络层协议的报文

    B. 通过原始套接字可以将网卡设置为混杂模式,使程序能接收任何流经网卡的 IP 分组

    C. 基于原始套接字的通信是无连接、不可靠的

    D. 可以接收除首部的协议字段不能被识别的 IP 分组之外的所有 IP 分组

(2) 在 Windows 系统中,关于原始套接字以下叙述正确的是( )。

    A. Windows 系统允许使用原始套接字发送 TCP 数据包

    B. Windows 系统能使用原始套接字发送伪造源 IP 地址的 UDP 数据包

    C. Windows 系统允许使用原始套接字发送 UDP 数据包

    D. 使用原始套接字发送任何类型的数据报都需要编程构造 IP 首部的各字段

(3) 使用如下语句创建一个用于收发 ICMP 报文的原始套接字,protocol 应取值( )。

```
socket(AF_INET, SOCK_RAW, protocol);
```

    A. IPPROTO_IGMP   B. IPPROTO_ICMP

    C. IPPROTO_IP   D. IPPROTO_RAW

(4) 使用如下语句创建一个原始套接字,若要使该套接字可用于接收任何 IP 分组,protocol 应取值( )。

```
socket(AF_INET, SOCK_RAW, protocol);
```

    A. IPPROTO_IGMP   B. IPPROTO_ICMP

    C. IPPROTO_IP   D. IPPROTO_RAW

(5) 使用如下语句创建一个原始套接字,则该套接字( )。

```
socket(AF_INET, SOCK_RAW,IPPROTO_RAW);
```

    A. 只能用来发送 IP 包,而不能接收任何数据,而且发送数据时需要编程构造 IP 首部

    B. 只能用来发送 IP 包,而不能接收任何数据,要发送数据的 IP 首部由系统自动构造

    C. 可用于接收 IP 数据包也可用于发送 IP 包,但发送数据时需要编程构造 IP 首部

    D. 可用于接收任何的 IP 数据包而不能发送任何数据

(6) 要将原始套接字 sRaw 绑定的网卡设置为混杂模式可使用( )。

    A. DWORD dwValue = 1;

        ioctlsocket(sRaw, SIO_RCVALL, &dwValue);

    B. DWORD dwValue = 0;

        ioctlsocket(sRaw, SIO_RCVALL, &dwValue);

    C. DWORD dwValue = 1;

       setsockopt (sRaw, SIO_RCVALL, &dwValue);

    D. DWORD dwValue = 0;

       setsockopt (sRaw, SIO_RCVALL, &dwValue);

(7) 在阻塞模式下,为套接字设置接收超时时间后,调用 recevfrom()或 recv()函数时,如果到了设定的时间仍没收到数据,则(　　)。

    A. 函数将返回,返回值为 SOCKET_ERROR

    B. 函数将继续阻塞等待,直到有数据到达

    C. 函数将返回,返回值为 0

    D. 如果是原始套接字函数将返回,否则函数将继续阻塞等待,直到有数据到达

(8) 为套接字设置超时时间使用(　　)。

    A. ioctlsockett()函数设置套接字的 SO_TIMEOUT 选项

    B. ioctlsockett()函数设置套接字的 SO_RECVTIMEO 选项

    C. setsockopt()函数设置套接字的 SO_TIMEOUT 选项

    D. setsockopt()函数设置套接字的 SO_RECVTIMEO 选项

2. 填空题

(1) 流式套接字使用传输层的_____协议通信、数据报套接字是使用传输层的_____协议通信,原始套接字则是直接使用_____协议进行通信。

(2) 出于安全方面的考虑,Windows 系统要求用户必须具备_____权限才能创建原始套接字。

(3) Ping 程序使用了 ICMP 的_____ 和 _____报文。

(4) 所谓自定义 IP 分组是指 IP 首部各字段值均由应用程序填写的 IP 分组。要使一个原始套接字能够发送自定义 IP 分组,在创建该套接字时,socket()函数的第三个参数的值应使用_____,而且该套接字的 IP_HDRINCL 选项值应设置为_____。

(5) 在基于广播信道的网络中,一旦有数据帧到达网络,则连接到网络上的所有主机的网络接口都可以收到该数据帧,但通常情况下,每个网络接口都只接收_____帧和_____帧。

(6) 网卡(即网络接口)有两种工作模式,混杂模式和非混杂模式。在_____模式下,网卡可以接收它所收到的所有帧。

3. 编程题

(1) UDP 端口扫描程序。原理:在已知目标主机开启,但目标端口号未开启的情况下,向目标主机发送一个 UDP 数据报,目标主机将会返回一个类型码为 3 代码也为 3 的 ICMP 端口不可达差错报文;如果目标端口号已开启,目标主机将接收该数据报且不返回任何数据包。根据这一原理请编写程序,通过向一台已开启的主机的所有 UDP 端口,依次发送一个 UDP 数据报,根据其是否返回 ICMP 端口不可达报文判定目标主机有哪些 UDP 端口已打开。

(2) 仔细阅读例 8.3 的程序代码,编写一个程序接收例 8.3 发出的 UDP 数据报并显示其包含数据,以此验证例 8.3 的程序编写是否正确。

实验 7　原始套接字编程

一、实验目的

(1) 掌握使用原始套接字编程的基本方法；

(2) 掌握 IP 分组、ICMP 报文、UDP 数据报以及 TCP 报文段的结构及构造方法。

二、实验设备及软件

联网的运行 Windows 系统的计算机，Visual Studio 2017(已选择安装 MFC)。

三、实验内容

(1) 仿照系统自带的 Ping 程序的输出格式实现自己的 Ping 程序。

(2) 仔细阅读并运行例 8.4 的程序代码，然后将其改写成一个图形界面的协议分析程序。

四、实验步骤

(1) 实现 Ping 程序并测试。

(2) 利用自己所掌握的 MFC 对话框程序编程技术及多线程技术，实现图形界面的 IP 分组抓取和解析程序。

五、思考题

Wireshark 等经典的抓包软件都能抓取分析链路层的帧结构，使用原始套接字能否抓取数据链路层的数据帧？为什么？

第9章

使用MFC的WinSock类编程

为了简化套接字编程过程,便于利用 Windows 的消息驱动机制,MFC 提供了两个套接字类——CAsyncSocket 类和 CSocket 类,这两个类在不同层次上对 WinSock API 函数进行了封装,并为利用 Windows 的消息驱动机制提供了各种网络事件的处理函数。本章将介绍这两个类的使用方法。

9.1 CAsyncSocket 类

CAsyncSocket 类是 CObject 类的派生类,实现了对 WinSock API 函数的较低层次的封装,其成员函数与 WinSock API 函数直接对应。通过对该类中预定义的网络事件处理函数的重载,应用程序可以方便地对套接字的各种网络事件进行处理,如果结合 MFC 的其他类并利用 MFC 的各种可视化向导,还可进一步简化套接字编程步骤。使用 CAsyncSocket 类需要对网络通信细节有较多的了解,但简化了利用 Windows 消息驱动机制处理网络 I/O 事件的编程过程。

9.1.1 CAsyncSocket 对象

从面向对象的程序设计理论知道,类是对象的抽象,而对象则是类的具体化,是类的实例。一个 CAsyncSocket 对象就是 CAsyncSocket 类的一个实例,它最核心的成员是一个 Windows 套接字。除了套接字本身外,它还封装了所有与套接字直接相关的 WinSock 函数和各种网络事件的处理函数,其中的网络事件处理函数又被称为**回调函数**或**通知函数**。当网络事件发生时,MFC 会**自动调用**套接字对象中相应的回调函数。

1. 创建 CAsyncSocket 对象

创建一个能够用来通信的 CAsyncSocket 对象通常需要两个步骤:第一步是先创建一个空的 CAsyncSocket 对象,第二步是调用 CAsyncSocket 对象的 Create()方法为对象创建一个套接字。这两个步骤的实现则可以选择以下两种方式之一。

第一种方式,先直接定义 CAsyncSocket 类的对象变量,再调用 Create()方法。例如:

```
CAsyncSocket sock;
sock.Create();                    //使用默认参数创建流式套接字
```

第二种方式,先定义一个 CAsyncSocket 类的指针变量,再让该指针指向一个使用 new 创建 CAsyncSocket 类的对象,然后调用 Create() 方法。例如:

```
CAsyncSocket * pSocket = new CAsyncSocket;
pSocket - > Create();              //使用默认参数创建流式套接字
```

Create() 方法用于创建 CAsyncSocket 对象中的套接字并指定套接字的具体特性,其原型如下。

```
BOOL Create(
    UINT nSocketPort = 0,
    int nSocketType = SOCK_STREAM,
    long IEvent = FD_READ|FD_WRITE|FD_OOB|FD_ACCEPT|FD_CONNECT|FD_CLOSE,
    LPCTSTR lpszSocketAddress = NULL
);
```

函数参数

- nSocketPort:指定分配给套接字的端口号,默认值为 0,表示系统自动分配。
- nSocketType:指定创建套接字的类型,默认为 SOCK_STREAM,如果要创建数据报套接字,则需要指明 SOCK_DGRAM。
- IEvent:指定套接字关心的网络事件,默认为所有事件,即对该套接字上的所有网络事件都要生成事件通知。
- lpszSocketAddress:为套接字指定的本地地址,是一个字符串指针类型,可以指向一个 DNS 域名,也可以指向一个点分十进制表示的 IP 地址。默认值为 NULL,表示要使用本主机默认的 IP 地址。

返回值

创建成功返回 TRUE,否则返回 FALSE。调用 GetLastError() 方法可获得错误码。

例如,要创建一个使用端口号为 65432 的数据报套接字,可使用如下代码。

```
CAsyncSocket * pSocket = new CAsyncSocket;
int nPort = 65432;
pSocket - > Create( nPort, SOCK_DGRAM );
```

Create() 函数,除创建了一个套接字并为其绑定地址外,还创建了一个 CSocketWnd 窗口对象,并使用 WSAAsyncSelect() 将这个套接字与该窗口对象关联,以让该窗口对象处理来自套接字的事件。CSocketWnd 对象在收到网络事件通知之后,只是简单地回调 OnReceive() 等 CAsyncSocket 类的成员函数。

CAsyncSocket 类是一个异步非阻塞的套接字类,调用 Create() 创建套接字后,该套接字就默认工作在异步方式,因此 CAsyncSocket 类对象也被称为**异步套接字对象**。

2. CAsyncSocket 的事件处理函数

当网络事件发生后,根据 Windows 系统的消息驱动机制,事件通知消息被发送给套接字对象中的 CSocketWnd 窗口对象,由 CSocketWnd 对象调用作为 CAsyncSocket 类的成员函数的事件处理函数。由于 CSocketWnd 窗口对象是 CAsyncSocket 对象的成员,为了简化叙述,通常都说成是"将事件通知消息发送给套接字对象,套接字对象调用其事件处理函数处理网络事件",但应该明确,在 Windows 的消息驱动机制中,消息只能发送给窗口对象。

CAsyncSocket 类中与网络事件对应的事件处理函数如表 9.1 所示。事实上,这些函数只是一个空架子,基本什么也不做,如果应用程序需要对某个网络事件进行处理,则必须重载相应的处理函数。

需要注意:

(1) 网络事件处理函数的参数 nErrorCode 的值是调用函数时由 MFC 框架提供的。如果该值为 0,说明函数成功执行,否则说明套接字对象有某种错误,nErrorCode 的值为对应的错误码。

(2) CAsyncSocket 类的 6 个网络事件处理函数都是虚函数,表明它们是可以被重载的。应用程序要处理某一网络事件时,需要重载相应的事件处理函数,因此,在编程时一般并不直接使用 CAsyncSocket 类,而是需要以它为基类定义自己的套接字类,然后在自己的类中重载应用程序所感兴趣的网络事件处理函数。

表 9.1 CAsyncSocket 类中的事件处理函数

事件处理函数	对应事件
Virtual void OnReceive(int nErrorCode)	FD_READ
Virtual void OnSend(int nErrorCode)	FD_WRITE
Virtual void OnAccept(int nErrorCode)	FD_ACCEPT
Virtual void OnConnect(int nErrorCode)	FD_CONNECT
Virtual void OnClose(int nErrorCode)	FD_CLOSE
Virtual void OnOutOfBandData(int nErrorCode)	FD_OOB

3. CAsyncSocket 的主要方法

1) Listen()方法

Listen()方法用于使监听套接字开始监听来自客户端的连接请求,只适用于流式套接字对象。其原型如下。

```
BOOL Listen( int nConnectionBacklog = 5 );
```

函数参数

nConnectionBacklog:表示等待的连接请求队列的最大长度。

返回值

成功则返回 TRUE,否则返回 FALSE。调用 GetLastError()方法可获得错误码。

当 Listen()方法收到并接纳了一个客户请求后会触发 FD_ACCEPT 事件,监听套接字对象将自动调用其 OnAccept()事件处理函数。编程者一般要重载该函数并在其中调用 Accept()方法来接收客户的连接请求。

2) Accept()方法

Accept()方法用于接收一个客户的连接请求,并为该连接请求创建一个已连接套接字。该方法也是只适用于流式套接字对象。

```
virtual BOOL Accept(
```

```
    CAsyncSocket &rConnectedSocket,
    SOCKADDR * lpSockAddr = NULL,
    int *   lpSockAddrLen = NULL
);
```

函数参数

- rConnectedSocket：事先创建的空的异步套接字对象的引用，用于接纳 Accept()方法返回的已连接套接字。
- lpSockAddr：指向 SOCKADDR 结构的指针，指向的 SOCKADDR 结构变量用于记录客户端的套接字地址。如果该参数与 lpSockAddrLen 参数均为默认值 NULL，则不记录客户地址。
- lpSockAddrLen：lpSockAddr 指向的整型变量用于保存结构变量的大小，调用时是 SOCKADDR 结构占用的字节数，调用后是 lpSockAddr 所指向地址的实际大小。

返回值

成功则返回 TRUE，否则返回 FALSE。调用 GetLastError()方法可获得错误码。

程序在调用 Accept()方法前，必须先创建一个新的空的套接字对象，不必调用 Create()方法为它创建套接字，该套接字对象作为 Accept()方法的第一个参数用于接纳 Accept()方法为与客户通信而创建的已连接套接字的描述符。

由于已连接套接字所关注的事件完全继承自监听套接字，因此为了让已连接套接字能响应发生在其上的某些网络事件，这些网络事件必须在 Create()监听套接字时先指定给监听套接字。

3）Connect()方法

在流式套接字对象中，Connect()方法用于客户端向服务器端发送一个连接建立请求，对一个数据报套接字对象，仅为套接字设置一个数据收发的默认目标，以便使用 Send()和 Recvive()方法收发数据。该函数有如下两种重载的原型。

```
BOOL Connect( LPCTSTR lpszHostAddress, UINT nHostPort );
BOOL Connect( const SOCKADDR * lpSockAddr, int nSockAddrLen );
```

函数参数

- lpszHostAddress：是点分十进制表示的 IP 地址或 DNS 域名，指定要连接的服务器的地址。
- nHostPort：指定要连接的服务器的端口号。
- lpSockAddr：SOCKADDR 结构指针，指向的结构变量在调用该函数时已保存有要连接的服务器的套接字地址。
- nSockAddrLen：lpSockAddr 指向的结构变量的大小。

返回值

成功则返回 TRUE，否则返回 FALSE。调用 GetLastError()方法可获得错误码。

Connect()方法调用成功或者发生了 WSAWOULDBLOCK 错误，在返回时都将触发 FD_CONNECT 事件，套接字对象收到此消息将自动调用 OnConnect()函数处理该事件。OnConnect()函数的参数 nErrorCode 为调用 Connect()方法时获得的错误代码，如果该值为 0，则表明连接成功；如果连接不成功，则为相应的错误代码。

4) Send()方法

Send()方法用于发送数据到一个已与之连接的套接字。

```
virtual int Send( const void * lpBuf, int nBufLen, int nFlags = 0 );
```

函数参数

- lpBuf：指向保存有要发送数据的缓冲区。
- nBufLen：指出发送缓冲区中要发送的数据长度，以字节为单位。
- nFlags：用于控制数据发送的方式，默认值为0，表示正常发送数据；如果取值为预定义的常量 MSG_DONTROUT，表示目标主机就在本地网络中，也就是与本机在同一个 IP 网段上，数据分组无须路由便可直接交付目的主机，如果传输协议的实现不支持该选项则忽略该标志；如果该参数取值为宏 MSG_OOB，则表示数据将按带外数据发送。

返回值

若无错误发生，函数返回成功发送的字节数，该字节数有可能小于 nBuffLen；如果连接已关闭则返回 0；若发生错误，则返回 SOCKET_ERROR，进一步的出错信息可通过调用 GetLastError()方法获取其错误代码来了解。

5) Receive()方法

Receive()方法用于从一个已连接的套接字上接收数据。其原型如下。

```
virtual int Receive( void * lpBuf, int nBufLen, int nFlags = 0 );
```

函数参数

- lpBuf：指向接收数据的缓冲区。
- nBufLen：指定缓冲区的长度。
- nFlags：确定函数的调用模式。MSG_PEEK 用来查看传来的数据，在序列前端的数据会被复制一份到返回缓冲区中，但是这个数据不会从序列中移走。MSG_OOB 用来处理 Out-Of-Band 数据。

返回值

若无错误返回值为成功接收到的字节数，对于流式套接字如果对方关闭连接则返回 0，出错则返回 SOCTKET_ERROR。调用 GetLastError()方法可获得错误码。

6) SendTo()方法

SendTo()方法主要用于数据报套接字对象向指定地址发送数据，也可以用于流式套接字发送数据。该函数有两种重载的格式，二者的差别在于参数不同。

```
int SendTo( const void * lpBuf, int nBufLen, UINT nHostPort,
                               LPCTSTR lpszHostAddress = NULL, int nFlags = 0 );
int SendTo( const void * lpBuf, int nBufLen,
                        const SOCKADDR * lpSockAddr, int nSockAddrLen, int nFlags = 0 );
```

函数参数

- lpBuf：指向保存有要发送数据的缓冲区。
- nBufLen：指出发送缓冲区中要发送的数据长度，以字节为单位。
- nHostPort：目的主机使用的端口号。

- lpszHostAddress：字符串形式的目的主机地址(可以是域名或 IP 地址)。
- lpSockAddr：SOCKADDR 指针,指向保存有目的主机套接字地址的结构变量。
- nSockAddrLen：pSockAddr 指向的地址结构变量的大小。
- nFlags：用于控制数据发送的方式,与 Send()方法的同名参数意义相同。

返回值

若无错误发生,函数返回成功发送的字节数；若发生错误,则返回 SOCKET_ERROR,进一步的出错信息可通过调用 GetLastError()方法获取其错误代码来了解。

7) ReceiveFrom()方法

ReceiveFrom()方法通常用于数据报套接字对象接收数据,该方法有如下两种重载的形式。

```
int ReceiveFrom( void * lpBuf, int nBufLen, CString& rSocketAddress,
                                      UINT& rSocketPort, int nFlags = 0 );
int ReceiveFrom( void * lpBuf, int nBufLen, SOCKADDR * lpSockAddr,
                                      int * lpSockAddrLen, int nFlags = 0 );
```

函数参数

- lpBuf：指向接收数据的缓冲区。
- nBufLen：指定缓冲区的长度。
- rSocketAddress：用于存放接收到的数据报的源 IP 地址。
- rSocketPort：用于存放接收到的数据报的源端口号。
- lpSockAddr：SOCKADDR 结构指针,指向的结构变量用于存放接收到的数据报的源地址。
- lpSockAddrLen：指向的整型变量用于保存返回的 lpSockAddr 指向的地址的大小。
- nFlags：标识函数调用方式。

返回值

成功则返回值是成功接收到的字节数,出错则返回 SOCKET_ERROR。调用 GetLastError()方法可获得错误码。

8) Close()方法

Close()方法用于释放套接字,因此,在调用该方法后,再对其进行访问,会导致错误。当 CAsyncSocket 对象被释放时,会自动调用 Close()方法。该方法的原型如下。

```
virtual void Close();
```

该函数无参数也无返回值。

9) GetLastError()方法

从前面一些方法的介绍已经看到,调用 CAsynSocket 类的成员函数大都返回一个逻辑值,如果执行成功返回 TRUE,失败则返回 FALSE。失败的原因则需要调用 GetLastError()方法获取错误代码才能知道。GetLastError()方法的原型如下。

```
static int GetLastError();
```

该函数针对刚刚执行的 CAsynSocket 类的成员函数返回一个错误码。

4. 销毁 CAsyncSocket 对象

如果套接字对象是通过直接定义 CAsyncSocket 类的对象变量的方式来创建的,则创建该对象的函数在运行结束时将自动调用此对象的析构函数释放该对象,应用程序无须处理。如果是使用 new 运算符创建的套接字对象,则必须在程序结束时使用 delete 运算符销毁此对象。

需要注意的是,无论是哪种情况,在套接字对象被销毁之前,都应该调用对象的Close()方法关闭其套接字。

9.1.2　CAsyncSocket 类的使用

使用 CAsyncSocket 类的第一步是定义并实现 CAsyncSocket 类的派生类,在派生类中,除了增加一些必要的成员外,最重要的任务就是对需要的网络事件处理函数进行重载。至于在派生类中增加什么样的成员,以及重载哪些网络事件处理函数,应该由程序本身的需要决定。

第二步是在需要进行网络通信的类中添加该派生类的对象作为其成员,并在适当的地方调用对象的 Create()方法为添加的对象创建套接字。在比较简单的 Windows 对话框应用程序中,通常是主对话框完成网络通信任务,因此一般需要在主对话框的类定义中添加派生套接字类对象。如果程序有其他的窗口需要通信,则必须在其他窗口对应的类中添加相应的派生套接字类的对象。

在对话框应用程序中,由于响应网络事件所需的数据以及数据缓冲区等资源大都是对话框类的成员,因此 CAsyncSocket 类的派生类中重载的事件处理函数不可避免地要访问对话框对象的成员,为此,需要在 CAsyncSocket 类的派生类对象与拥有资源的对话框对象之间建立一个沟通的桥梁。建立这个桥梁的最常用方法就是,在定义 CAsyncSocket 类的派生类时,为其添加一个对话框类型的指针变量成员,当创建 CAsyncSocket 类的派生类对象时,使该指针变量指向相应的对话框对象,这样,通过这个指针,事件处理函数就可访问对话框对象的成员了。

下面通过一个例题来介绍 CAsyncSocket 类的具体使用方法。

例 9.1　使用 CAsyncSocket 类编写一个简单的点对点聊天程序,该程序的服务器端和客户端界面分别如图 5.6 和图 5.7 所示。

该程序已在第 5 章习题编程题(1)中采用多线程技术,在例 6.3 中使用 WSAAsyncSelect 模型分别实现过,这里将使用 CAsyncSocket 类。该程序的服务器端实现步骤如下。

(1) 使用"应用程序向导"创建"对话框应用程序"框架(项目名称为 Server91),其间应注意要在如图 2.6 所示的对话框中选中"Windows 套接字"复选框,并在项目属性中将"字符集"改为"使用多字节字符集"。

按照如图 5.6 所示的服务器程序界面,为程序添加控件并调整大小和位置。

(2) 通过类向导分别为列表框控件(用于显示聊天内容)、编辑框控件(用于编辑要发送给对方的消息)和"发送"命令按钮添加控件变量 m_ListBox(类别为 Control)、m_Text(类别为 Value)和 m_Sendbutton。并将"发送"命令按钮的 Disabled 属性设置为 True。

(3) 打开"MFC 类向导",为项目添加基于 CAsyncSocket 类的新类,目的是为了重载

CAsyncSocket 类中的 OnReceive( )以及 OnAccept( )等函数,以实现根据事件通知来自动触发相关事件处理函数的目的。

具体做法是:在"解决方案资源管理器"中右击项目名称 Server91,在弹出的快捷菜单中单击"类向导"菜单项,则弹出"MFC 类向导"对话框(参见图 2.11)。单击"添加类"命令按钮右侧向下的黑色箭头,在出现的下拉列表中选择"MFC 类",则弹出如图 9.1 所示的"添加 MFC 类"对话框,在该对话框中的"类名"编辑框中输入"CServerSocket",基类选择 CAsyncSocket。

按同样的方法,再为项目添加一个以 CAsyncSocket 类为基类的新类 CClientSocket。

创建 CServerSocket 类的目的是为了创建监听套接字对象,该类需要重载 OnAccept( )函数;创建 CClientSocket 类的目的是为了创建一个套接字对象,用来容纳 Accept( )方法返回的和客户端连接并通信的套接字,该类需要重载 OneReceive( )函数,习惯上要将监听套接字和已连接套接字分别由不同类来创建。

图 9.1　"添加 MFC 类"对话框

(4) 为新建的类添加指向主对话框对象的对话框类指针。本程序的主对话框类名为 CServer91Dlg,在"解决方案资源管理器"中双击 CServerSocket 类的定义文件 CServerSocket.h 打开该文件,直接在类定义中添加如下语句。

```
CServer91Dlg * pDlg;
```

由于该语句用到了类 CServer91Dlg,因此还需在 CServerSocket 类的定义前面添加类 CServer91Dlg 类的声明:

```
classCServer91Dlg;
```

在实现文件 ServerSocket.cpp 中添加文件包含:

```
# include "Server91Dlg.h"
```

另外,需要在类的构造函数中添加 pDlg 的初始化代码:

```
CServerSocket::CServerSocket ()
{
    pDlg = NULL;
}
```

用同样的方法也为 CClientSocket 类添加指向主对话框对象的对话框类指针。

（5）为新建的类添加重载的网络事件处理函数。在"MFC 类向导"对话框中的"类名"下拉列表框中选择 CServerSocket 类，选中"虚 函 数"选项卡，在"虚 函 数"一栏中选中 OnAccept 并单击"添加函数"命令按钮，则向导会自动在 CServerSocket. h 中添加如下语句。

```
virtual void OnAccept(int nErrorCode);
```

并在 CServerSocket 类的实现文件 CServerSocket. cpp 中添加 OnAccept()函数的实现框架：

```
void CServerSocket::OnAccept(int nErrorCode)
{
    // TODO: 在此添加专用代码和/或调用基类
    CAsyncSocket::OnAccept(nErrorCode);
}
```

使用同样的方法可为 CClientSocket 类添加 OnReceive()函数的重载。

（6）为重载的网络事件添加处理代码。在"解决方案资源管理器"中双击 CServerSocket 类的实现文件 CServerSocket. cpp 打开该文件，在 OnAccept()函数的实现框架中添加代码：

```
pDlg->OnAccept(); //调用主对话框类的成员函数 OnAccept
```

主对话框类的成员函数 OnAccept()用于调用监听套接字的 Accept()方法接收客户连接请求。目前该函数还没有添加，将在后面的步骤中添加。

同样在 CClientSocket 类的 OnReceive()函数的实现框架中添加代码：

```
pDlg->OnReceive(); //调用主对话框类的成员函数 OnReceive
```

（7）为对话框类添加套接字对象变量和收发缓冲区等成员变量。在"解决方案资源管理器"中双击类 CServer91Dlg 的定义文件 CServer91Dlg. h 打开该文件后，在该文件的类定义前增加包含 CServerSocket 类和 CClientSocket 类的定义文件的代码：

```
# include "CServerSocket. h"
# include "CClientSocket. h"
```

再在 CServer91Dlg 类的定义中添加如下的成员声明。

```
CServerSocket serversocket;        //定义监听套接字对象
CClientSocket clientsocket;        //定义已连接套接字对象
char recvBuff[1000];               //用来存储接收的数据
```

（8）为套接字对象 serversocket 和 clientsocket 的对话框指针赋值，使它们均指向本对话框；调用监听套接字对象的 Create()方法为套接字对象创建套接字，并开始监听。为此，需要在 CServer91Dlg. cpp 文件中的 CServer91Dlg::OnInitDialog()函数中添加如下代码。

```
serversocket. pDlg = this;
clientsocket. pDlg = this;
serversocket. Create(65432,SOCK_STREAM,FD_ACCEPT|FD_READ);
serversocket. Listen();
```

这里需要注意，由于 Accept()方法创建的已连接套接字与监听套接字具有完全相同的属性，因此已连接套接字需要关注的网络事件应一并在监听套接字中指定。

（9）在对话框类中添加实际处理网络事件的成员函数 OnAccept()和 OnReceive()。首先在对话框类的头文件 Server91Dlg.h 的类定义中添加 public 成员函数声明：

```
void OnAccept();
void OnReceive();
```

然后在 Server91Dlg.cpp 中添加这两个函数的实现：

```
void CServer91Dlg::OnAccept(void)
{
    //调用监听套接字对象的 Accept()方法接收一个连接请求
    //新创建的已连接套接字描述符传递给套接字对象 clientsocket
    serversocket.Accept(clientsocket);
    m_Sendbutton.EnableWindow(true);   //使"发送"命令按钮有效
}
void CServer91Dlg::OnReceive(void)
{
    //调用 clientsocket 对象的 receice()方法接收数据并在列表框控件中显示
    int size = clientsocket.Receive(recvBuff,sizeof(recvBuff));
    if(size > 0)
    {
        recvBuff[size] = '\0'; //在字符串末尾添加字符串结束符'\0'
        m_ListBox.AddString(recvBuff); //添加到 ListBox 控件
    }
}
```

（10）利用类向导为"发送"按钮添加单击时的事件处理程序，代码如下。

```
void CServer91Dlg::OnBnClickedButton1()
{
    // TODO: 在此添加控件通知处理程序代码
    UpdateData(true); //将数据由控件传向控件变量
    m_ListBox.AddString("I said:" + m_Text); //将发送内容添加到 ListBox 控件上显示
    clientsocket.Send(m_Text,m_Text.GetLength(),0); //发送数据到客户端
}
```

至此服务器程序就完成了，客户端程序的创建步骤与服务器程序的创建方法相似，由于只需要一个套接字对象与服务器通信，因此在客户端程序中只需要定义一个 CAsyncSocket 类的扩展类就可以了，其步骤要比服务器软件更为简单，此处不再赘述，请读者作为练习自己完成。

9.2 CSocket 类

9.2.1 CSocket 类概述

CSocket 类是 CAsyncSocket 类的派生类，是对 WinSock API 函数的更进一步的封装。它的特点主要体现在以下几个方面。

（1）与 CAsyncSocket 类相同，CSocket 帮助完成了许多诸如字节顺序转换和字符串转换等问题的处理，用户编程时不必再考虑。

（2）继承了 CAsyncSocket 类的网络事件通知接收功能和自动调用网络事件处理函数的功能，简化了利用 Windows 消息驱动机制编写网络通信程序的步骤。

（3）与 CAsyncSocket 类不同的一点是，CSocket 类提供了套接字阻塞的工作模式，当调用那些能引起阻塞的方法时，如果不满足执行条件时，这些将会阻塞等待，一直到满足条件操作结束才返回，而不会像 CAsyncSocket 类的同名方法那样立即返回并产生一个错误码为 WSAWOULDBLOCK 的错误。

（4）CSocket 可以结合 CArchive 类和 CSocketFile 类一起使用，大大简化了数据的收发的处理过程，可以大大减少程序编写的复杂性。

CSocket 从 CAsyncSocket 类所继承的成员函数的用法大都与其父类中的用法保持一致。创建 CSocket 对象的方法与 CAsyncSocket 类也大体相同，同样分为两个步骤：首先使用构造函数创建一个空的 CSocket 对象，再调用此对象的 Create()方法创建套接字。只是 CSocket 类的 Create()方法与 CAsyncSocket 类的 Create()方法略有不同。其原型如下。

```
BOOL CSocket::Create(
    UINT nSocketPort = 0,
    int nSocketType = SOCK_STREAM,
    LPCTSTR lpszSocketAddress = NULL
);
```

函数参数

- nSocketPort：指定分配给套接字的端口号，默认值为 0，表示系统自动分配。
- nSocketType：指定创建套接字的类型，默认为 SOCK_STREAM，如果要创建数据报套接字，则需要指明 SOCK_DGRAM。
- lpszSocketAddress：为套接字指定的地址，是一个字符串指针类型，可以指向一个DNS 域名，也可以指向一个点分十进制表示的 IP 地址。默认值为 NULL，表示要使用本主机默认的 IP 地址。

返回值

创建成功则返回 TRUE，否则返回 FALSE。调用 GetLastError()方法可获得错误码。

可以看出，除了没有 IEvent 参数外，其余三个参数均与 CAsyncSocket 类的 Create()方法的对应参数完全相同。

CAsyncSocket 类中，Create()方法的 IEvent 参数用于为套接字对象指定需要响应的网络事件。CSocket 类的 Create()方法虽无此参数，但并不影响它接收网络事件通知并调用相应的网络事件处理函数，编程者同样通过重载这些网络事件处理函数进行网络事件处理。所不同的是，CSocket 类永远不会调用网络事件处理函数 OnSend()和 OnConnect()。

当使用支持流式套接字的 CSocket 对象进行数据传输时，其连接建立所必须使用的方法有 Listen()、Connect()和 Accept()，它们的使用方法完全与其父类 CAsyncSocket 类的同名函数相同，只是在调用 Accept()和 Connect()时会阻塞，而 CAsyncSocket 类的同名函数则是不会阻塞的。

收发数据也可以使用与 CAsyncSocket 类中同名的方法进行。对数据报套接字，直接使用 CSocket 类的 SendTo( )和 RecvFrom( )方法；对流式套接字在建立连接后使用 Send( )方法和 Recvive( )方法发送或接收数据。这些函数的使用方法也与 CAsyncSocket 类的完全相同，差别仅在于 CSocket 的这些方法也是工作在阻塞模式的。

除了 CSocket 的套接字是工作在阻塞模式外，CSocket 与 CAsyncSocket 类的最大不同在于在使用流式套接字通信时，CSocket 可以结合 CArchive 类和 CSocketFile 类，使用对象串行化概念进行网络数据的收发。下面先介绍一下 CArchive 类和对象串行化的概念及实现方法。

9.2.2 CArchive 类与对象串行化

CArchive 类总是与对象串行化的概念联系在一起的。对象的串行化也称为对象的持久化或序列化，是指让对象将其当前状态（也就是其成员变量的当前值）写入到永久性存储体（通常是指磁盘）中，以便下次可以从永久性存储体中读取对象的状态，从而重建对象。事实上，对象串行化时数据的保存目标可以不只是磁盘文件，也可以是网络或是其他的 I/O 设备，但这并不是对象串行化概念的关键，对象串行化的关键是对象本身要负责读写自己的状态，一个可串行化的对象必须能够实现基本的串行化操作。而对象最基本的串行化操作必须借助 CArchive 类来实现。

一个对象可串行化的类需要按以下步骤来定义并实现。

（1）从 CObject 类间接或直接派生自己的类。

CObject 类是绝大多数 MFC 类的根类或基类，它所支持的很多特性大大简化了编程的复杂性，对串行化的支持是其重要特性之一。

（2）定义类时，在类的说明中使用宏 DECLARE_SERIAL（本类的名称），该宏有一个参数，该参数必须是所定义的类的名字。

（3）定义一个默认构造函数（不带参数的构造函数）。

（4）在类的实现之前调用宏 IMPLEMENT_SERIAL（类名，基类名，大于等于 0 的任意数）。该宏有三个参数：第一个参数为本类的类名，第二个参数是基类的类名，第三个参数是为串行化的数据嵌入的一个版本号，可以是大于等于 0 的任意数。

当读对象到内存时，MFC 串行化代码会检查该版本号，如果版本号不一致将引发异常。如果要支持多个版本，则需要用"或"运算（|）将当前数字与宏 VERSIONABLE_SCHEMA 相连作为宏 IMPLEMENT_SERIAL 的第三个参数。

（5）重载 Serialize( )成员函数。该函数负责数据的串行化操作，它基于 CArchive 对象来实现数据的存储和加载，其原型如下。

```
virtual void Serialize(CArchive& ar);
```

其唯一参数就是一个 CArchive 对象的引用。

CArchive 对象提供了一个类型安全的缓冲机制，用于将可串行化对象写入 CFile 对象或从中读取可串行化对象。通常 CFile 对象是磁盘文件，但也可以是 CSocketFile 对象等。

对于一个给定的 CArchive 对象，它只能进行单向的数据传递，要么用于存储数据（串行化），要么用于加载数据（反串行化），但不能双向进行。要判断一个 CArchive 对象是存储数据还是加载数据，可使用 CArchive 类的成员函数 IsLoading( )或 IsStoring( )。这两个函数的原型如下。

```
BOOL CArchive:: IsLoading();
BOOL CArchive:: IsStoring ();
```

如果 IsLoading()返回 TRUE 则表示是加载数据,返回 FALSE 则表示该对象是存储数据。IsStoring()的情况则相反。

CArchive 对象通过重载的插入操作符(<<)和析取操作符(>>)来执行读和写操作。插入操作符(<<)可将可串行化对象的状态写入 CArchive 对象,而析取操作符(>>)则用于从 CArchive 对象读取可串行化对象的状态并创建一个可串行化对象。

Serialize()方法的实现通常采用如下格式。

```
void 类名::Serialize(CArchive& ar)
{
    if (ar.IsStoring())
    {   //串行化到 ar
        ar << 类的成员变量 1;
        ar << 类的成员变量 2;
        …
    }
    else
    {   //从 ar 中读取对象成员的值
        ar >> 类的成员变量 1;
        ar >> 类的成员变量 2;
        …

    }
}
```

下面的例子演示了一个支持串行化的类的定义和实现的具体方法。

例 9.2　假定 CStudent 类有三个成员变量,分别用于存放学生的姓名、性别和成绩,如果要实现串行化,则该类的声明应为:

```
#include< afx. h>
/ ******* 定义一个可串行化的类 ********/
class CStudent : public CObject
{
DECLARE_SERIAL(CStudent)                    //串行化宏
private:
    CString name;
    bool gender;
    int score;
public:
    CStudent();                             //默认构造函数,是串行化所必需的
    CStudent(CString name, bool gender = true, int score = 0);  //构造函数
    CString getName();
    void setName(CString name);
    int getScore();
    void setScore(int parscore);
    void setGender(bool pargender);
```

```
    bool isMale();
    virtual void Serialize(CArchive& ar);      //重载串行化函数
};
```

该类的实现文件内容如下。

```
#include "stdafx.h"
#include "student.h"
IMPLEMENT_SERIAL(CStudent, CObject, 1)
CStudent::CStudent()                           //默认构造函数的实现
{
    name = _T("无名氏");
    score = 0;
    gender = true;
}
CStudent::CStudent(CString parname, bool pargender, int parscore) //构造函数
{
    name = parname;
    gender = pargender;
    score = parscore;
}
CString CStudent::getName() { return name; }
void CStudent::setName(CString parname) { name = parname; }
int CStudent::getScore() { return score; }
void CStudent::setScore(int parscore) { score = parscore;}
bool CStudent::isMale() { return gender; }
void CStudent::setGender(bool pargender){ gender = pargender; }
void CStudent::Serialize(CArchive& ar)         //串行化函数的实现
{
    if (ar.IsStoring())
    {
        ar << this -> name << this -> gender << this -> score;
    }
    else
    {
        ar >> this -> name >> this -> gender >> this -> score;
    }
}
```

定义了支持串行化的类后，就可以对该类的对象进行串行化和反串行化操作了。对已定义好的对象进行串行化操作需要如下步骤。

（1）定义一个CFile对象，并使用该对象以写方式打开一个文件，该文件用于存储对象的串行化数据。

（2）创建CArchive对象。CArchive类的构造函数原型如下。

```
CArchive::CArchive(CFile * pfile, UINT nMode, int nBufsize = 4096, void * lpBuf = NULL);
```

函数参数

- pfile：指向一个CFile对象的指针，该CFile对象是数据串行化的最终目标或源。
- nMode：指定对象是从文件中装载还是存储到文件中去，该参数取值如表9.2所示。

- nBufsize：用于指定 CArchive 对象内部文件缓冲区大小，以字节计算，默认的缓冲区大小为 4096 字节。
- lpBuf：指向所提供缓冲区的指针，该缓冲区大小由 nBufsize 参数确定，如果指定该参数为 NULL 或采用默认值 NULL 时，系统将从本地堆为 CArchive 对象分配一个缓冲区并且当对象被销毁时自动释放该缓冲区。CArchive 对象不会释放用户提供的缓冲区。

表 9.2　参数 nMode 的常用值

常　用　值	含　　义
CArchive::store	把数据保存到文件中
CArchive::load	从文件中读取数据
CArchive:: bNoFlushOnDelete	防止 CArchive 对象在被销毁时自动调用 Flush 进行更新。如果用户设置了此标志，则必须在对象销毁前调用 Close() 关闭文件。否则，文件中的数据将会受损

构造函数的第一个参数即为由第(1)步所创建的 CFile 对象，由此 CArchive 对象就与保存对象串行化数据的文件关联在了一起。如果该参数指向一个 CFile 类的子类的对象，比如一个 CSocketFile 类的对象，则对象串行化的目标或反串行化的源就可能不再是磁盘文件了。

(3) 使用插入操作符(<<)和析取操作符(>>)来进行串行化或反串行化操作。这两个操作符实际是通过调用可串行化对象的 Serialize() 函数实现串行化和串行化操作的。

串行化操作使用插入操作符(<<)，其格式如下。

```
archiveObj << pobj1 << pobj2 <<…<< pobjn;
```

archiveObj 为由第(2)步创建的 CArchive 对象，pobj1，pobj2，…，pobjn 为要串行化的对象指针，必须指向要串行化的对象。上面的格式与下面的写法等价。

```
archiveObj << pobj1;
archiveObj << pobj2;
…
archiveObj << pobjn;
```

反串行操作使用析取操作符(>>)，其格式如下。

```
archiveObj >> pobj1 >> pobj2 >>…>> pobjn;
```

其中，pobj1，pobj2，…，pobjn 为与要反串行化的对象的类型一致的指针变量，用以保存载入的对象的指针。载入的对象由反串行化操作根据保存在文件中的数据创建。其格式也可写为：

```
archiveObj >> pobj1;
archiveObj >> pobj2;
…
archiveObj >> pobjn;
```

进行串行化后，必须调用 CArchive 对象的 Flush() 方法才可确保 CArchive 对象中的数据全部写入 CFile 文件对象,该函数原型如下。

```
void Flush();
```

需要注意的是,Flush()方法可以迫使保留在 CArchive 对象中的数据写入与之关联的 CFile 对象,但必须调用 CFile::Close()方法才能保证数据从 CFile 对象存储到存储介质。

(4) 调用 CArchive 对象的 Close()方法关闭 CArchive 对象并断开与 CFile 文件的链接,在关闭一个 CArchive 对象后,使用其对应的 CFile 文件对象可以创建另一个 CArchive 对象。成员函数 Close()可以保证所有数据从 CArchive 对象传输到文件并释放 CArchive 对象。

(5) 使用 CFile 类的 Close()方法关闭文件并释放 CFile 对象。当使用 new 运算符创建 CFile 对象时,需要调用 delete 运算符将其释放,为了完成从文件到存储介质的传输,必须首先使用 CFile::Close()关闭文件,然后再释放 CFile 对象。

下面的程序是对例 9.2 中所定义的 CStudent 类对象进行串行化和反串行操作的示例。CStudent 类的声明在头文件 student.h 中。

```
# include "stdafx.h"
# include "student.h"
int main()
{
    CStudent zhang("张三", false, 68);        //创建两个待写入的对象
    CStudent li( "李四", true, 97);
    CFile oFile("student.achv",CFile::modeCreate|CFile::modeWrite); //以写方式打开文件
    CArchive oar(&oFile, CArchive::store);      //创建 CArchive 对象
    oar << &zhang << &li;                       //串行化(写入文件)
     oar. Flush();
     oar.Close();                               //关闭 CArchive 对象
    oFile.Close();                              //关闭文件
    CFile iFile("student.achv", CFile::modeRead);  //以读方式打开文件
    CArchive iar(&iFile, CArchive::load);       //创建 CArchive 对象
    CStudent * p1, * p2; //定义指针变量,用于指向载入的 CStudent 对象
    iar >> p1 >> p2; //载入对象(反串行化,读文件并创建对象)
    /**** 显示新载入对象的成员变量值 ****/
    CString gen;
    if(p1 -> isMale()) gen = "男"; else gen = "女";
    printf("% s, % s, % d\n",p1 -> getName(),gen,p1 -> getScore());
    if(p2 -> isMale())gen = "男"; else gen = "女";
    printf("% s, % s,   % d\n",p2 -> getName(),gen,p2 -> getScore());
    /*** 删除新载入对象 *** /
    delete p1;
    delete p2;
}
```

9.2.3　CSocketFile 类

在介绍 CArchive 类的构造函数时已经提到,如果其第一个参数 pfile——一个 CFile 类的指针,指向 CFile 类的子类的一个对象,则使用该 CArchive 进行串行化或是反串行化操

作时其数据传输目标或源就可以不再是磁盘文件了。

CSocketFile 类就是一个 CFile 类的派生类,在创建 CSocketFile 类的对象时要求必须关联一个 CSocket 对象,而 CSocketFile 类的对象在创建 CArchive 对象时又可与所创建的 CArchive 对象关联,这样通过对象的串行化操作,对象中的数据就可通过 CArchive 对象和 CSocketFile 对象在 CSocket 对象和可串行化对象之间传输,从而可以实现网络上的数据接收(对应串行化的加载)和发送(对应串行化的存储)。

CSocketFile 类虽然派生于 CFile 类,但是它却屏蔽掉了函数 CFile::Open()。也就是说,用户在实际编程时,不能使用 CSocketFile 对象直接去调用函数 Open()打开文件。关于 CSocketFile 类的其他函数在这里基本不用,因此不再赘述,感兴趣的读者请查看相关资料。

1. 创建 CSocketFile 对象

CSocketFile 类的构造函数原型如下。

```
CSocketFile::CSocketFile( CSocket * pSocket, BOOL bArchiveCompatible = TRUE );
```

函数参数
- pSocket:指向一个与所创建的 CSocketFile 对象相关联的 CSocket 对象。
- bArchiveCompatible:指示所创建的 CSocketFile 对象是否与一个 CArchive 对象一起使用,默认为 true。

该构造函数将 CSocketFile 对象和 CSocket 对象直接联系了起来。可以有两种方式调用该构造函数。第一种是使用 new 关键字来创建 CSocketFile 对象,例如:

```
CSocket * clientsocket = new CSocket;          //创建 CSocket 套接字对象
CSocketFile * psockfile = new CSocketFile(clientsocket);
                                //创建一个与 clientsocket 关联的文件指针对象
```

第二种方式则是直接定义 CSocketFile 类的对象,例如:

```
CSocket * clientsocket = new CSocket;          //创建 CSocket 套接字对象
CSocketFile sockfile(clientsocket);            //创建一个与 clientsocket 关联的文件对象
```

2. 与 CArchive 对象相关联

通过在创建 CArchive 对象时为其指定一个 CSocketFile 对象,可实现 CSocketFile 对象与 CArchive 对象的关联。例如:

```
CSocket * clientsocket = new CSocket;          //创建一个 CSocket 套接字对象
CSocketFile * sockfile = new CSocketFile(clientsocket); //创建与 clientsocket 关联的对象
CArchive * archv = new CArchive(sockfile, CArchive:: store,100,NULL);
```

上面的代码创建了一个用于发送数据(存储)的串行化对象 archv,并为 archv 设置一个大小为 100B 的缓冲区。最后一个参数设为 NULL,表明缓冲区由系统决定。

3. 串行化操作

要使用 CSocketFile 对象和 CArchive 对象采用串行化方法收发网络数据,还必须要将所收发的数据保存于一个可串行化的对象中。为此需要定义一个专用于将传输数据进行可串行化的类,要发送的数据需要装入该类的一个对象中,而接收端收到数据后也会创建一个该类的对象后将该对象的指针传递给应用程序。数据的发送和接收也转换为对可串行化对象的串行化操作,使用插入运算符(<<)和析取运算符(>>)完成。

为了使数据立刻发送出去,需要调用 CArchive 对象的 Flush()方法,该方法主要用于将 CArchive 对象的缓冲区中剩余的数据强制地写入 CArchive 对象所关联的 CSocketFile 对象中,以尽快交付到与 CSocketFile 对象关联的套接字的发送缓冲区中。

在完成数据传输之后,需要调用 CSocket 对象的 Close()方法关闭套接字以释放资源。而对于相应的 CSocket 对象、CSocketFile 对象以及 CArchive 对象则可以不做处理,因为程序结束时会自动调用这些对象的析构函数释放对象占用资源。

9.2.4　使用 CSocket 及串行化方法编写网络程序

CSocket 类派生自 CAsynSocket 类,它的出现主要是为了结合 CArchive 类的使用,使编写网络程序更方便。因此,使用 CSocket 类编写网络应用程序的最大优点在于,应用程序可借助于 CFileSocket 类和 CArchive 类完成数据收发,而不必调用收发函数。

需要注意的是,CArchive 并不支持在数据报套接字上的串行化,因此在使用 CSocket 类及串行化方法编程时,只能使用 CSocket 类的流式套接字。而对于 CSocket 类的数据报套接字编程,则与 CAsynSocket 类相同,差别仅在于 CSocket 的套接字是工作在阻塞模式下的。

下面给出使用 CSocket 类及串行化方法的程序流程。

1. 服务器端

(1) 创建空的用于监听的 CSocket 对象。

```
CSocket sockListen;
```

(2) 调用 Create 方法创建套接字。

```
sockListen.Create(nPort);                    //nPort 为监听端口号
```

(3) 开始监听。

```
sockListen.Listen();
```

(4) 创建空的用于接纳已连接套接字的 CSocket 对象。

```
CSocket * sockClient = new CSocket;
```

(5) 接受连接请求。

```
sockListen.Accept(sockClient);
```

(6) 分别创建 CSocketFile 对象与用于数据收发的 CArchive 对象。

```
CSocketFile * file = new CSocketFile(sockClient);
CArchive * ari = new CArchive(&file,CArchive::load);
```

```
CArchive * aro = new CArchive(&file,CArchive::store); //均采用默认参数
```

（7）收发数据。

```
ari >> pData;    //pData 为可串行对象指针
aro << mData; aro.Flush();   //mData 为包含要发送数据的可串行化对象
```

（8）通信完毕，关闭套接字并释放各对象。

```
sockClient.Close(); sockListen.Close();
```

2. 客户端

（1）创建空的 CSocket 对象。

```
CSocket sockConnect;
```

（2）调用 Create()方法创建套接字。

```
sockConnect.Create();    //使用默认参数创建流式套接字
```

（3）连接服务器。

```
sockConnect. Connect (serverIP, nPort);// serverIP 和 nPort 为服务器的地址与端口号
```

（4）分别创建 CSocketFile 对象与用于数据收发的 CArchive 对象。

```
CSocketFile * file = new CSocketFile(sockClient);
CArchive * ari = new CArchive(&file,CArchive::load);
CArchive * aro = new CArchive(&file,CArchive::store);   //均采用默认参数
```

（5）收发数据。

```
ari >> pData; //pData 为可串行对象指针
aro << mData; aro.Flush(); //mData 为包含要发送数据的可串行化对象
```

（6）通信完毕，关闭套接字并释放各对象。

```
sockConnect.Close();
```

由上面的程序流程可以看出，使用 CSocket 类编写通信程序要比直接使用 WinSock API 简洁许多，原因是 CSocket 类隐藏了许多通信的细节问题，而 CArchive 类又替我们屏蔽了字节顺序差异和字符串转换。

下面通过一个例子较为详细地介绍使用 CSocket、CFileSocket 和 CArchive 类编写网络应用程序的方法。为了便于将精力集中在 CSocket、CFileSocket 和 CArchive 这三个类的使用方法上，这里仍使用一个读者已熟知的例子。

例 9.3 使用 CSocket、CFileSocket 和 CArchive 类及串行化方法编写一个简单的点对点聊天程序，该程序的服务器端和客户端界面分别如图 5.7 和图 5.8 所示。

由于要借助于 CArchive 类进行串行化操作，因此首先应该考虑根据收发数据的特点定义一个支持串行化的类，用于保存收发的数据。本例中收发的数据均为字符串，因此可定义一个只拥有一个 CString 类型数据成员的可支持串行化操作的类。

为了使用 Windows 的消息机制,利用网络事件驱动应用程序进行数据的接收和发送等操作,与 CAsyncSocket 类一样,编写程序时通常也是不直接使用 CSocket 类,而是使用其派生类。从下面的实现步骤中可以看到,界面设计、编写 CSocket 类的派生类等步骤几乎与例 9.1 相同,不同的只是数据收发过程。下面是该程序的服务器端实现步骤。

(1) 使用"应用程序向导"创建"对话框应用程序"框架(项目名称为 Server93),其间应注意要在如图 2.6 所示的"高级功能"对话框中选中"Windows 套接字"复选框。

按照如图 5.7 所示的服务器程序界面,为程序添加控件并调整大小和位置。

(2) 通过类向导分别为列表框控件(用于显示聊天内容)、编辑框控件(用于编辑要发送给对方的消息)和"发送"命令按钮添加控件变量 m_ListBox(类别为 Control)、m_Text(类别为 Value)。

(3) 添加 CSocket 类的派生类。

打开"MFC 类向导",为项目添加以 CSocket 为基类的两个新类——CServerSocket 和 CClientSocket。具体做法参见例 9.1。CServerSocket 类用于创建监听套接字对象,该类需要重载 OnAccept()函数;CClientSocket 类用于创建容纳 Accept()方法返回的已连接套接字的对象,该类需要重载 OnReceive()函数。

为新建的类添加指向主对话框对象的对话框类指针,应用程序向导为本程序创建的主对话框类名为 CServer93Dlg。在"解决方案资源管理器"中双击 CServerSocket 类的定义文件 ServerSocket.h 打开该文件,直接在类定义中添加如下语句:

```
CServer93Dlg * pDlg;
```

在 CServerSocket 类的定义前面添加类 CServer93Dlg 的声明:

```
classCServer93Dlg;
```

在实现文件 ServerSocket.cpp 中添加文件包含:

```
#include "Server93Dlg.h"
```

另外,需要在类的构造函数 CServerSocket::CClientSocket()中添加 pDlg 的初始化代码:

```
pDlg = NULL;
```

用同样的方法也为 CClientSocket 类添加指向主对话框对象的对话框类指针。

为新建的类添加重载的网络事件处理函数。在"MFC 类向导"对话框中的"类名"下拉列表框中选择 CServerSocket 类,选中"虚函数"选项卡,在"虚函数"一栏中选中 OnAccept 并单击"添加函数"命令按钮,则向导会自动在 ServerSocket.h 中添加如下语句:

```
virtual void OnAccept(int nErrorCode);
```

并在 CServerSocket 类的实现文件 ServerSocket.cpp 中添加 OnAccept()函数的实现框架:

```
void CServerSocket::OnAccept(int nErrorCode)
{
    // TODO: 在此添加专用代码和/或调用基类
    CSocket::OnAccept(nErrorCode);
}
```

使用同样的方法可为 CClientSocket 类添加 OnReceive()函数的重载。

添加对话框指针和重载事件处理函数后的 ServerSocket.h 和 ClientSocket.h 文件内容分别如下：

```
// CServerSocket 定义文件 ServerSocket.h
# pragma once
class CServer93Dlg;
class CServerSocket : public CSocket
{
public:
    CServerSocket();
    virtual ~CServerSocket();
    CServer93Dlg * pDlg = NULL;
    virtual void OnAccept(int nErrorCode);
};

// CClientSocket 定义文件 ClientSocket.h
# pragma once
class CServer93Dlg;
class CClientSocket : public CSocket
{
public:
    CClientSocket();
    virtual ~CClientSocket();
    virtual void OnReceive(int nErrorCode);
    CServer93Dlg * pDlg;
};
```

为重载的网络事件添加处理代码。在"解决方案资源管理器"中双击 CServerSocket 类的实现文件 ServerSocket.cpp 打开该文件，在添加 OnAccept()函数的实现框架中添加如下代码：

```
pDlg -> OnAccept(); //调用主对话框类的成员函数 OnAccept
```

主对话框类的成员函数 OnAccept()用于调用监听套接字的 Accept()方法接收客户连接请求。目前该函数还没有添加，将在后面的步骤中添加。

同样，在 CClientSocket 类的 OnReceive()函数的实现框架中添加如下代码：

```
pDlg -> OnReceive(); //调用主对话框类的成员函数 OnReceive
```

添加完成所有代码后的 CServerSocket 类和 CClientSocket 类的实现文件内容如下：

```
// CServerSocket.cpp: 实现文件
# include "stdafx.h"
# include "Server93.h"
# include "ServerSocket.h"
# include "Server93Dlg.h"
CServerSocket::CServerSocket()
{
    m_pDlg = NULL;
```

```
}
CServerSocket::～CServerSocket()
{
        m_pDlg = NULL;
}
// CServerSocket 成员函数
void CServerSocket::OnAccept(int nErrorCode)
{
    // TODO: 在此添加专用代码和/或调用基类
    m_pDlg->OnAccept();                        //调用主对话框类的成员函数 OnAccept()
    CSocket::OnAccept(nErrorCode);
}


//ClientSocket.cpp : 实现文件
# include "stdafx.h"
# include "Server93.h"
# include "ClientSocket.h"
# include "Server93Dlg.h"
CClientSocket::CClientSocket()
{
    m_pDlg = NULL;
}
CClientSocket::～CClientSocket()
{
    m_pDlg = NULL;
}
// CClientSocket 成员函数
void CClientSocket::OnReceive(int nErrorCode)
{
    // TODO: 在此添加专用代码和/或调用基类
    m_pDlg->OnReceive();
    CSocket::OnReceive(nErrorCode);
}
```

（4）添加可串行化类。打开 MFC 类向导，单击"添加类"命令按钮，在弹出的"添加类向导"对话框中填入类名 myData，基类选择 CObject。单击"完成"按钮，在"MFC 类向导"对话框中，确定类名为 myData，选中"虚函数"选项卡，在"虚函数"一栏中选中 Serialize，单击"添加函数"按钮，则可以看到"已重写的函数"一栏增加了 Serialize 一项。单击"确定"按钮便完成了类的添加过程。

打开 myData.h 文件，在 myData 的类定义中添加宏 DECLARE_SERIAL(myData)和CString 类型的公有数据成员 str，添加完成后该文件的内容如下：

```
# pragma once
// myData 命令目标
class myData : public CObject
{
DECLARE_SERIAL(myData)
public:
    myData();
```

```
    virtual ~myData();
    virtual void Serialize(CArchive& ar);
    CString str;
};
```

打开 myData.cpp 文件,在 myData 类的实现中添加 IMPLEMENT_SERIAL(CmyStr, CObject,1) 宏及 Serialize()函数的实现代码,添加完后该文件的清单如下:

```
// myData.cpp : 实现文件
#include "stdafx.h"
#include "Client93.h"
#include "myData.h"
// myData
IMPLEMENT_SERIAL(myData, CObject, 1)
myData::myData(){str = "";}
myData::~myData(){}
// myData 成员函数
void myData::Serialize(CArchive& ar)
{
    if (ar.IsStoring())
    {    // storing code
        ar << this->str;
    }
    else
    {    // loading code
        ar >> this->str;
    }
}
```

(5) 为对话框类添加套接字对象变量和收发缓冲区等成员变量。在"解决方案资源管理器"中双击类 CServer93Dlg 的定义文件 Server93Dlg.h 打开该文件,直接在类定义中添加如下语句:

```
CServerSocket serversocket;              //定义监听套接字对象
CClientSocket clientsocket;              //定义已连接套接字对象
CSocketFile * psFile;                    //定义 CSocketFile 指针
CArchive * arIn, * arOut;                //定义用于数据收发的串行化对象指针
```

由于用到了 CServerSocket 类和 CClientSocket 类,因此需要包含这两个类的定义文件,所以需要在 Server93Dlg.h 前面增加:

```
#include "ServerSocket.h"
#include "ClientSocket.h"
```

添加完成员变量的对话框类定义文件的完整内容如下:

```
// Server93Dlg.h : 头文件
#pragma once
#include "afxwin.h"
#include "ServerSocket.h"
#include "ClientSocket.h"
```

```
// CServer93Dlg 对话框
class CServer93Dlg : public CDialogEx
{
  // 构造
  public:
    CServer93Dlg(CWnd * pParent = NULL);       // 标准构造函数
  // 对话框数据
    enum { IDD = IDD_SERVER93_DIALOG };
    protected:
    virtual void DoDataExchange(CDataExchange * pDX);    // DDX/DDV 支持
  // 实现
  protected:
    HICON m_hIcon;
    // 生成的消息映射函数
    virtual BOOL OnInitDialog();
    afx_msg void OnSysCommand(UINT nID, LPARAM lParam);
    afx_msg void OnPaint();
    afx_msg HCURSOR OnQueryDragIcon();
    DECLARE_MESSAGE_MAP()
  public:
    CListBox m_ListBox;
    CString m_Text;
    CServerSocket serversocket;          //定义监听套接字对象
    CClientSocket clientsocket;          //定义已连接套接字对象
      CSocketFile * psFile;              //定义 CSocketFile 指针
      CArchive * arIn, * arOut;          //定义用于数据收发的串行化对象指针
};
```

（6）为套接字对象 serversocket 和 clientsocket 的对话框指针赋值，使它们均指向本对话框；调用监听套接字对象的 Create()方法创建套接字，并开始监听。为此，需要在 Server93Dlg.cpp 文件中的 CServer93Dlg::OnInitDialog()函数中添加如下代码：

```
serversocket.pDlg = this;
clientsocket.pDlg = this;
if(serversocket.Create(65432))            //监听端口为 65432
    serversocket.Listen();
else
{
    MessageBox("创建套接字失败!");
    return;
}
```

（7）在对话框类中添加实际处理网络事件的成员函数 OnAccept()和 OnReceive()。首先在对话框类的头文件 Server93Dlg.h 的类定义中添加 public 成员函数声明：

```
void OnAccept();
void OnReceive();
```

然后在 Server93Dlg.cpp 中添加这两个函数的实现，由于在 OnReceive()函数中要使用类 myData 定义对象接收数据，因此需要在 Server93Dlg.cpp 文件首部包含类的声明文件：

```
# include "myData.h"
```

下面是 OnAccept()和 OnReceive()的实现代码。

```
void CServer93Dlg::OnAccept(void)
{
        //调用 Accept()方法接收连接请求
    if(serversocket.Accept(clientsocket))
    {
        psFile= new CSocketFile(&clientsocket) ; //创建 CSockFile 对象
        arIn= new CArchive(psFile, CArchive::load); //创建接收数据的 CArchive 对象
        arOut= new CArchive(psFile, CArchive::store); //创建发送数据的 CArchive 对象
    }
    else
        MessageBox("接收连接失败!");
}
void CServer93Dlg::OnReceive(void)
{
    //接收数据并在列表框控件中显示收到的数据
        myData * pStr;
     * arIn >> pStr;
    arIn->Flush();
    m_ListBox.AddString(pStr->str);          //将收到的内容添加到 ListBox 控件
}
```

(8) 利用类向导为"发送"按钮添加单击时的事件处理程序。代码如下：

```
void CServer93Dlg::OnBnClickedButton1()
{
    UpdateData(true);                       //将数据由控件传向控件变量
    m_ListBox.AddString("I said:" + m_Text); //将发送内容添加到 ListBox 控件上显示
    myData pStr;
    pStr.str = m_Text;
     * arOut << &pStr;
    arOut->Flush();
}
```

(9) 在"退出"按钮的"单击"事件处理程序中添加关闭套接字的代码。

```
serversocket.Close();
clientsocket.Close();
```

客户端程序的创建步骤与服务器程序的创建相似,但需要注意：

(1) 采用串行化方法收发数据时,要求收发双方所使用的用于保存收发数据的串行化类定义必须完全一致,类名、数据成员等必须相同,因此可以直接将服务器项目中定义的类 myData 添加到客户端项目中而不必新建一个；

(2) 由于只需要一个套接字对象与服务器通信,因此在客户端程序中只需要定义一个 CSocket 类的扩展类就可以了。

关于客户端程序的详细步骤此处不再赘述,请读者作为练习自己完成。

习题

1. 简述使用 CAsyncSocket 类编写网络通信程序的步骤。

2. 在为重载 CAsyncSocket 类的网络事件处理函数而定义 CAsyncSocket 类的派生类时,为什么通常需要在类中添加一个对话框指针变量作为成员?

3. 完成例 9.1 的客户端程序。

4. CSocket 类和 CAsyncSocket 类在功能上有何异同?

5. 什么是对象的串行化? 如何定义并实现一个可支持串行化的类?

6. 定义一个支持串行化的类 Person,该类包含如下成员:姓名、性别、身份证号、籍贯、现从事职业。并使用该类编写一个字符界面程序,从键盘输入若干个人的信息存入一个磁盘文件 Person. archive,然后再将这些人的信息从磁盘文件读出显示在屏幕上。要求磁盘文件的读写必须使用串行化方法。

7. 在借助 CArchive 类使用串行化方法编写网络通信程序时,CSocketFile 类的主要作用是什么?

8. 简述使用 CSocket 类、CSocketFile 类以及 CArchive 类编写网络通信程序的步骤。

9. 完成例 9.3 的客户端程序。验证例 9.3 的客户端程序能否和例 9.1 的服务器程序进行正确的通信,并解释为什么。

常见的WinSock错误代码

常见的 WinSock 错误代码如表 A.1 所示。

表 A.1　常见的 WinSock 错误代码

错　误　码	错　误　描　述
6 WSA_INVALID_HANDLE	指定的事件对象句柄非法
8 WSA_NOT_ENOUGH_MEMORY	内存数量不足,无法完成指定的操作
87 WSA_INVALID_PARAMETER	传递给函数的一个或多个参数无效
258 WSA_WAIT_TIMEOUT	操作超时。通常是重叠 I/O 操作未在规定的时间内完成
995 WSA_OPERATION_ABORTED	重叠操作被取消。由于套接字关闭,一次重叠 I/O 操作被取消,或者执行了 WSAIoctl()函数的 SIO_FLUSH 命令
996 WSA_IO_INCOMPLETE	重叠 I/O 事件未完成。WSAGetOverlappedResults()函数会产生该错误,指出重叠 I/O 操作尚未完成
997 WSA_IO_PENDING	该错误表明重叠 I/O 操作尚未完成,而且会在以后的某个时间完成
10004 WSAEINTR	函数调用中断。该错误由调用 WSACancelBlockingCall()函数强行中断一次阻塞操作引起
10009 WSAEBADF	文件句柄错误。该错误表明提供的文件句柄无效。在 Windows CE 下 socket()函数可能返回该错误,表明共享串口处于"忙"状态
10013 WSAEACCES	权限被拒。尝试对套接字进行操作,但被禁止。例如,试图在 sendto 或 WSASendTo 中使用一个广播地址,但是尚未用 setsockopt()函数的 SO_BROADCAST 个选项设置广播权限,便会产生此错误
10014 WSAEFAULT	地址无效。传给 WinSock 函数的指针地址无效。如果指定的缓冲区太小,也会产生该错误
10022 WSAEINVAL	参数无效。说明函数调用时给定了一个无效参数。例如,调用 ioctlsocket()函数时指定一个无效的命令便会产生该错误。另外,也可能套接字当前的状态有错,例如,在一个目前没有监听的套接字上调用 accept()函数或 WSAAccept()函数
10024 WSAEMFILE	打开的套接字太多了,超出了系统内可用资源数量的限制

错　误　码	错　误　描　述
10035 WSAEWOULDBLOCK	非阻塞套接字,如果请求操作不能立即执行,则返回该错误
10036 WSAEINPROGRESS	一个阻塞操作正在进行中。WinSock只允许一个线程中同一时刻只能有一个阻塞操作进行。一般来说不会出现该错误,除非正在开发16位WinSock应用程序
10037 WSAEALREADY	一般来说,在非阻塞套接字上已经有一个操作正在进行时,又尝试另一个操作就会产生该错误。例如,在一个已建立连接的非阻塞套接字上,再一次调用connect()或WSAConnect()
10038 WSAENOTSOCK	对无效的套接字进行套接字操作。任何一个把SOCKET句柄当作参数的WinSock()函数都可能返回该错误。该错误表明提供的套接字句柄无效
10039 WSAEDESTADDRREQ	需要目标地址。该错误表明没有提供具体地址。例如,假如在调用sendto()时,将目标地址设为INADDR_ANY(任意地址),便会返回该错误
10040 WSAEMSGSIZE	消息过长。在数据报套接字上发送消息大于内部缓冲区或者网络本身的限制,则会产生该错误。如果接收数据报的缓冲区太小,无法接收消息也会产生该错误
10041 WSAEPROTOTYPE	套接字协议类型有误。指定的协议不匹配指定的套接字类型。例如,要求建立SOCK_STREAM类型的一个IP套接字,同时指定协议为IPPROTO_UDP,便会产生这样的错误
10042 WSAENOPROTOOPT	协议选项错误。表明在getsockopt()或setsockopt()调用中,指定的套接字选项或级别不明、未获支持或者无效
10043 WSAEPROTONOSUPPORT	不支持的协议。系统中没有安装所需求的协议或没有在系统中配置。例如,如果系统中没有安装TCP/IP,而试着建立TCP或UDP套接字时,就会产生该错误
10044 WSAESOCKTNOSUPPORT	不支持的套接字类型。对指定的地址家族来说,没有相应的具体套接字类型支持
10045 WSAEOPNOTSUPP	不支持的操作。表明针对指定的对象,试图采取的操作未获支持。例如,在一个数据报套接字上调用accept()或WSAAccept()函数时,就会产生这样的错误
10046 WSAEPFNOSUPPORT	不支持的协议家族。请求的协议家族不存在,或系统内尚未安装。多数情况下,该错误可与WSAEAFNOSUPPORT互换(两者等价);后者出现得更为频繁
10047 WSAEAFNOSUPPORT	请求的操作不被支持。例如,在类型为SOCK_STREAM的套接字上调用sendto()或WSASendTo()函数就会产生该错误。另外,在调用socket()或WSASocket()函数的时候,使用了一个无效的地址家族、套接字类型及协议组合,也会产生该错误
10048 WSAEADDRINUSE	地址正在使用。正常情况下,每个套接字只允许使用一个套接字地址。该错误一般和bind()、connect()和WSAConnect()这三个函数有关。可使用setsockopt()函数设置套接字选项SO_REUSEADDR,允许多个套接字访问同一个本地地址

续表

错 误 码	错 误 描 述
10049 WSAEADDRNOTAVAIL	不能分配请求的地址。指定的地址无效则产生该错误。例如，在调用 bind()函数时指定的 IP 地址并没有配置给本机的任何网卡。使用 connect()、WSAConnect()、sendto()、WSASendTo()和 WSAJoinLeaf()为准备连接的远程计算机指定端口 0 时，也会产生这样的错误
10050 WSAENETDOWN	网络已断开
10051 WSAENETUNREACH	网络不可抵达。目前没有已知的路由可抵达那个目标主机
10052 WSAENETRESET	网络重设时断开了连接。由于"保持活动"操作检测到一个错误，造成网络连接的中断。若在一个无效的连接上，使用 setsockopt()函数设置 SO_KEEPALIVE 选项，也会出现这样的错误
10053 WSAECONNABORTED	由于软件错误，造成一个已经建立的连接被取消。通常是由于协议错误或超时取消的
10054 WSAECONNRESET	连接被对方重设。远程主机上的进程异常中止(由于内存冲突或硬件故障)，或者针对套接字执行了一次强行关闭，便会产生该错误
10055 WSAENOBUFS	没有缓冲区空间。由于缺少足够的缓冲区空间，操作不能执行
10056 WSAEISCONN	套接字已经连接。表明在一个已建立连接的套接字上，试图再建立一个连接。数据报和数据流套接字均有可能出现这样的错误。对数据报套接字，如果事先已通过 connect()或 WSAConnect()为数据报指定了一个目的地址，则再次调用 sendto()或 WSASendTo()，便会产生该错误
10057 WSAENOTCONN	套接字尚未连接。若在一个尚未建立连接的"面向连接"套接字上发出数据收发请求，便会产生这样的错误
10058 WSAESHUTDOWN	套接字关闭后不能发送。表明已使用 shutdown()函数关闭了套接字，但事后又请求进行数据的收发操作。该错误只会在已经关闭的方向上发生
10060 WSAETIMEDOUT	连接超时。若发出了一个连接请求，但经过规定的时间，远程计算机仍未做出正确的响应(或根本没有任何响应)，便会发生这样的错误
10061 WSAECONNREFUSED	连接被拒。由于被目标机器拒绝，连接无法建立。通常是由于在远程机器上没有任何应用程序可在那个地址之上为连接提供服务
10064 WSAEHOSTDOWN	主机关闭。该错误指出由于目标主机关闭，造成操作失败
10065 WSAEHOSTUNREACH	试图访问一个不可抵达的主机
10067 WSAEPROCLIM	进程过多。有些 WinSock 服务提供者对能够同时访问它们的进程数量进行了限制
10091 WSASYSNOTREADY	网络子系统不可用。调用 WSAStartup()时，若提供者不能正常工作，便会返回该错误

错　误　码	错　误　描　述
10092 WSAVERNOTSUPPORTED	Winsock.dll 版本有误。表明不支持请求的 WinSock 提供者版本
10093 WSANOTINITIALISED	WinSock 尚未初始化。尚未成功完成对 WSAStartup() 的一次调用
10101 WSAEDISCON	正在从容关闭。该错误由 WSARecv 和 WSARecvFrom 返回，表明远程主机已初始化了一次从容关闭操作。该错误是在像 ATM 这样的"面向消息"协议上发生的
10102 WSAENOMORE	找不到更多的记录。该错误由 WSALookupServiceNext() 函数返回，指出没有留下更多记录。在程序中，应同时检查该错误以及 WSA_E_NO_MORE
10103 WSAECANCELLED	操作被取消。该错误指出当 WSALookupServiceNext() 调用仍在处理期间，发出了对 WSALookupServiceEnd() 的一个调用。在程序中应同时检查该错误以及 WSA_E_CANCELLED
10104 WSAEINVALIDPROCTABLE	进程调用表无效。该错误通常是在进程表包含无效条目的情况下，由一个服务提供者返回的
10105 WSAEINVALIDPROVIDER	无效的服务提供者。该错误在服务提供者不能建立正确的 WinSock 版本，无法正常工作的情况下产生
10106 WSAEPROVIDERFAILEDINIT	提供者初始化失败。该错误通常是由于提供者不能载入需要的 DLL
10107 WSASYSCALLFAILURE	系统调用失败。表明绝对不应失败的一个系统调用却令人遗憾地失败了
10108 WSASERVICE_NOT_FOUND	找不到这样的服务。该错误通常与注册和名字解析函数相关。表明在给定的名字空间内，找不到请求的服务
10109 WSATYPE_NOT_FOUND	找不到类的类型。该错误也与注册及名字解析函数关联在一起，在处理服务类(ServiceClass)时发生
10110 WSA_E_NO_MORE	找不到更多的记录。该错误由 WSALookupServiceNext() 函数返回。应用程序应同时检查该错误以及 WSAENOMORE
10111 WSA_E_CANCELLED	操作被取消。在对 WSALookupServiceNext() 的调用尚未完成时又发出了对 WSALookupServiceEnd() 的调用。应用程序应同时检查该错误以及 WSAECANCELLED
10112 WSAEREFUSED	查询被拒，数据库查询操作失败
11001 WSAHOST_NOT_FOUND	主机没有找到。在调用 gethostbyname() 函数以及 gethostbyaddr() 时产生，表明没有找到授权应答主机
11002 WSATRY_AGAIN	非授权主机没有找到。在调用 gethostbyname() 函数以及 gethostbyaddr() 时产生，表明没有找到一个非授权主机，或者遇到了服务器故障
11003 WSANO_RECOVERY	遇到一个不可恢复的错误。该错误在调用 gethostbyname() 和 gethostbyaddr() 时产生，指出遇到一个不可恢复的错误，应再次尝试操作
11004 WSANO_DATA	没有找到请求类型的数据记录。在调用 gethostbyname() 和 gethostbyaddr() 时产生，指出尽管提供的名字有效，但却没有找到与请求类型对应的数据记录

参 考 文 献

［1］ 谢希仁. 计算机网络［M］. 6 版. 北京：电子工业出版社，2013.

［2］ TANENBAUM A S. 计算机网络［M］. 潘爱民，译. 北京：清华大学出版社，2004.

［3］ 刘冰，张林，等. Visual C++2010 程序设计案例教程［M］. 北京：机械工业出版社，2013.

［4］ 佩措尔德. Windows 程序设计［M］. 5 版. 方敏，等译. 北京：清华大学出版社，2010.

［5］ DONAHOO M J，CALVET K L. TCP/IP Sockets 编程（C 语言实现）［M］. 陈宗斌，等译. 北京：清华大学出版社，2009.

［6］ 王雷. TCP/IP 网络编程技术基础［M］. 北京：清华大学出版社，北京交通大学出版社，2012.

［7］ 叶树华. 网络编程实用教程［M］. 2 版. 北京：人民邮电出版社，2010.

［8］ 吴英. 计算机网络应用软件编程技术［M］. 北京：机械工业出版社，2010.

［9］ 刘琰，王清贤，等. Windows 网络编程［M］. 北京：机械工业出版社，2014.

［10］ 张会勇. WinSock 网络编程经络［M］. 北京：电子工业出版社，2012.

［11］ Microsoft. Windows 开发人员中心［EB/OL］. （2019-01-11）［2020-07-07］. https://docs. microsoft. com/zh-cn/windows/desktop/api/winsock.

图书资源支持

感谢您一直以来对清华版图书的支持和爱护。为了配合本书的使用，本书提供配套的资源，有需求的读者请扫描下方的"书圈"微信公众号二维码，在图书专区下载，也可以拨打电话或发送电子邮件咨询。

如果您在使用本书的过程中遇到了什么问题，或者有相关图书出版计划，也请您发邮件告诉我们，以便我们更好地为您服务。

我们的联系方式：

地　　址：北京市海淀区双清路学研大厦 A 座 701

邮　　编：100084

电　　话：010-83470236　010-83470237

资源下载：http://www.tup.com.cn

客服邮箱：2301891038@qq.com

QQ：2301891038（请写明您的单位和姓名）

资源下载、样书申请

书圈

扫一扫，获取最新目录

课程直播

用微信扫一扫右边的二维码，即可关注清华大学出版社公众号"书圈"。